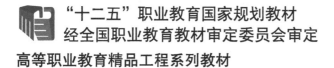

"十二五"职业教育国家规划教材

经全国职业教育教材审定委员会审定

高等职业教育精品工程系列教材

AVR 单片机应用技术
项目化教程
（第 2 版）

欧阳明星　编著

U0226325

电子工业出版社

Publishing House of Electronics Industry

北京·BEIJING

内 容 简 介

本书以模块为纽带，以项目为主体，以任务为中心，精选内容，借助 Proteus 虚拟仿真软件讲解 AVR 单片机相关知识和应用。全书围绕 AVR 单片机结构原理及应用，分绪论、基本 I/O 口操作、人机交互接口、中断和定时/计数器、信号转换、串行通信、实用项目设计 7 个部分，设计了单灯闪烁控制、液位指示仪、电子计分牌等 11 个教学项目（内含简易电子琴、数字频率计、PCF8563 时钟万年历等 7 个拓展任务），以及红外遥控音量电路、数字密码锁这两个综合应用项目。全书主要以 ATmega16 单片机为基础，同时也介绍了 ATemga8、ATtiny 等单片机的应用。

本书可作为高等院校及高职高专院校电子信息工程技术、应用电子技术、汽车电子技术、自动化等专业教材，也可以作为智能电子、汽车电子、仪器测量、通信技术、自动控制等相关领域从事单片机开发的工程技术人员参考用书及社会机构培训教材。

未经许可，不得以任何方式复制或抄袭本书之部分或全部内容。

版权所有，侵权必究。

图书在版编目（CIP）数据

AVR 单片机应用技术项目化教程/欧阳明星编著. —2 版. —北京：电子工业出版社，2019.4
ISBN 978-7-121-36049-7

Ⅰ. ①A… Ⅱ. ①欧… Ⅲ. ①单片微型计算机-高等学校-教材 Ⅳ. ①TP368.1

中国版本图书馆 CIP 数据核字（2019）第 033832 号

责任编辑：郭乃明　　特约编辑：范　丽
印　　刷：涿州市般润文化传播有限公司
装　　订：涿州市般润文化传播有限公司
出版发行：电子工业出版社
　　　　　北京市海淀区万寿路 173 信箱　邮编　100036
开　　本：787×1 092　1/16　印张：20　字数：505.6 千字
版　　次：2013 年 1 月第 1 版
　　　　　2019 年 4 月第 2 版
印　　次：2025 年 2 月第 8 次印刷
定　　价：54.00 元

凡所购买电子工业出版社图书有缺损问题，请向购买书店调换。若书店售缺，请与本社发行部联系，联系及邮购电话：(010)88254888，88258888。

质量投诉请发邮件至 zlts@phei.com.cn，盗版侵权举报请发邮件至 dbqq@phei.com.cn。

本书咨询联系方式：34825072@qq.com，010-88254561。

前　言

本书第 1 版于 2013 年 1 月出版，并于 2014 年 7 月获评教育部"十二五"职业教育国家规划教材。随着时代发展，原有教材结构、体例及部分内容均已无法满足现代职业教育教学发展之要求，因此，作者结合本教材多年使用及教学经验，充分考虑了职业院校的办学定位、岗位需求等，于 2018 年在本书第 1 版基础上进行了修订。修订后的教材注重能力本位构建，以项目为主体，以任务为中心，围绕项目和任务重构和精选内容，并更注重学生专业技能和方法能力的培养和应用技能之培养。修订后的教材具有如下特色：

（1）注重能力本位构建，以项目为主体，以任务为中心，围绕项目和任务重构，精选内容。

传统单片机教学将理论与实践分开，先导入大量原理，再让学生动手实践，学生理解困难，学习枯燥乏味。现代职业教育教学理论倡导行动导向教学，通过行动激发学生学习兴趣，在做中学，在学中做，有利于创新人才的培养。本书围绕 AVR 单片机结构原理编写，内容上按模块展开，全书分为绪论及基本 I/O 口操作、人机交互接口、中断和定时/计数器、信号转换、串行通信、实用项目设计 7 个模块。以行动为导向，每个模块根据内容设计若干完整、独立、实用的项目（最后两个项目为综合应用项目），涵盖了单片机基础知识、AVR单片机的软硬件平台使用、C 语言语法、I/O 口、键盘、显示、中断、定时器、PWM、模拟比较器、DAC、ADC、异步串行通信、SPI、I^{2}C、内置 EEPROM 等，涉及了 AVR 单片机绝大部分资源。每个项目以操作导入学习任务，设计了学习任务表，以便读者梳理和归纳。部分项目配有程序流程图，方便读者理解程序设计思路。教材最后设置了若干附录，可作为实用参考资料。

（2）以"教学做"为指引，以模块为纽带，以项目为载体进行重构，使内容有序化，既各自独立，又互为支撑，且层层递进。

教材内容的编排设计思路：以模块为纽带，以项目为载体，以任务为驱动，以"教学做"一体化为指引，内容力求实用，有序化力求科学合理。在分模块的基础上，各教学项目既相互独立，又互为支撑，且层层递进。各项目从教学任务切入，通过分析任务要求、设计思路、实现方法，最后实现项目，以行动导入学习问题、学习内容，从知识链接、项目拓展、知识拓展、项目总结、项目练习等依次展开、逐级分解、逐次递进。部分项目设计有若干实用例题，相关程序均通过调试验证。编者在编写过程中力求使教材便于行动导向教学的实施，使"教学做"有机融合。

（3）内容力求理论够用，侧重实践。

内容力求理论够用、侧重实践、培养技能，除必要的理论基础外，更侧重实践练习，着重培养单片机设计、调试、综合开发能力，并以知识拓展形式进行理论或技术延伸，如差分转换、段式 LCD、RFID 识别等。各项目内容体系结构如下：

【工作任务】：从功能要求、设计思路、具体实施、调试分析出发，介绍完整项目开发实施，并提出学习内容、学习目标等。项目可在 Proteus 中仿真。

【知识链接】：该项目涉及的相关知识学习、单元练习。

【项目拓展】：应用该项目相关知识所能完成的更高层次应用。

【知识拓展】：该项目相关知识拓展，此部分内容为选修。

【项目总结】：该项目的总结。

【项目练习】：举一反三，训练巩固所学知识。

(4) 项目设计具有知识性、趣味性，有较好的知识承载作用，便于教学实施，又具有实用性。

各项目的设计经过仔细斟酌，难易适度，具有代表性，能起到很好的知识承载作用。项目设计既兼顾了教学的实践性，又不失趣味性，还极具实用性。典型项目包括液位指示仪、电信号显示面板、定时插座等 11 个教学项目（内含简易电子琴、数字频率计、PCF8563 时钟万年历等 7 个拓展任务）及红外遥控音量电路、数字密码锁这 2 个综合应用项目，其中的定时插座、红外遥控音量电路等项目具有很强的实用性，笔者已做出实物样机。

(5) 以 Proteus 虚拟教学为重要手段，虚实结合，突出技能培养。

为有助于一体化教学实施，本书倡导"虚实结合"，借助计算机虚拟仿真手段，以 Proteus 软件构建 AVR 单片机虚拟仿真平台，在计算机中运行单片机仿真程序，操作者能直观地看到单片机执行程序的结果。为提高复杂程序调试效率，本书介绍了通过 map 映像文件查看 C 语言变量、数组等在 SRAM 的地址单元中的内容等方法；同时，本书还介绍了 AVR 单片机硬件开发平台的搭建，以及如何使用 AVR ISP mkII 等工具下载程序。

(6) 立足教学，面向应用。

本书主要介绍 AVR 单片机中的 ATmega 系列单片机，大部分内容均以 ATmega16 单片机为基础，默认使用 ICCV7 for AVR 编译器。考虑到实际工作岗位中的应用，部分项目使用了其他型号单片机来实现，另外，本书对 ATtiny 系列单片机也有所介绍，以使读者具备单片机选型能力，教材最后附有 AVR 单片机选型表。本书还介绍了 ICCV7 for AVR 编译器与 Atmel Studio 编译器的不同之处，以使读者有能力在这两种编译器之间进行程序转换。

为方便教师教学，本书配有电子教案、PPT 课件、相关 C 语言程序源代码、Proteus 仿真文件、项目运行测试演示视频、部分项目的原理图和 PCB 制版文件，如有需要请与出版社联系。为与软件自动生成的硬件原理图保持一致，本书以正体且下标平排的方式显示电压等电量的代号。

本书为高职高专教材，也可以作为应用型本科、职业学校教材或参考用书，或作为社会机构培训教材及工程技术人员的参考用书。

本书编写过程中参考了国内外有关书籍和资料，在此向有关作者表示感谢，作者所在单位电子创新实验室学生对本书部分程序调试亦有贡献，在此表示感谢。限于时间仓促和作者水平有限，本书疏漏之处在所难免，恳请广大读者批评指正。

编　者

2019 年 1 月

目　　录

绪　　论

一、单片微型计算机工作原理

众所周知，世界上第一台计算机于 1946 年在宾夕法尼亚大学诞生，它基于"二进制"和"程序存储"的设计思想。计算机使用"二进制"数进行存储、运算和计数，CPU 由运算器和控制器构成，是计算机的核心部件，二进制编码构成的指令控制计算机完成各种操作，指令代码存放于存储器中，CPU 从存储器中逐一取出指令并执行，如图 0-1 所示。计算机诞生之初，限于电子元器件生产技术，其体积硕大，执行指令速度慢，计算速度慢，但开启人类的计算机时代。随着电子技术的发展，计算机的发展逐渐趋向小型化和微型化，并出现了单片微型计算机（Single Chip Micro-computer），简称 SCM。

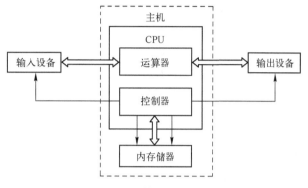

图 0-1　计算机的结构示意

（一）单片机的组成

在很多场合，单片微型计算机又被称为 Micro-Controller Unit，简称 MCU，国内大多将其翻译为"单片机"。在 20 世纪 60 年代，微型计算技术取得长足进步，尤其是袖珍型计算器得到普遍应用。作为研制计算器芯片的成果，1971 年 11 月，美国 Intel 公司首先推出了 4 位微处理器 Intel 4004。它将 4 位并行运算的单片处理器、运算器和控制器全部集成在一片大规模集成电路芯片中，这是世界上第一款微处理器。从此以后，微处理器开始迅速发展。在微处理器的发展过程中，人们试图在高度集成的微处理器芯片中增加存储器、I/O 电路、定时/计数器、串行通信接口、中断控制单元、系统时钟及系统总线，甚至 A/D、D/A 转换器等，以提高其性能。典型的单片机内部结构如图 0-2 所示。

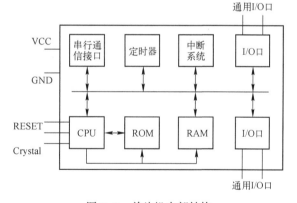

图 0-2　单片机内部结构

1. CPU

CPU 是单片机的核心部件，由运算器和控制器所构成，根据其结构和所采用的技术不同，单片机的特点和处理能力亦有所不同。

CPU 从 ROM（程序存储器）中读取指令并将其送至指令译码器，经过译码后，相应的操作被执行，CPU 运算所需的数据及运算结果存于 RAM（数据存储器）中。

1) CISC 复杂指令集

长期以来，计算机（包括单片机，下同）性能的提高往往通过提高硬件的复杂性来获得。计算机的内部功能元器件越多，功能越强大；指令越多，编程越方便；寻址方式越多，芯片使用就越灵活。复杂的指令系统加上众多灵活的寻址方式，使得计算机具备更为强大的功能。为实现某种特殊操作，甚至设有专门的指令，这种计算机被称为复杂指令集计算机（Complex Instruction Set Computer，CISC）。具备复杂指令集的计算机的共有特点是指令多、寻址功能强大，这样所带来的结果是芯片内部的结构变得越来越复杂。当然，指令多、寻址方式复杂的好处也显而易见：程序编写更为简单，指令执行过程也更为简单。

2) RISC 精简指令集

采用复杂指令集的计算机有着较强的处理高级语言的能力，这对提高计算机的性能有益。随着计算机技术的深入发展，日趋庞杂的指令系统已不易实现，而且还可能降低系统性能，这说明 CISC 存在许多缺点。首先，在这种计算机中，各种指令的使用率相差悬殊，一个典型程序的运算过程所使用的 80%指令，只占一个处理器指令系统的 20%。事实上最频繁使用的指令是"取、存、加"这些最简单的指令。这样一来，长期致力于复杂指令系统的设计，实际上是在设计一种效率很低的指令系统，同时，复杂的指令系统必然带来结构的复杂性，这不但增加了设计的时间与成本，还容易造成设计失误。在 CISC 中，许多复杂指令的执行需要极复杂的操作，这类指令多数是某种高级语言中指令的直接移植，因而通用性差。针对 CISC 的这些弊病，人们提出了精简指令集的设想，即指令系统应当只包含那些使用频率很高的少量指令，并提供一些必要的指令以支持操作系统和高级语言。按照这个原则发展而成的计算机被称为精简指令集计算机（Reduced Instruction Set Computer，RISC）。RISC 的特点是指令数量少，均为常见的指令，计算机硬件不像 CISC 那么复杂。

3) 单时钟周期 CPU

CPU 在每一个时钟脉冲驱动下执行一条指令，称为单时钟周期 CPU。在精简指令集 CPU 中，精简了指令的执行过程和指令的寻址方式，使指令的寻址、译码和操作变得简单，也使 CPU 能在单个时钟脉冲周期内执行一条指令。

4) 多时钟周期 CPU

在多时钟周期 CPU 中，执行一条指令需要多个时钟周期，如 MCS-51 单片机的 CPU，它每执行完一条单指令至少需要 12 个时钟周期，对于这种单片机而言，如果 CPU 工作时钟频率为 12MHz（外部），执行一条 NOP 指令需要 12 个时钟周期，执行指令所需要的最短时间为 $1\mu s$。

5) 流水线执行指令

为了提高指令的执行效率，将一条指令分成若干执行过程，在每个时钟脉冲期间，系统可以完成一条指令的其中一个执行过程。如图 0-3 所示，将一条指令分成取指、译码、执行 3 个阶段。在周期 0 内，完成第 1 条指令的取指操作，在周期 1 内，完成第 1 条指令的译码及第 2 条指令的取指操作，在周期 2 内，完成第 1 条指令的执行、第 2 条指令的译码及第 3 条指令的取指操作……可见，经过 3 个周期后，第 1 条指令被执行完毕，第 2 条指令被执行了 2 个工步，CPU 在每个时钟周期里同时进行多条指令的多个操作，上一步的操作结果被

周期0	周期1	周期2	周期3	周期4
取指1	译码1	执行1		
	取指2	译码2	执行2	
		取指3	译码3	译码3
			取指4	执行4

图 0-3　指令流水线

下一步使用，这种现象与工业中的生产流水线类似。可见，应用了流水线技术的 CPU 能极大地提高指令执行速度。

6）CPU 体系结构

在 CISC 中，数据和程序存储在同一个存储空间，采用统一编址方式对存储器地址进行编址，CPU 数据线和程序线分时复用，这就是所谓的冯·诺伊曼体系结构，其指令丰富，功能较强，但取指令和取数据不能同时进行，速度受限。

在 RISC 中，数据和程序分别存放于不同的存储器中，采用独立编址方式，CPU 的数据线和指令线分离，为哈佛体系结构。哈佛体系结构中取指令和取数据可同时进行，执行效率更高，速度亦更快。同时，这种单片机中的指令多为单字节指令，程序存储器的空间利用率大大提高，有利于实现超小型化。

属于 CISC 的单片机有 Intel 的 8051 系列、MOTOROLA 的 M68HC 系列、Atmel 的 AT89 系列、华邦的 W78 系列、飞利浦的 PCF80C51 系列等；属于 RISC 的有 MICROCHIP 公司的 PIC 系列、三星公司的 KS57C 系列 4 位单片机等。

2. 存储器

存储器是单片机系统的核心部件之一，单片机内部通常集成了两种类型的存储器，一种是只读存储器 ROM（Read Only Memory）。ROM 用于存放程序代码和常数表格，掉电后数据仍旧保存在其中，通常只能对其进行读操作，而不能进行写操作；另一种是随机访问存储器 RAM（Random Access Memory），在程序执行过程中可以随机地对其进行读和写操作，掉电后其中的数据消失。

随着存储器制造技术和工艺的发展，程序存储器大致经历了以下几个发展阶段：

（1）Mask ROM：Mask ROM 即掩膜 ROM，其编程只能由制造商通过半导体掩膜技术完成，用户无法对其进行改写，所以对用户而言，它是严格意义上的只读存储器，适用于有固定程序且大批量生产的产品中。

（2）OTP ROM：OTP ROM（One Time Programmable ROM）即一次可编程 ROM，用户可通过专门设备对其一次性写入程序，此后便不能改写。这种程序存储器可靠性很高，适合于存放已调试成功的用户程序，但在调试阶段不适用。

（3）EPROM：可擦除可编程 ROM（Erasable Programmable ROM），其典型外观标志是芯片上有一个紫外线擦除窗口，现已较少使用。

（4）EEPROM：EEPROM（Electrically Erasable Programmable ROM）即电可擦除可编程存储器，是较新型的存储器，其写入速度较快且可在线改写，可在较低电压的单电源（3～5V）条件下进行擦除、写入和读出操作，可以用来存放程序或非易失性数据。

（5）Flash Memory：闪速存储器，简称闪存，是新型半导体存储器，其集成度、速度和易用性等远非传统 ROM 可比。可在较低电压的单电源（3～5V）条件下对闪存进行擦除、写入和读出操作，这种存储器可以按字节擦除，还可以按多字节进行块擦除，访问速度快，是单片机中集成的主流存储器，可以用来存放程序或非易失性数据。理论上可以对其进行无限次擦除操作。

3. 其他功能部件

在单片机中，除 CPU、存储器以外的部件均统称为其他功能部件。不同种类及型号单片机的 CPU 使用技术不同，存储器容量大小不同，所集成的功能部件也有所不同，但大部分单片机都包含以下几个功能部件：

（1）通用 I/O 口：输入、输出端口简称通用 I/O 口（Input/Output Port）。通用 I/O 口可以编程作为输入口使用，或作为输出口使用。

（2）中断系统："中断"指计算机中的其他功能部件随机打断 CPU 正在执行程序的操作，并使其转而去执行该功能部件所请求的操作。中断系统就是处理中断操作的部件，是计算机的重要组成部分。中断使得计算机具有对事件的实时处理能力，提高了系统的响应速度和可靠性。

（3）定时器：定时器的核心部件是一个计数器。计数器在 CPU 工作脉冲作用下进行加法或减法计数，当计数值超过计数器寄存器规定值时，定时器会产生计数溢出并向 CPU 的中断系统申请定时器溢出中断。将计数器的计数值乘以计数脉冲的周期即可得到定时时间，改变计数的初始值即可实现对定时时间的设定。

（4）串行通信口：单片机与单片机、单片机与 PC、单片机与其他设备之间进行通信时可以通过串行通信口进行数据的传输，即数据按比特位排成一串进行传输。国际上定义了 RS-232、RS-485、I^2C、SPI 等多种串行通信标准。

以上所介绍的功能部件是典型的单片机所必须具有的，除此之外，不同型号的单片机还集成了 A/D、PWM 发生器等功能部件。

（二）单片机的特点

单片机从测控对象、应用环境、接口特点出发，朝多功能、多选择、高速度、低功耗、低价格、扩大存储容量、加强 I/O 功能及改善结构兼容等方向发展，其特点总结如下：

（1）品种多样，覆盖面广。不同型号单片机可满足各种需要，使用者有很大的选择空间。CPU 位数可以为 4、8、16、32 或 64 位，引脚数量从 8 脚到超过 100 脚……使用者可以选择适合要求而又兼顾性能与价格的产品。

（2）性能不断提高，存储容量不断增大。单片机的集成度不断提高，总线工作速度不断提升，工作频率达到 30MHz 甚至 40MHz，有些单片机的时钟频率甚至可以达到 100MHz，指令执行周期迈入纳秒级。单片机集成的存储器容量不断增大，RAM 容量已发展到 1KB、2KB，ROM 容量发展到 32KB、64KB 甚至 128KB，并集成了非易失性 EEPROM。

（3）增加控制功能，向外部接口延伸。如今单片机已发展到在一块含有 CPU 的芯片上，除嵌入 RAM、ROM 和 I/O 接口外，还有 A/D、PWM、定时/计数器、UART 串口、SPI、I^2C、DMA、WTD 等，以及 LCD 显示驱动单元、键盘控制单元、函数发生器、比较器等，构成一个完整的、功能强大的单片机应用系统，外围扩展芯片数量大为减少。

（4）低电压和低功耗。单片机的供电电压从 5V 降到 1.8V，工作电流从毫安级降到微安级。在生产工艺上以 CMOS 代替 NMOS，并向 HCMOS 过渡，以适合部分电池供电产品的设计。

（5）提供应用库函数。提供了标准应用库函数软件，使用户能更快速、方便地开发单片机应用系统，提高产品开发效率，缩短开发周期。

（6）系统配置不断扩展。随着外围元器件（特别是串行通信口）制造技术的发展，单片机的串行通信口的普遍化、高速化使得并行扩展接口逐渐被弃用。多串口、内置 USB 接口将使设计更为灵活，应用更为广泛。应用标准协议的外部扩展总线，使单片机便于被扩展成各种应用系统。此外，有的单片机产品还特别配置有传感器，以及人机对话、网络多通道等接口，以便构成网络和多机系统。

（三）常见的单片机介绍

根据应用要求和使用场合不同，经过多年发展与应用，目前单片机市场已形成制造厂家多，种类、系列齐全，应用领域不断扩大的态势，以下介绍几款具有代表性的单片机。

1. MCS-51 单片机

MCS-51 单片机是较早进入中国市场的单片机之一，其以低廉的价格、优良的性能在国内市场得到广泛认可。MCS-51 单片机采用多周期、RISC 的哈佛结构，编程简单，使用方便，但指令执行速度相对较慢。生产 MCS-51 单片机的厂家有 Atmel、飞利浦、Winbond 等。不同公司制造的 MCS-51 单片机性能各异，芯片集成各有不同。早期的 MCS-51 单片机多采用 EEPROM 固化程序代码，后期多改用 Flash Memory 固化程序代码。MCS-51 单片机的 RAM 容量不大，使用上有所限制。如今的 MCS-51 单片机多采用 ISP（In System Program）技术下载程序，也有少部分采用串口下载程序。

2. PIC 单片机

PIC 单片机是 MicroChip 公司生产的一系列高性能单片机。该系列产品的一个显著特点是根据应用对象的不同，提供了多种引脚规格、功能不同的单片机产品，以满足不同应用层次的需求。

低档的如 PIC12C508 单片机有 512 字节 ROM、25 字节 RAM、1 个 8 位定时器、1 根输入线、5 根 I/O 线。这样一款单片机被应用在诸如摩托车点火器这样的小产品上无疑非常适合。高档的如 PIC16C877 有 40 个引脚（33 个 I/O 引脚），其内部资源为 8K 字节 Flash Memory、368 字节 RAM、8 路 A/D、3 个定时器、2 个 CCP 模块、3 个串口、1 个并口、11 个中断源。

PIC 系列中的 8 位 CMOS 单片机采用数据总线和指令总线分离的哈佛结构和高性能精简指令集 CPU，使指令具有单字长的特性，且允许指令码的位数多于数据位数（8 位），与传统的采用复杂指令集的 8 位单片机相比，其处理速度提高了 4 倍；其引脚具有防瞬态能力，可以直接通过限流电阻接至 220V 交流电源端，也可直接与继电器控制电路相连，不需要使用光电耦合器隔离，给应用带来极大方便。

PIC 单片机具有极高的保密性，它以保密熔丝来保护代码，用户在烧入代码后熔断熔丝，其他人再也无法修改，除非恢复熔丝。目前，PIC 单片机采用熔丝深埋工艺，恢复熔丝的可能性极小。

3. AVR 单片机

AVR 单片机是 Atmel 公司（该公司已于 2016 年被 MicroChip 公司收购）于 1997 年推出的采用精简指令集的单片机。在相同时钟频率下，AVR 单片机的指令周期长度只有 8051 单片机的 1/12，而且 AVR 单片机采用两级指令流水线，可以在执行当前指令的同时获取下一条指令，所以具备 1MIPS/MHz 的指令执行速度。AVR 单片机具有 32 个通用工作寄存器，克服了单一累加器数据处理带来的瓶颈，从而使得指令执行更加灵活，编码更容易。此外，AVR 单片机还集成了 A/D、PWM、EEPROM、Flash Memory、SPI、WTD、I^2C、T/C 等功能部件，使外围电路变得很简单；其中 ATtiny 系列 AVR 单片机引脚少、功能强大、价格低廉，部分型号所有 I/O 口均可产生中断。例如 ATtiny13 只有 8 个引脚，如图 0-4 所示，但其具有 4 个 ADC、2 个 PWM、1 个比较器、1 个串口，最多 6 个可用 I/O 口，而其价格却非常低。

4. MSP430 单片机

MSP430 单片机是德州仪器公司生产的低功耗 16 位精简指令集高性能单片机，其具有丰富的寻址方式（7 种源操作数寻址方式，4 种目的操作数寻址方式）、简洁的 27 条内核指令及大量的模拟指令，大量的寄存器及片内数据存储器可以参加多种运算；有高效的查表处理方法；有较高的处理速度，工作频率达8MHz时可获得125ns的指令周期。该产品在1.8~3.6V电压、1MHz的时钟条件下运行，耗电电流（在0.1~400μA之间）因不同的工作模式而不同；具有16个中断源，并且可以任意嵌套，使用灵活方便；用中断请求将CPU唤醒只要6μs，可编制出高实时性的源代码；可将CPU置于省电模式，以用中断方式将其唤醒。MSP430系列单片机的各成员都集成了较丰富的"片内外设"，它们分别是以下一些外围模块的不同组合：看门狗（WDT）、定时器A（Timer_A）、定时器B（Timer_B）、比较器、串口0（USART0）、串口1（USART1）、硬件乘法器、液晶驱动器、高达10bit~14bit的ADC，数十个可实现方向设置及中断功能的并行输入输出端口等。MSP430系列单片机种类繁多，可以满足不同系统的需求。

以上介绍了常见的4种单片机类型及各自特点，在实际中，还有其他许多不同类型单片机被广泛应用在各种行业，限于篇幅，故不赘述。

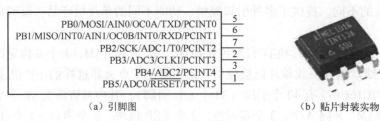

(a) 引脚图　　　　　　　　　　(b) 贴片封装实物

图0-4　ATtiny13单片机

二、单片机应用及开发过程

（一）单片机应用

单片机体积小、成本低、运用灵活，能方便地嵌入到自动化仪器和控制设备中，从而广泛地应用于汽车自动导航、医疗、智能仪表测控、工业控制、航空航天、计算机网络和通信等领域。单片机的应用不仅提升了产品的经济价值，更重要的是改变了传统的电子设计方法及控制策略，使某些理论研究得以在实践中实现和应用，使产品自动化和智能化，从而推动了社会进步，改善了人类生活。单片机应用范围非常广泛，下面列举一些常见的应用领域。

1. 测控系统

用单片机可以构成各种不太复杂的工业控制系统、自适应控制系统、数据采集系统等，达到测量与控制的目的。

2. 智能仪表

用单片机改造原有的测量、控制仪表，促使仪表向数字化、智能化、多功能化、综合化方向发展，不仅使仪表集数据测量、数据采集、数据分析与数据传输或存储功能为一体，且测量精度更高、体积更小、成本更低，也便于增加显示报警和自诊断功能。

3. 工业控制

工业控制领域是比较复杂的应用领域，涉及了机械、电子技术、计算机控制及液压传动等众多方面，要求较高，追求控制的可靠性。在工业控制中，单片机可用于对工业机器人、电机电气、数控机床等的控制，也可用于温度、压力、流量和位移等智能型传感器及其对应的过程控制。

4. 家用电器

在冰箱、洗衣机、微波炉、游戏机等许多产品中，引入单片机使产品的功能大大增强，性能得到提高，而且获得了良好的使用效果。

5. 智能产品

如电子秤、收银机、办公设备等。

（二）单片机开发过程

单片机的开发过程可以分为前期准备、硬件设计和软件设计等。在前期准备过程中，首先要明确设计的内容和预期要实现的功能或达到的目标。然后就可以进行硬件设计，设计完硬件并调试之后可着手设计软件，在硬件平台上不断调试和修改，使之达到设计要求，满足各项设计指标。

1. 硬件设计

在硬件设计过程中，首先应确定系统方案，画出系统框图，明确各部分的功能及作用。

1）芯片选型

确定系统方案后，进一步确定各部分所选用芯片及电路方案。在选定芯片时，应考虑芯片的引脚、功能、封装等是否满足设计要求。对于 CPU，还应考虑它的速度和内部资源是否够用，内部存储器容量是否够用，所选的芯片价格和市场供货情况等。

2）电路设计

在硬件设计中，除考虑 CPU 的选用以外，还须考虑外围相应的模拟或数字电路。外围电路设计包括元器件选取、参数设计，可以借助计算机辅助设计提高电路设计效率，在虚拟平台上完成电路功能的仿真及调试，提高设计效率。

3）PCB 设计

确定了系统方案、芯片，就可以设计 PCB 了，可以自制或送专业厂加工制作 PCB 或制作样机。

2. 软件设计

软件设计可分为算法设计、流程图设计、编写程序、仿真调试、联合调试等步骤。

1）算法设计

算法是程序设计的专业术语，意为实现某种操作或功能的方法。在程序设计中，根据不同的操作或要求，可采用不同的算法，比如插值法、牛顿逼近法、曲线拟合法、最小二乘法等。

2）流程图设计

程序流程图用一些框图、文字和连线直接表达了程序设计者的编程思维、思考方案、判断依据等，是编程的参考和依据，也是程序调试和错误排查的有力工具。初学编程者应该耐心绘制详细而规范的流程图，并依照流程图的逻辑走向和体现的思维编写程序。

3）编写程序

使用编程语言编写单片机程序。初学者开始接触编程，应注意编程习惯和规范，注重养成良好的程序编写风格。例如声明全局变量时使用大写字母，声明局部变量时使用小写字母等。在编程过程中还应注重模块化设计理念，合理划分模块，这有助于分工合作、技术交流和资料保持。

4）调试

程序编写完后便可以进行调试。可以使用 Proteus 等虚拟调试软件和仿真调试软件进行程序的调试，灵活利用跟踪、单步、全速程序执行等方法调试程序，或通过查看 CPU 内部存储器内容调试程序。最后通过下载器、仿真器将 HEX 机器码文件下载到目标板 CPU 中。

(三) 单片机编程语言

指令是 CPU 根据人的意图来执行某种操作的依据，计算机中的指令是一串二进制编码，CPU 通过执行这些指令可以实现加法、乘法等操作。有规律的指令组合使 CPU 能按编程者的思维实现某种操作，这就是编程。

计算机唯一能识别的指令就是二进制指令（又称为机器码指令或机器语言）。由二进制编码组成的机器语言在使用中存在诸多不便，因此人们发明了使用助记符的语言，以便于记忆的符号、单词、字母替代机器语言使用的二进制编码，这样一来，每条指令的意义清晰，给程序的编写、阅读和修改带来了很大的方便，这种语言称为汇编语言。用汇编语言编写的程序无法被计算机直接识别，要通过软件将其"汇编"成机器能识别的二进制代码（由编程软件自动完成）。

汇编语言解决了编程的记忆和使用问题，使计算机编程变得方便。汇编语言与机器语言没有本质的区别，均属于"机械表达"，程序在表达和可读性方面存在严重不足，与机器语言一样，汇编语言直接依赖于具体的计算机硬件，使用难度较高，因此人们发明了高级语言，如 C 语言等。高级语言克服了汇编语言的缺点。高级语言面向对象或过程，是更贴近自然语言和数学算法的语言。高级语言直观、易学、易懂，且通用性强，可移植性好，在单片机软件编程中应用较为广泛。

三、单片机中采用的数制与编码

(一) 数制

所谓数制就是数的制式，是人们利用符号计数的一种科学方法。数制的种类繁多，常用的数制有二进制、十进制、十六进制等。

进位数制的特征概括如下：

（1）有一个固定的数基 r，数的每一位只能取大于等于 0、小于 r 的自然数，即符号集为 $\{0,1,2,\cdots,r-1\}$。

（2）逢 r 进位。第 i 个数位对应于一个固定的数值 r^i，r^i 称为该数的"权"。小数点左边权值为数基 r 的正数次幂，依次为 0，1，2，$\cdots$，m 次幂，小数点右边权值为数基 r 的负数次幂，依次为 -1，-2，$\cdots$，$-m$。在计数过程中，当它的某位计满 r 时，向它的邻近高位进 1。

1. 十进制

十进制（Decimal）是人类日常生产生活中最常用的数制，数基为 10，逢十进一，借一当十，有 $0,1,\cdots,9$ 共 10 个符号，权为 $\cdots,10^2$，$10^1,10^0,10^{-1}$，$\cdots$ 如十进制数 1659.56 可以表示为：

$$1659.56 = 1\times10^3 + 6\times10^2 + 5\times10^1 + 9\times10^0 + 5\times10^{-1} + 6\times10^{-2}$$

2. 二进制

二进制（Binary）是一种便于存储和识别的数制，数基为 2，逢二进一，借一当二，只有 0 和 1 两个符号，权为 $\cdots,2^2$，$2^1,2^0,2^{-1}$，$\cdots$ 如二进制数 1001.10 按权展开可以写成：

$$1001.10 = 1\times2^3 + 0\times2^2 + 0\times2^1 + 1\times2^0 + 1\times2^{-1} + 0\times2^{-2}$$

用二进制表示数据比较简单，便于在计算机中存储和运算，因此计算机中均采用二进制计数。

3. 十六进制

十六进制（Hexadecimal）的数基为 16，逢十六进一，借一当十六，共有 16 个符号，其中 0~9 与十进制相同，另外超出 9 的 6 个符号用字母 A~F 表示（不区分大小写），其权为 $\cdots, 16^2, 16^1, 16^0, 16^{-1}, \cdots$ 如十六进制数 AF6.C8 按权展开可以写成：

$$AF6.C8 = A \times 16^2 + F \times 16^1 + 6 \times 16^0 + C \times 16^{-1} + 8 \times 16^{-2}$$

4. 数制表示方法

在实际使用中，应明确标注参与运算的数所采用的数制，以避免产生歧义导致运算结果错误。实际中以下两种表示数制的方式比较常用。

1）下标法

将参与运算的数用方括号括起来，并用下标（2、10、16）标注其数制，如：

$[15606789]_{10}$ 表示十进制

$[10011000]_{10}$ 表示十进制

$[10111110]_2$ 表示二进制

$[12fc12bc]_{16}$ 表示十六进制

2）字母法

在汇编语言中，通过在数的后面添加字母来表示不同数制，二进制添加字母 B，十进制添加字母 D，十六进制添加字母 H，如：

1234D 表示十进制

1010D 表示十进制

1010B 表示二进制

156BH 表示十六进制

十进制是最常用的进制，其后的字母 D 通常可以省略，如 12 表示十进制数 12。

在 C 语言编译器中，通过在数的前面添加字母表示不同进制，如表示十六进制数在数前面加 0x，表示二进制在数前面加 0b，如：

0x156B 表示十六进制 156B

0xbc0e 表示十六进制 BC0E

0b00001111 表示二进制 00001111

（二）数制转换

1. 二—十进制互相转换

1）二进制数转换成十进制数

将二进制数按权展开，并按乘权相加的规则进行运算，得到的和即为对应十进制数，如：

$$[10110]_2 = 1 \times 2^4 + 0 \times 2^3 + 1 \times 2^2 + 1 \times 2^1 + 0 \times 2^0 = [22]_{10}$$

$$10110.11B = 1 \times 2^4 + 0 \times 2^3 + 1 \times 2^2 + 1 \times 2^1 + 0 \times 2^0 + 1 \times 2^{-1} + 1 \times 2^{-2} = 22.75D$$

2）十进制数转换成二进制数

十进制数转换成二进制数的过程相对复杂些，要进行除法取模运算，其规则可以概括为"除二取余倒计数"，即将要转换的十进制数除以 2，取其余数，再将其商除以 2 并取余数，将所有余数按逆序排列便可得到其对应的二进制数，如 456D 转换成二进制数的过程为：

456/2，商为 228，余数为 0

228/2，商为114，余数为0

114/2，商为57，余数为0

57/2，商为28，余数为1

28/2，商为14，余数为0

14/2，商为7，余数为0

7/2，商为3，余数为1

3/2，商为1，余数也为1

将余数结果按逆序排列，得到的二进制数为11001000B。显然，将该二进制数乘权相加，其结果为456D。此外，如果十进制数有小数部分，则小数部分和整数部分分开转换，整数部分按"除二取余倒计数"进行转换，小数部分按"乘二取整顺计数"进行转换，即将小数部分乘以2，取商的整数部分（小数点右边数），再将商的小数部分（小数点左边数）乘以2，依次不断重复，直到满足所需计数精度即可。

2. 二—十六进制互相转换

二进制数与十六进制数之间的转换比较简单。将二进制数转换成十六进制数的方法为将二进制数从右到左，每4个排成1组，不足4个的在左边补0，每组4个二进制数乘权相加即可得到相应的十六进制数，如10011011B，转换成十六进制数的过程为：

10011011

$1001 = (1 \times 2^3 + 0 \times 2^2 + 0 \times 2^1 + 1 \times 2^0 = 9)$

$1011 = (1 \times 2^3 + 0 \times 2^2 + 1 \times 2^1 + 1 \times 2^0 = B)$

结果为9BH。

十六进制数转换成二进制数为二进制数转换成十六进制数的逆过程，将每1位十六进制数转成4位二进制数，并将所有结果按前后顺序合在一起即可，比如137FH，转换成二进制数的过程为：

1 = 0001B

3 = 0011B

7 = 0111B

F = 1111B

故结果为0001001101111111B。

3. 十—十六进制互相转换

十进制数转换成十六进制数与十进制数转换成二进制数过程类似，也是除以16取余数逆序计数。如500D转换成十六进制数的过程如下：

500/16，商为31，余数为4

31/16，商为1，余数15（F）

1/16，余数为1

因此结果为1F4H。

十六进制数转换成十进制数与二进制数转换成十进制数过程类似，按乘权相加法进行转换，如3F45H转换成十进制数的过程为：

$$3 \times 16^3 + F \times 16^2 + 4 \times 16^1 + 5 \times 16^0 = 12288 + 3840 + 64 + 5 = 16197D$$

（三）二进制运算

二进制运算分为算术运算和布尔（逻辑）运算。二进制算术运算与十进制的加减乘除运算方法和基本规则类似，为逢二进一，借一当二。布尔（逻辑）运算是二进制特有的一种运算，是计算机中实现编程操作的重要运算，它基于基本的与或非的数理逻辑运算，以位为基本运算单位，位与位之间互不影响。

1. 算术运算

1）加法运算

二进制加法运算的规则为

$0+0=0$

$0+1=1$

$1+1=10$（1 为向高位的进位数）

【例 1】求 $X+Y$，其中 $X=10001110$，$Y=11001111$。

解：按照二进制加法运算规则：

$$
\begin{array}{r}
1000\ 1110 \\
+1100\ 1111 \\
\hline
10101\ 1101
\end{array}
$$

结果为 101011101，有 9 位，其中第 1 位的 1 表示进位。

2）减法运算

二进制减法运算规则为

$0-0=0$

$1-0=1$

$1-1=0$

$0-1=1$（向高位借 1）

【例 2】求 $X-Y$，其中 $X=10001110$，$Y=11001111$。

解：按照二进制加法运算规则：

$$
\begin{array}{r}
1000\ 1110 \\
-1100\ 1111 \\
\hline
11011\ 1111
\end{array}
$$

结果为 11011 1111，其中第 1 位的 1 表示借位。

3）乘法运算

乘法运算的规则为

$0\times0=0$

$0\times1=0$

$1\times1=1$

【例 3】求 $X\times Y$，其中 $X=1001$，$Y=0101$。

解：按照二进制乘法规则：

$$
\begin{array}{r}
1001 \\
\times0101 \\
\hline
1001 \\
0000 \\
1001 \\
+0000 \\
\hline
0101101
\end{array}
$$

结果为 0101101B。

4）除法运算

除法运算规则为

$0 \div 1 = 0$

$1 \div 1 = 1$

【例 4】求 $X \div Y$，其中 $X = 10110100$，$Y = 1001$。

解：按照二进制除法规则：

$$
\begin{array}{r}
101000 \\
1001\overline{)101101000} \\
\underline{1001} \\
1001 \\
\underline{1001} \\
0000000
\end{array}
$$

结果：商为 101000B，余数为 0。

2. 逻辑运算

在布尔逻辑中，基本的逻辑关系有与、或、非、异或等。计算机中的逻辑运算就是将两个二进制数逐位进行逻辑运算。

1）逻辑与运算

一个结果由多个条件决定，如果决定这个结果的所有条件均满足，该结果才成立，则称这种逻辑关系为"与"，逻辑运算中用"·"或"&"表示，其基本运算规则如下：

$0 \cdot 0 = 0$

$0 \cdot 1 = 0$

$1 \cdot 1 = 1$

【例 5】求 X 与 Y 的逻辑与运算结果，其中 $X = 10110111$，$Y = 00001111$。

解：按照二进制逻辑与规则，逐位进行逻辑与：

$$
\begin{array}{r}
10110111 \\
\&\quad 00001111 \\
\hline
00000111
\end{array}
$$

结果为 00000111B。

2）逻辑或运算

一个结果由多个条件决定，如果决定这个结果的任意一个条件满足，该结果即可成立，则称这种逻辑关系为"或"，逻辑运算中用"+"或"｜"表示，其基本运算规则如下：

$0 + 1 = 1$

$1 + 1 = 1$

$0 + 0 = 0$

【例 6】求 A 与 B 的逻辑或运算结果，其中 $A = 10110111$，$B = 00001111$。

解：按照二进制逻辑或运算规则，逐位进行逻辑或：

$$
\begin{array}{r}
10110111 \\
｜\ 00001111 \\
\hline
10111111
\end{array}
$$

结果为 10111111B。

3）逻辑非运算

逻辑"非"即为逻辑"反"，条件满足时结果不成立，条件不满足时结果成立，用 X 表示条件，用 Y 表示事件结果，X 与 Y 的逻辑非可以表示为：

$$Y = \overline{X}$$

逻辑非的运算规则为：

$\overline{0} = 1$

$\overline{1} = 0$

【例 7】 求 X 的逻辑非，$X = 11001000$。

解：$\overline{X} = \overline{11001000} = 00110111$

其结果为 00110111B。

4）逻辑异或运算

决定结果的两个条件如果同时成立或同时不成立，则结果不成立，只有两个条件不同时成立时，结果才成立，这就是逻辑异或，用逻辑符号"$\oplus$"表示。逻辑异或的运算规则如下：

$0 \oplus 0 = 0$

$1 \oplus 1 = 0$

$0 \oplus 1 = 1 \oplus 0 = 1$

【例 8】 求 A 和 B 的逻辑异或，$A = 1000$，$B = 1101$。

解：

$$
\begin{array}{r}
1000 \\
\oplus\,1101 \\
\hline
0101
\end{array}
$$

结果为 0101B。

（四）计算机表示数的方法

计算机中用二进制表示数和进行数的存储及运算，有定点整数、浮点数，有正数、负数。计算机中所使用的二进制数的"长度"与数的大小和范围有关系。

1. 机器数与真值

数值本身大小称为数的真值，如 -1CH 的真值为 -00011100B，+63H 的真值为 +01100011B，其中的加号和减号是人为添加的用于识别数的符号的标记，计算机无法识别这些标记。为了能够让计算机识别数的符号，通常将二进制数的最高位设为符号位。以 8 位二进制数为例，通常将 D7 位设为数的符号位，符号位为 0 表示正数，为 1 表示负数，带有符号位的数就称为该数的机器数，所以前述 -1CH 的机器数为 10011100B（9CH），+63H 的机器数为 011000011B（63H）。

D7	D6	D5	D4	D3	D2	D1	D0
符号位	x	x	x	x	x	x	x

2. 数的原码、反码与补码

计算机中可以用 3 种码表示数，即原码、反码、补码。

1）原码

原码与机器数相同，最高位为符号位，设有一数 X，其原码为 $[X]_{原}$。例如，-12H、+36H 的原码分别为 10010010B 和 00110110B，表示成：

$$[-12H]_{原} = 10010010B$$

$$[+36H]_原 = 00110110B$$

在原码表示法中，0 有两个原码：

$$[+0]_原 = 00000000B$$
$$[-0]_原 = 10000000B$$

2）反码

反码是数的另一种表示方法，在原码基础上保持最高位（符号位）不变，将其余位逐位取反即可。设有一数 X，其反码为 $[X]_反$，例如：

$X = -12H$，　$[X]_原 = 10010010B$，$[X]_反 = 11101101B$

$X = +0$，　　　$[X]_原 = 00000000B$，$[X]_反 = 00000000B$

$X = -0$，　　　$[X]_原 = 10000000B$，$[X]_反 = 11111111B$

应特别注意：正数的反码与原码相同，反码的"按位取反"只对负数有效，零的反码应单独记忆。

3）补码

补码是数的又一种表示方法，求一个数的补码，在其反码的最低位加 1 并舍去进位位即可。一个数 X 的补码表示成 $[X]_补$。如 −12H，其补码为：

$[X]_补 = [[-12H]_原]_反 + 1 = [11101101] + 1 = 11101110B（EEH）$

$[+0]_补 = 00000000$

$[-0]_补 = 11111111 + 1 = 00000000$（由于受设备字长的限制，最后的进位位丢失）。

可见，正数的原码、反码、补码均相同，负数的原码、反码、补码是不同的，且可以互相转换。

3. 数的补码运算

用补码进行数的运算比较简单，补码运算的几个重要公式如下：

$$[[X]_补]_补 = [X]_原 \qquad\qquad 式\ 0\text{-}1$$
$$[X_1 + X_2]_补 = [X_1]_补 + [X_2]_补 \qquad\qquad 式\ 0\text{-}2$$
$$[X_1 - X_2]_补 = [X_1]_补 + [-X_2]_补 \qquad\qquad 式\ 0\text{-}3$$

$[-X_2]_补$ 为 $[X_2]_原$ 连同符号位一起逐位取反再加 1 获得。

【例 9】 求 $X_1 + X_2$，$X_1 = +0011101B = +29$，$X_2 = 0000110B = -6$。

解：$[X_1]_补 = 0001101B$，$[X_2]_补 = 11111010B$

$[X_1]_补 + [X_2]_补$ 为

$$
\begin{array}{r}
00011101 \\
+11111010 \\
\hline
1\ 00010111
\end{array}
$$

其中，1 为进位值，因机器字长所限被自动舍去，运算结果为 00010111，真值为 +23。

（1）补码不能直观表示数的大小，再次求补后可还原得到其原码，即机器数。

（2）用数的补码参与运算可以使得运算变得简单，式 0-3 说明采用补码运算后，减法可以使用加法实现。

4. 机器数的字长

机器数的字长与数的大小和范围有关。计算机的字长（即其所使用的机器数的字长，后同）取决于 CPU 存储数和参与运算的数的字长，如 8 位字长的 CPU，说明其进行存取数操作和参与运算的数的机器数长度均为 8bit。典型的机器数字长与数的范围关系如表 0-1 所示。

表 0-1　机器数字长与表示数范围之间的关系

机器数字长	表示数的范围	
	无符号数	有符号数
8 位	0~255	-128~+127
12 位	0~4095	-2048~+2047
16 位	0~65535	-32768~+32767
32 位	0~4294967295	-2147483648~+2147483647
64 位	0~18446744073709551615	-9223372036854775808~+9223372036854775807

在实际中，如果字长不足以表示数的范围，可以用增加字长的方式拓展数的表示范围。如用一个字节最大只能表示 255，用两个字节则可以表示 65535。

5. 定点数与浮点数

定点数是指小数点位置固定的数。由于实际上小数点的具体位置不定，因此定点数的格式有很多种。小数点固定在最右边，即只有整数部分没有小数部分的定点数是定点数的一种特例，是比较常见的定点数表示方法，这种数由于只有整数部分，没有小数部分，使用方便且计算简单，应用于计算机可以降低其成本。由于没有小数部分，此方式表示数的精度有限，但能表示的范围很大，在一般的微型计算机中经常使用。

为了兼顾数的范围和精度，可以使用浮点数。为了便于使用，有关国际标准组织制定了对浮点数格式的使用标准——IEEE 754。此标准规定了浮点数格式有单精度、双精度、扩展精度。以单精度浮点数为例，用 4 个字节（32bit）表示一个带符号的浮点数，具体表示形式如下：

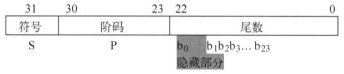

其中：符号位 S 取 0 表示正数，取 1 表示负数。阶码 P 有 8 位，由指数与 127（0x7f）相加得到。尾数部分的数值有 24 位，其中 b_0 位隐藏，其值固定为 1，在计算机中不明确表示出来，故实际能见的为 23 位，小数隐藏。

【例 10】 将十进制数 178.125 表示成单精度浮点数。

解：将 178.125 表示成二进制实数：178.125 = 1 0111 0010.001B

将二进制实数表示成规范化形式：1 0111 0010.001 = 1.01110010001×2^7

S = 0

P = 7+127 = 134 = 1000 0110B

b = 011 0010 0010 0000 0000 0000

178.125 按单精度浮点数规范化后为 0100 0011 0011 0010 0010 0000 0000 0000B

【例 11】 单精度浮点数 0011 1111 0101 1000 0000 0000 0000 0000B 所表示的十进制数是多少？

解：S = 0，说明为正数，P = 0111 1110B

指数 = P-127 = 0111 1110B-127 = 126-127 = -1

规范化的尾数 b = +1.1011

该浮点数所表示的十进制数为 $+1.1011 \times 2^{-1}$ = 0.84375

（五）编码

计算机只能识别 0 和 1 两个二进制符号，而计算机处理的信息却有多种形式，例如数字、标点符号、运算符号、各种命令、文字和图形等。要表示这么多的信息并识别它们，必须使用二进制对这些信息进行编码。计算机中根据信息对象不同，编码的方式也不同。常见的码制有 BCD 码和 ASCII 码等。

1. BCD 码

通常，在将数据送入计算机之前，我们习惯采用十进制计数，计算机输出运算结果也以十进制形式输出，这就要求在输入时将十进制数转换成二进制数，而输出时将二进制数转换成十进制数，以便查看。为此，人们发明了一种用二进制数表示十进制数的非常有用的编码形式，这种编码方式用 4 位二进制数表示 1 位十进制数，称 BCD（Binary Coded Decimal）方式，习惯上我们称之为 BCD 码。

4 位二进制数中，各数位的权分别为 8、4、2、1，所以可以表示 0000 ~ 1111 即 0 ~ F 共 16 个数字，取其 0 ~ 9 的 10 个数字所对应的二进制数作为对应的十进制编码，称为 8421BCD 码，如表 0-2 所示。

表 0-2 8421BCD 码

十 进 制 数	8421BCD 码	十 进 制 数	8421BCD 码
0	0000	8	1000
1	0001	9	1001
2	0010	10	0001 0000
3	0011	11	0001 0001
4	0100	12	0001 0010
5	0101	13	0001 0011
6	0110	14	0001 0100
7	0111	75	0111 0101

2. ASCII 编码

在计算机内，任何信息都是用代码表示的。国际上通用的是美国国家信息交换标准字符码，即 ASCII 码（American Standard Code for Information Interchange）。

ASCII 码是一种 8 位代码，最高位一般用于奇偶校验，剩下的 7 位代码用于对 128 个字符进行编码，其中 32 个是控制字符，96 个是图形字符。如表 0-3 所示为 7 位 ASCII 码字符表，最高位未列出，表示时一般以 0 来代替，如数字 0 ~ 9 的 ASCII 码为 30H ~ 39H。

表 0-3 ASCII 码字符表

序号	ASCII 编码	字符	序号	ASCII 编码	字符	序号	ASCII 编码	字符	序号	ASCII 编码	字符
1	0	NUL	33	20	SP	65	40	@	97	60	`
2	1	SOH	34	21	!	66	41	A	98	61	a
3	2	STX	35	22	"	67	42	B	99	62	b
4	3	ETX	36	23	#	68	43	C	100	63	c
5	4	EOT	37	24	$	69	44	D	101	64	d
6	5	ENQ	38	25	%	70	45	E	102	65	e
7	6	ACK	39	26	&	71	46	F	103	66	f

序号	ASCII 编码	字符	序号	ASCII 编码	字符	序号	ASCII 编码	字符	序号	ASCII 编码	字符
8	7	BEL	40	27	´	72	47	G	104	67	g
9	8	BS	41	28	(	73	48	H	105	68	h
10	9	HT	42	29	)	74	49	I	106	69	i
11	A	LF	43	2A	*	75	4A	J	107	6A	j
12	B	VT	44	2B	+	76	4B	K	108	6B	k
13	C	FF	45	2C	,	77	4C	L	109	6C	l
14	D	CR	46	2D	−	78	4D	M	110	6D	m
15	E	SO	47	2E	.	79	4E	N	111	6E	n
16	F	SI	48	2F	/	80	4F	O	112	6F	o
17	10	DLE	49	30	0	81	50	P	113	70	p
18	11	DC1	50	31	1	82	51	Q	114	71	q
19	12	DC2	51	32	2	83	52	R	115	72	r
20	13	DC3	52	33	3	84	53	S	116	73	s
21	14	DC4	53	34	4	85	54	T	117	74	t
22	15	NAK	54	35	5	86	55	U	118	75	u
23	16	SYN	55	36	6	87	56	V	119	76	v
24	17	ETB	56	37	7	88	57	W	120	77	w
25	18	CAN	57	38	8	89	58	X	121	78	x
26	19	EM	58	39	9	90	59	Y	122	79	y
27	1A	SUB	59	3A	:	91	5A	Z	123	7A	z
28	1B	ESC	60	3B	;	92	5B	[	124	7B	{
29	1C	FS	61	3C	<	93	5C	\	125	7C		
30	1D	GS	62	3D	=	94	5D	]	126	7D	}
31	1E	RS	63	3E	>	95	5E	^	127	7E	~
32	1F	HS	64	3F	?	96	5F	_	128	7F	DEL

四、本书知识结构简介

本书分为 7 个部分，分别为绪论、模块 1 基本 I/O 口操作、模块 2 人机交互接口、模块 3 中断和定时/计数器、模块 4 信号转换、模块 5 串行通信、模块 6 实用项目设计，每个模块设置若干个项目，共计 13 个，其中 2 个为综合应用项目，另设 7 个拓展任务。每个模块围绕一个学习主题，每个教学项目围绕一个单片机功能部件展开，每个拓展任务介绍该部件或多个部件的综合应用，具体如表 0-4 所示。

表 0-4　本书知识结构

序号	部　　分	学习项目	学　习　内　容	拓展项目
1	绪论		单片机基础知识	
2	模块 1 基本 I/O 口操作	项目 1：单灯闪烁控制	AVR 单片机简介， AVR 单片机开发平台	
3		项目 2：液位指示仪	AVR 单片机结构、I/O 使用、 C 语言编程	1. 流水灯 2. 简易电子琴

序号	部　分	学习项目	学习内容	拓展项目
4	模块2 人机交互接口	项目3：电子计分牌	键盘、数码管操作	
5		项目4：电信号显示面板	LCD液晶操作	3. 图文液晶显示
6	模块3 中断和定时/ 计数器	项目5：过流监控保护装置	中断系统，外部中断	
7		项目6：定时插座	T/C、T/C2定时器	4. 数字时钟
8		项目7：自动避障小车	T/C1定时器，产生PWM	5. 数字频率计
9	模块4 信号转换	项目8：波形发生器	D/A转换器	
10		项目9：数字电压表	A/D转换器	
11	模块5 串行通信	项目10：串行通信接口虚拟终端调试	异步串行通信口	6. 双机串行通信
12		项目11：猜数字游戏	SPI、TWI（I²C）通信口	7. PCF8563时钟万年历
13	模块6 实用项目设计	项目12：红外遥控音量电路	单片机应用设计	
		项目13：数字密码锁	单片机应用设计	

【知识小结】

　　单片机是一个集成了CPU、存储器、I/O设备的可编程半导体集成芯片，属于微型计算机的一种。单片机具有体积小、集成度高、功能强、使用灵活、价格低廉、稳定可靠等优点，被广泛应用于家用电器、智能仪器、电子通信、工业控制等领域。计算机有冯·诺依曼结构和哈佛结构之分，CPU有单时钟周期结构和多时钟周期结构之分，流水线指令技术亦在单片机中有应用，新技术的应用极大地提高了单片机的性能。单片机的体系结构、特点不同，性能各异。

　　二进制、十进制、十六进制是常见的数值表示方法，二进制是计算机能识别的唯一进制。十六进制数和二进制数可以直接互相转换。BCD码、ASCII码是常见的计算机编码，通过BCD码可以实现二进制数与十进制数之间的互相转换。

【思考与练习】

　　1. 什么叫单片机？

　　2. 单片机有何特点？

　　3. 如何求一个数的补码？

　　4. 何为BCD码？BCD码有何用途？

　　5. 何为ASCII码？ASCII码有何用途？

　　6. 写出下列数的BCD码或ASCII码

　　（1）0x78　　　　　　BCD码：_____

　　（2）45　　　　　　　BCD码：_____

　　（3）3589　　　　　　BCD码：_____

　　（4）−57　　　　　　 BCD码：_____

　　（5）有符号数B3H　　BCD码：_____

　　（6）31　　　　　　　ASCII码：_____

模块 1　基本 I/O 口操作

项目 1　单灯闪烁控制

【工作任务】

1. 任务表

训练项目	单灯闪烁控制：通过控制 1 位 I/O 口引脚驱动 1 个 LED 闪烁，闪烁频率无要求
学习任务	(1) AVR 单片机分类及特点。 (2) ATmega 内核单片机结构及特点。 (3) 单片机软件开发平台搭建。 (4) 单片机硬件开发平台组成
学习目标	**知识目标：** (1) 了解 AVR 单片机结构及特点。 (2) 熟悉 ATmega 内核单片机特点。 (3) 掌握 ICCV7 for AVR 软件的使用。 (4) 掌握 Atmel Studio 软件的使用。 (5) 掌握 Proteus 软件的使用。 **能力目标：** (1) 具有搭建单片机开发平台的能力。 (2) 具有操作 AVR 单片机软件开发平台的能力。 (3) 具有在不同编译器之间切换编程的能力
拓展项目	无
参考学时	2

2. 功能要求

编写一个简单的单片机程序，完成如下要求：

(1) 从 PA7 引脚送出一个方波信号，控制发光二极管亮灭闪烁，不要求控制闪烁周期。

(2) 打开 ICCV7 for AVR 软件编写程序，在 Proteus 软件中仿真实现。

3. 设计思路

要实现这个操作，须编程控制 PA7 引脚输出高电平，控制发光二极管亮，延时一段时间，再控制 PA7 引脚输出低电平，再延时一段时间，如此周而复始。这样 PA7 就输出了周期方波。控制延时时间长短即可调节闪烁快慢，最简单的延时方案就是使用循环指令来实现。

4. 任务实施

根据以上思路，打开 ICCV7 for AVR 编译软件，编写 C 语言程序如下：

```
#include<iom16v. h>
void delay(void)
{
    int x=0;
    while(x<5000)x++;
}
void main(void)
```

```
    {
        DDRA = 0x80;
        while(1)
        {
            PORTA = 0x80;
            delay( );
            PORTA = 0x00;
            delay( );
        }
    }
```

　　#include<iom16v. h>语句的功能是将 ATmega16 单片机的寄存器文件包含进来，以便 C 语言能对单片机的存储器、I/O 口进行访问。void delay（void）函数（上述代码第 2~6 行）的功能则是定义 delay 延时函数，通过执行 x++语句 5000 次从而达到延时目的。由于执行一次 x++语句需要一定的时间（机器周期 t），执行 5000 次之后消耗的时间为 $5000t$，因此延时时间 $T = 5000t$，假设 $t = 2\mu s$（此为便于计算的假设值，实际中并不为该值），则此函数可以实现 $T = 10ms$ 的延时。

　　程序从主函数 main 开始执行，DDRA = 0x80 语句把引脚 PA7 设置为输出方式，故 PA7 为输出，PORTA = 0x80 语句将 PA7 置为高电平，PA0～PA6 均为低电平，PORTA = 0x00 则使包括 PA7 在内的所有 PA 口引脚输出低电平。若 LED 的负极接 PA7，正极通过限流电阻接 VCC，则 PA7 输出低电平时 LED 亮，输出高电平时 LED 灭，while（1）语句使得 PA7 连续输出高低电平。

　　将上述程序输入 ICCV7 for AVR 软件，编译生成单片机能执行的 HEX 机器码文件。打开 Proteus 仿真模拟软件（本书所用该软件版本号为**V7.10 SP0**）绘制单片机硬件原理图，如图 1-1 所示，导入 HEX 文件至单片机 ROM 中，让单片机运行该程序，即可在计算机中查看模拟执行过程及结果。

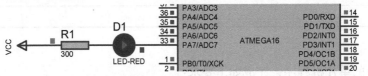

图 1-1　本例原理图

　　不同单片机对应不同的 C 语言编译器，AVR 单片机本身也对应好些不同的 C 语言编译器。本书中程序的编译可以使用 ICCV7 for AVR、Atmel Studio 7.0 两种编译器。如果本例使用 Atmel Studio 7.0 编译器，则源程序如图 1-2 所示。

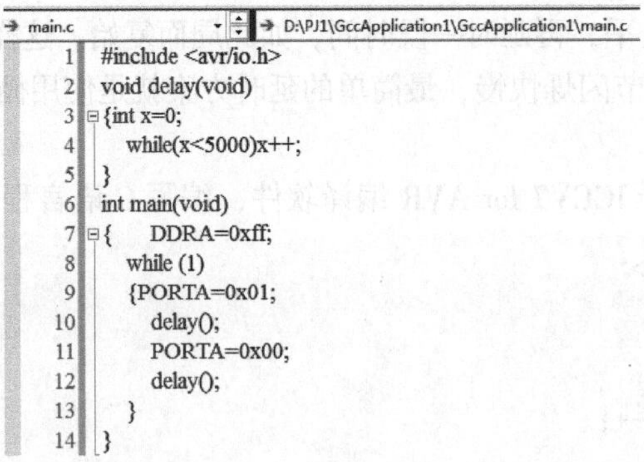

```
main.c                        D:\PJ1\GccApplication1\GccApplication1\main.c
 1    #include <avr/io.h>
 2    void delay(void)
 3   {int x=0;
 4        while(x<5000)x++;
 5   }
 6    int main(void)
 7   {     DDRA=0xff;
 8        while (1)
 9        {PORTA=0x01;
10        delay();
11        PORTA=0x00;
12        delay();
13        }
14   }
```

图 1-2　在 Atmel Studio 7.0 中编程

特别注意：本书默认使用 ICC 编译器，书中给出的程序与该软件 7.22 版本完全兼容。在未注明编译器情况下，读者可以通过加载头文件类型自行区分：

(1) ICC 编译器对应的元器件头文件加载代码为#include<iomxxv.h>，其中 xx 代表单片机型号，实践时应根据选用单片机不同加载对应头文件，如使用 ATmega16 单片机，则上述代码应改为#include<iom16v.h>。

(2) Atmel Studio 编译器对应的元器件头文件加载代码为#include<avr/io.h>，所有单片机通用。

本书使用的软件均可在 WinXP~Win10 的 32 位、64 位操作系统中运行。

【知识链接】

任务 1.1 AVR 单片机简介

1.1.1 AVR 单片机特点

AVR 单片机是一款高速度、高性能、高性价比的单片机，其特点如下：

(1) 采用了流水线技术和先进的架构设计，工作频率高，执行速度快。

AVR 单片机采用精简指令集，以字作为指令长度单位，将内容丰富的操作数与操作码安排在一字之中（指令集中占大多数的单周期指令都如此），取指令周期短，又可预取指令，实现流水作业，故可高速执行指令。AVR 单片机指令执行频率可达 1MIPS/MHz，克服了数据传输瓶颈，同时又减少了对外设管理的开销，相对简化了硬件结构，降低了成本。AVR 单片机在软/硬件开销、速度、性能和成本诸多方面取得了优化平衡，工作频率高（8MHz、16MHz、20MHz），部分型号的工作频率甚至可达 32MHz，是一种高性能的单片机。

(2) 内置大容量程序存储器和数据存储器，省去了扩展外部存储器。

AVR 单片机内置高质量、大容量 Flash 程序存储器，擦写方便，支持 ISP 和 IAP，便于产品的调试、开发、生产、更新，容量为 1KB~128KB 不等；内置 EEPROM 非易失性数据存储器，可长期保存关键数据，避免断电丢失，容量为 64B~4KB 不等；集成大容量 RAM 数据存储器，容量为 32B~8KB 不等，不仅能满足一般场合使用要求，同时也更能有效地支持高级语言程序，一般情况下不需要扩展外部 RAM。

(3) I/O 口驱动能力强，使用方便。

I/O 口驱动能力强，能提供超过 20mA 的灌电流和拉电流，可省去功率驱动元器件。I/O 口内置上拉电阻，可设定为输入/输出、高阻状态。部分型号单片机的所有 I/O 口均具有触发外部中断的功能，为使用带来方便。

(4) 通信接口齐全，使用灵活。

AVR 单片机通信接口资源丰富，根据芯片型号不同，分别集成了异步通信串口、SPI、TWI（兼容 I^2C）、USB、CAN、LIN 等通信接口。异步通信串口为增强型高速通信口，具有硬件产生校验码、硬件检测和校验侦错、两级接收缓冲、波特率自动调整定位（接收时）、屏蔽数据帧等功能，速度快、可靠性高。面向字节的高速硬件串行接口 TWI（兼容 I^2C）具备硬件 ACK 信号发送与识别、地址识别、总线仲裁等功能。SPI 接口支持 4 种组合的多机通信，能实现主/从机的收/发多机通信。

(5) 硬件资源丰富，功能强大。

AVR 单片机硬件资源丰富，有定时器、捕捉器、模拟比较器、ADC、DAC、串行通信口、波形发生器、触摸屏控制器、段式 LCD 显示控制器等资源，功能强大。

波形发生器采用独有的锯齿波、三角波计数器，以产生频率可变的方波、占空比可变的 PWM 波形，以及频率、占空比、相位均可编程调整且具有相位对称特性的 PWM 波形。

(6) 模块化设计，派生元器件众多，选择性好，性价比高。

AVR 单片机采用模块化设计，同一系列单片机指令完全兼容，仅存储器、引脚有所不同，如部分 AVR 单片机集成了 1~3 个异步通信串口、1~4 个 SPI 口、1~2 个 I²C 口，以及 CAN-BUS、LIN-BUS 通信控制器、触摸屏控制器等，引脚数量从 8 脚到 64 脚不等，极个别的有 100 个引脚，价格从数元到数十元不等，选择性好，性价比高。

(7) 具有电源检测与管理功能，有多种省电休眠模式，工作可靠。

AVR 单片机有多种电源监测与管理功能，内置自动上电复位电路，具有独立的看门狗电路、低电压检测电路 BOD，可设置启动后延时运行程序，增强了嵌入式系统的可靠性；具有多种省电休眠模式，进一步降低系统功耗；抗干扰能力强，工作可靠。

(8) 工作电压超低、可用电源范围广、工作温度范围宽，适用性好。

AVR 单片机可运行在 1.8~5.5V 的超宽电压范围，可以工作在 -40~80℃ 或 -40~125℃ 的较宽温度范围，部分型号设有 CAN-BUS、LIN-BUS 通信接口，可用于单电池供电的电子玩具或高端电子产品，也可用于汽车电子、恶劣环境或其他要求高的场合，适用性好。

(9) 软硬件开发平台成熟完善。

有完善的软硬件开发平台，其中 Atmel Studio 是与 AVR 单片机配套的 IDE 集成软件开发工具，具有程序编译、仿真、下载等功能，而 ICCV7 for AVR 软件则具有简单、可靠、易用的特点，Proteus 软件可以虚拟仿真单片机，可通过 USB、ISP 等进行下载、仿真，快捷方便。

1.1.2 AVR 单片机分类

AVR 单片机系列齐全，适用于各种不同场合，按功能特点来分，分为以下三种：

（1）ATtiny 系列，主要型号有 ATtiny11/12/13/15/26/28 等。

（2）AT90S 系列，主要型号有 AT90S1200/2313/8515/8535 等。

（3）ATmega 系列，主要型号有 ATmega8/16/32/64/128 等。

按用途来分，可以分为以下两类：

（1）普通 AVR 单片机。用于一般民用电子产品，如 ATmega8、ATmega16、ATtiny13 等。

（2）汽车电子专用 AVR 单片机。主要用于汽车电子、工业控制领域，这类单片机工作温度范围宽（-40℃~125℃），一般集成了专用于汽车或工业控制领域的 CAN、LIN 控制器，如 ATmega16M1、ATtiny167 等，有些还集成了多个串口，如 ATmega324PB 集成了 3 个异步通信串口。

如果读者想了解详细的芯片规格和性能参数，可以登录 Microchip 网站查询。

1.1.3 ATmega 系列单片机简介

ATmega 系列单片机是基于增强的 RISC 结构的低功耗 8 位 CMOS 高性能微控制器。由于其先进的指令集及单时钟周期指令执行时间，其内核 CPU 数据吞吐频率高达 1MIPS/MHz，从而可以缓解系统在功耗和处理速度之间的矛盾。ATmega 系列单片机具有丰富的指令集和 32 个通用工作寄存器，所有的寄存器都直接与运算逻辑单元（ALU）相连，使得一条指令可以在一个时钟周期内同时访问两个独立的寄存器。这种结构大大提高了代码执行效率，并且具有比普通的 CISC 微控制器更高的数据吞吐率（最多可提高 10 倍）。

所有 ATmega 系列的 AVR 单片机的 CPU 结构均具有相同的特点，不同的是内部存储器、硬件资源、引脚等。以下介绍几款典型的 ATmega 单片机。

1. ATmega8

ATmega8 是 Atmel 公司在 2002 年推出的一款基于 ATmega 内核的高档单片机，其内部结构如图 1-3 所示。在 AVR 家族中，ATmega8 是一种非常特殊的单片机，它的芯片内部集成了较大容量的存储器和丰富、强大的硬件接口电路，具备 ATmega 系列的全部性能和特点。由于采用了小引脚封装（DIP28 和 TQFP/MLF32），其价格却仅与低档单片机相当，再加上 AVR 单片机系统内可编程的特性，使得开发方不用购买昂贵的仿真器和编程器也可进行单片机嵌入式系统的设计和开发，同时也为单片机的初学者提供了非常方便的学习开发环境。

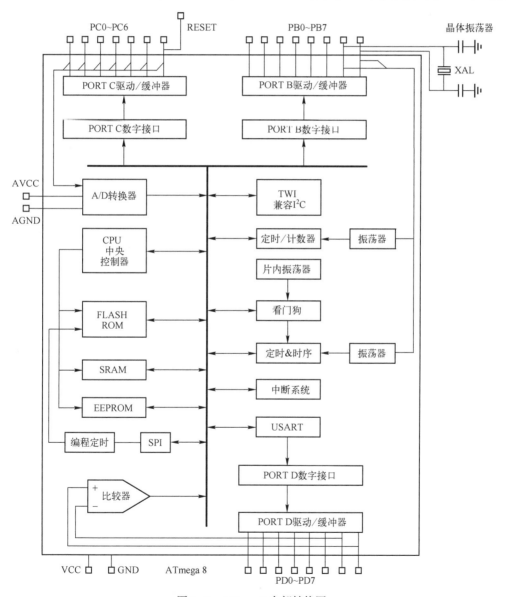

图 1-3 ATmega8 内部结构图

ATmega8 特点如下：

（1）高性能、低功耗的 8 位 AVR 微控制器，先进的精简指令集结构。
- 130 条功能强大的指令，大多数为单时钟周期指令。
- 32 个 8 位通用工作寄存器。
- 工作频率为 16MHz 时，具有 16MIPS 的性能。
- 片内集成硬件乘法器（执行速度为 2 个时钟周期）。

（2）大容量、高性能存储器。
- 8K 字节的 Flash 程序存储器，擦写次数多于 10000 次。
- 支持在线编程（ISP）、应用自编程（IAP）。
- 带有独立加密位的可选 BOOT 区，可通过 BOOT 区内的引导程序区（用户自己写入）来实现 IAP 编程。
- 512 个字节的 EEPROM，擦写次数：100000 次。
- 1K 字节内部 SRAM。
- 可编程的程序加密位。

（3）丰富的 I/O 接口。
- 2 个具有比较模式的带预分频器（Separate Prescale）的 8 位定时/计数器。
- 1 个带预分频器且具有比较和捕获模式的 16 位定时/计数器。
- 1 个具有独立振荡器的异步实时时钟（RTC）。
- 3 个 PWM 通道，可调制输出任意不大于 16 位且相位、频率可调的 PWM 信号。
- 8 路 A/D 转换（TQFP、MLF 封装），6 路 10 位 A/D+2 路 8 位 A/D。
- 6 路 A/D 转换（PDIP 封装），4 路 10 位 A/D+2 路 8 位 A/D。
- 1 个 I^{2}C 串行接口，支持 4 种工作方式（主/从、收/发），支持总线自动仲裁。
- 1 个可编程的串行 USART 接口，支持同步、异步及多机通信自动地址识别。
- 1 个支持主/从（Master/Slave）、收/发的 SPI 同步串行接口。
- 带片内 RC 振荡器的可编程看门狗定时器。
- 片内模拟比较器。

（4）特殊的微控制器性能。
- 具有可控制的上电复位延时电路和可编程的欠电压检测电路。
- 内部集成了可选择频率（1/2/4/8MHz）、可校准的 RC 振荡器。
- 具有外部和内部的中断源共 18 个。
- 5 种睡眠模式：空闲模式（Idle）、ADC 噪声抑制模式（ADC Noise Reduction）、省电模式（Power-save）、掉电模式（Power-down）、待命模式（Stand-by）。

（5）I/O 口和封装。
- 最多 23 个可编程 I/O 口，可任意定义输入/输出方向；输出时为推挽输出，驱动能力强，可直接驱动 LED 等大电流负载；输入时可定义为三态输入，可以设定带内部上拉电阻，省去外接上拉电阻。
- 28 脚 PDIP 封装，32 脚 TQFP 封装和 32 脚 MLF 封装。

（6）工作电压范围宽。
- 2.7~5.5V（ATmega8L）。
- 4.5~5.5V（ATmega8）。

(7) 运行速度高。

- 0~8MHz（ATmega8L）。
- 0~16MHz（ATmega8）。

(8) 低功耗。

- 正常模式（Active）：3.6mA。
- 空闲模式（Idle Mode）：1.0mA。
- 掉电模式（Power-down Mode）：0.5μA。

2. ATmega16

ATmega16 单片机的内部结构如图 1-4 所示，其特点如下。

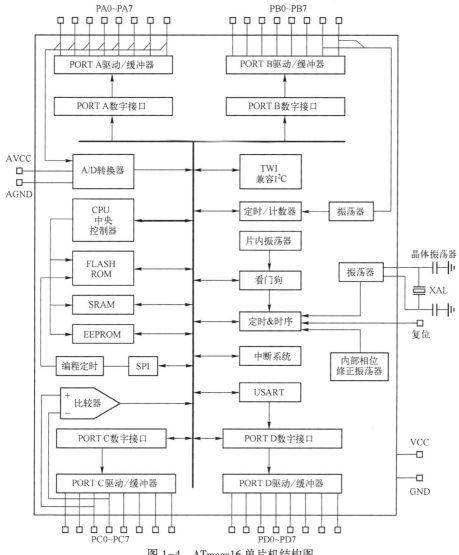

图 1-4　ATmega16 单片机结构图

- 16K 字节的系统内可编程 Flash（具有同时读写的能力）。
- 512 字节 EEPROM。
- 1K 字节 SRAM。
- 2 个通用 I/O 口。

- 32 个通用工作寄存器。
- 用于边界扫描的 JTAG 接口，支持片内调试与编程。
- 3 个具有比较模式的灵活的定时/计数器（T/C）。
- 片内/外中断。
- 可编程 SPI、USART 串行通信口。
- 8 路 10 位具有可选差分输入级的可编程增益的 ADC（TQFP 封装）。
- 具有片内振荡器的可编程看门狗定时器。
- 1 个串行接口及 6 种可以通过软件进行选择的省电模式。

3. ATmega48/88/168

ATmega48/88/168 这三个型号仅内部存储器资源大小不同，它们有如下共同特点：
- 工作频率为 20MHz 时性能高达 20MIPS。
- 4K 字节的系统内可编程 Flash，擦写次数达 10000 次。
- 具有独立锁定位的可选 Boot 代码区。
- 通过片上 Boot 程序实现系统内编程，真正实现同时读写。
- 256 字节的 EEPROM，擦写次数：100000 次。
- 512 字节的片内 SRAM，可以对锁定位进行编程以实现用户程序的加密。
- 两个具有独立预分频器和比较器功能的 8 位定时/计数器，一个具有比较功能、捕捉功能和预分频器的 16 位定时/计数器，具有独立振荡器的实时计数器 RTC，6 通道 PWM。
- 8 路 10 位 ADC（TQFP 与 MLF 封装），6 路 10 位 ADC（PDIP 封装）。
- 可编程的串行 USART 接口。
- 工作电压：

ATmega48V：1.8~5.5V。

ATmega48：2.7~5.5V。
- 工作频率：

ATmega48V：0~4MHz（1.8~5.5V），0~10MHz（2.7~5.5V）。

ATmega48：0~10MHz（2.7~5.5V），0~20MHz（4.5~5.5V）。
- 极低功耗：

正常模式：1MHz/1.8V：240μA，32kHz/1.8V：15μA（包括振荡器）。

掉电模式：1.8V：0.1mA。

1.1.4 ATtiny 系列单片机简介

ATtiny 系列单片机是 Atmel 研制的一款低功耗 AVR 单片机，包含 ATtiny10/20/40/40/80 等型号，它针对按键、滑块和滑轮等触控感应功能进行了优化，适用于对成本较为敏感的应用开发，如汽车控制板、LCD 电视和显示器、笔记本电脑、手机等。

ATtiny 系列产品引脚数量为 8~32 脚，闪存大小为 1~4KB，SRAM 大小为 32~256KB。这些产品部分支持 SPI 和 TWI（兼容 I^2C）通信，使用 1.8~5.5V 的工作电压，应用灵活性更强。

ATtiny 系列产品采用了低功耗专利技术，耗电极低，通过软件控制系统时钟频率，取得系统性能与耗电之间的最佳平衡，得到了广泛应用。

1. ATtiny13/15A

该系列产品字长为 8 位，具有 1KB 的 ISP 闪存、64 字节 EEPROM、64 字节 SRAM、4 通道 10 位 A/D 转换器、1~2 个定时器、8 个引脚；在 20MHz 频率、1.8~5.5V 电压条件下可实现高达 20MIPS 的吞吐量。

2. ATtiny24/44/84

该系列产品字长为 8 位，具有 2/4/8KB 的 ISP 闪存、128/256/512 字节 EEPROM、128/256/512 字节 SRAM、12 个可用 I/O 口、2 个定时/计数器（8bit、16bit，每个定时/计数器都有两个 PWM 通道）、8 通道 10 位 A/D 转换器、12 路带可编程增益（1x、20x）的差分 ADC 通道、模拟比较器，采用 14 脚封装或 20 脚 QFN 封装。该系列产品集成了带内部振荡器的可编程看门狗定时器、内部校准振荡器，有 4 种可选的省电模式。

该系列产品的 USI（Universal Serial Interface），即集成式通用串行接口可以工作于 2 线（TWI）或 3 线串口模式（SPI）。

通过在单个时钟周期内执行强大的指令，该系列产品可实现接近 1MIPS/MHz 的吞吐量，从而平衡功耗和处理器速度。ATtiny24/44/84 的工作电压为 1.8～5.5V，其引脚排列如图 1-5 所示。

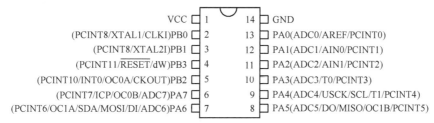

图 1-5　ATtiny24/44/84 引脚排列

3. ATtiny417/817

ATtiny417/817 单片机采用带有硬件乘法器的 8 位处理器，运行频率高达 20MHz，采用 24 引脚封装，具有 4/8KB 闪存、256/512 字节 SRAM 和 128 字节 EEPROM。该产品采用 Core Independent Peripherals 技术，具有低功耗特性，具有事件系统、高级外围设备和智能模拟功能，其集成的 QTouch 外围触摸控制器支持具有接近感应和驱动屏蔽的电容式触摸接口，其内部结构如图 1-6 所示，主要特点如下：

- I/O 口可单周期访问。
- 2 级中断控制。
- 双周期硬件乘法器。
- 内置 POR（Power-on Reset）、BOD（Brown-out Detection）、WDT（Watch Dog Timer）电源管理电路。
- 内置 16/20MHz 低功耗 RC 振荡器、32.768kHz 超低功耗 RC 振荡器。
- 单引脚统一程序调试接口（UPDI）。
- 6 路事件系统。
- 1 路 16bit 定时/计数器，带 3 个比较器。
- 1 路 12bit 定时/计数器。
- 1 路 16bit RTC 专用计数器，可以使用内置或外置时钟源。
- USART/SPI/WTI 串行通信口。
- 具有两个可编程查表（LUT）的可配置定制逻辑单元（CCL）。
- 模拟比较器。
- 1 个 10bit ADC。

- 1 个 8bit DAC。
- 5 组内置参考电压源: 0.55V、1.1V、1.5V、2.5V、4.3V。
- 内置触摸屏控制器、电容式触摸模块,触摸时可唤醒。
- 高达 22 个可用 I/O 口,且所有 I/O 口均可触发外部中断。

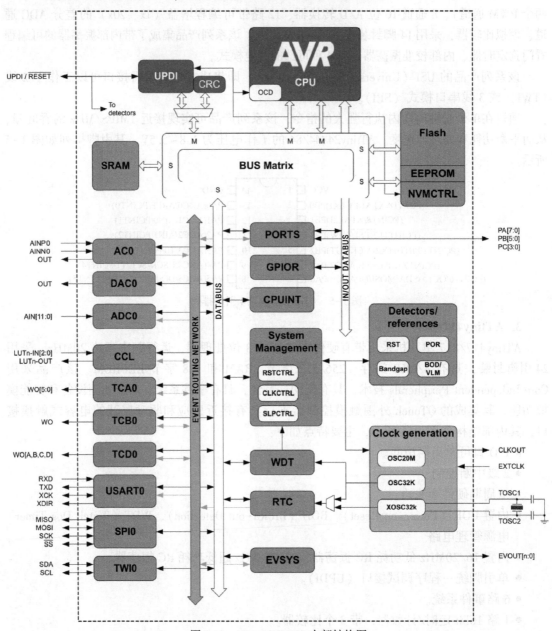

图 1-6 ATtiny417/817 内部结构图

任务 1.2 单片机软件开发平台

进行单片机软件程序设计前应先搭建软件开发平台,在软件开发平台的编译环境中将源程序编译成单片机能执行的 HEX 机器码,在 Proteus 虚拟仿真环境下模拟仿真 (Simulation),成功之后再将程序下载到实物板的目标芯片,以便提高程序开发效率。

本书所用软件开发平台包括程序编译软件和单片机虚拟仿真软件。程序编译使用 ICC 和 Atmel Studio 软件，单片机虚拟仿真使用 Proteus 软件，如图 1-7 所示。

（a）ICCV7 for AVR　（b）JumpStart C for AVR　（c）Atmel Studio 7.0　（d）ISIS 7 Professional　（e）Proteus 8 Professional

图 1-7　软件开发平台

1.2.1　ICC 编译软件的使用

1. 新建源程序文件

打开软件，执行 File→new 菜单命令新建文件，输入源程序，保存时将文件命名为 IO.c，存盘于 D:\Exp（尽量不要使用中文路径）。

2. 新建项目文件

执行 Project→new 菜单命令新建一个项目文件，选择与源文件相同路径保存并输入项目文件名 Exp01。

3. 添加文件到当前项目

执行 Project→Add File(s)…菜单命令添加文件，找到 IO.c 文件，双击后添加该文件。1 个项目默认包含 3 文件夹，".c"格式的源程序文件放在 Files 文件夹中，".h"格式的头文件放在 Headers 文件夹中，其他文件被系统自动存放在 Documents 文件夹中，如果还需要其他文件，可以依次添加进来。

4. 项目选项设置

执行 Project→Options 菜单命令打开项目文件配置对话框，单击 Target 选项卡，在 Device Configuratrion 下拉框中选择 ATmega16 单片机。

5. 编译项目（Make project）

执行 Project→Make project 菜单命令即可将 C 语言编译成机器码（.HEX 文件），并产生其他各类文件。若执行 Project→Rebuild All 命令，会将库及所有源程序文件一起编译。编译之后生成的各种文件均位于项目文件所在的文件夹中。

6. 查错（Check out errors）

如果程序编辑存在错误，则编译项目时会报错，并在信息窗口中会出现提示错误位置和出错原因的信息。程序编译通过后在信息窗口会显示"Done"信息，并且显示 Device 百分比，以及编译后的程序占用 CPU 资源的情况。

1.2.2　Proteus 模拟仿真软件的使用

1. 新建文件

启动软件，执行 File→New design 菜单命令，在弹出的对话框中选择图纸大小（如 A4）。

2. 放置元器件

在新建的文件中放置单片机硬件电路所需的元器件，在屏幕左边单击 ➡ 符号打开元器件放置环境，单击字母"P"，弹出元器件放置对话框，如图 1-8 所示。在 Proteus 中，元器件是按类别放置的, 可以去 "Category" 中查找, 也可以在 "Keywords" 文本框输入元器件关键字进行过滤查找, 如输入 "resistor", 可将电阻过滤出来。依次输入 "ATmega16" "led-red", 找到后单击 OK 确认, 元器件附着在光标旁并自动回到绘图界面, 在任意位置单击左键即可放置元器件。使用鼠标滚轮可以将绘图界面放大或缩小。双击元

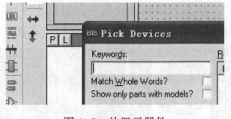

图 1-8 放置元器件

器件可以修改参数, 如双击电阻, 在弹出的属性对话框中将 "10K" 改成 "300"。

3. 连线绘图

选中元器件, 单击鼠标右键可调整元器件方向。将光标移至引脚旁边, 光标自动变成笔状, 然后以鼠标左键单击该引脚并拖动, 光标移到目标引脚后单击鼠标左键, 便自动连好一条线。如要删除一条线, 选中该线, 单击鼠标右键, 选择 "Delete" 即可。

4. 放置电源终端

在左边快捷工具栏中以左键单击 图标, 打开 "TERMINALS" (端口), 选择里面的 POWER、GROUND 终端, 如图 1-9 所示, 依次放置电源和地。以左键双击 POWER 终端, 在 Strings 中选择 VCC, 也可以输入 "+5V"。

单击 图标, 光标由笔变成箭头, 此时可以拖选或移动元器件。

5. 装载 CPU 机器码文件

以左键双击 CPU, 系统弹出如图 1-10 所示对话框, 按图中所示进行设置, 在 CKSEL Fuses 中设置内部或外部时钟, 本例外接

图 1-9 放置电源终端

1MHz 晶振, 故选择 [0110] Ext RC 0.9MHz~3.0MHz 时钟选项, 并将 Clock Frequency 设为 1MHz, 使之与外接晶振频率相匹配。以左键双击 Program File 处的 图标, 浏览路径, 找到 D:\Exp\Exp01.HEX 文件 (也可选 Exp01.cof), 装载机器码文件。

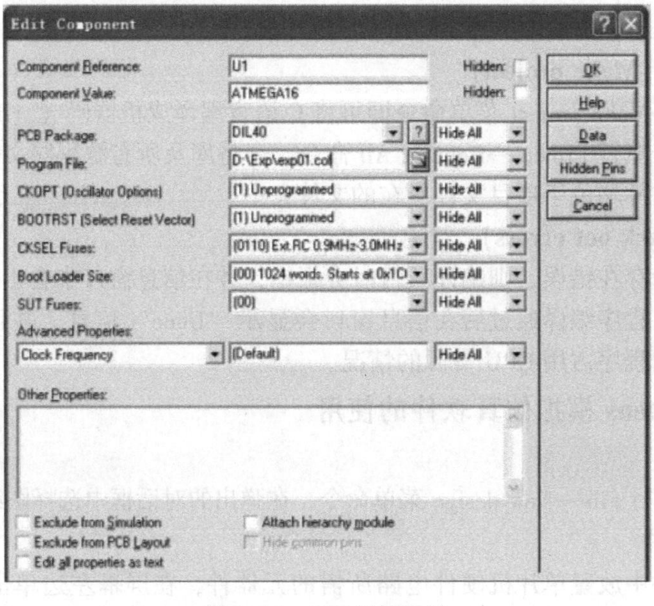

图 1-10 CPU 属性设置

6. 运行仿真程序

单击屏幕左下角的 Play 按钮，观察结果。运行控制
面板如图 1-11 所示，图中按钮功能依次是运行、单步
运行、暂停和停止。如要重新编辑原理图，应按第 4 个
按钮使程序停止。

图 1-11 运行控制面板

1.2.3 Atmel Studio 软件的使用

Atmel Studio 是一款集成式程序开发软件（IDE），用于 AVR/ARM 程序的开发与调试，可以运行于 WinXP～Win10 操作系统。Atmel Studio 提供项目管理工具，支持 C/C++及汇编语言，可以实现源程序编辑、编译、反汇编，具有模拟仿真、在线仿真调试、ISP 下载等功能。Atmel Studio 采用模块化架构，允许与第三方软件进行交互。Atmel Studio 的版本不断在更新，每次更新，其所支持的 AVR/ARM 芯片都会变多，目前较新的版本是 Atmel Studio7.0，该版本采用了微软最新的 Visual Studio2015 平台。

1. 新建项目

双击 Atmel Studio7.0 图标打开软件，如图 1-12 所示，单击 New Project 新建项目，在如图 1-13 所示的界面选择 GCC C Executable Project 选项，并在 Name 框输入文件名，在 Location 框单击 Browse 选择保存路径，单击 OK，弹出如图 1-14 所示的芯片选择对话框，单击 Device Family 下拉框可以快速过滤芯片，选中目标。

图 1-12 Atmel Studio7.0 软件界面

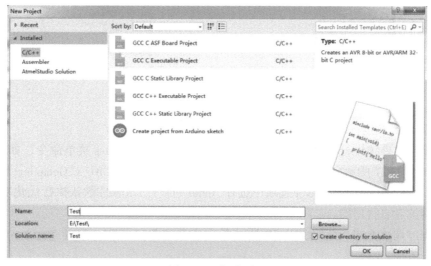

图 1-13 新建项目

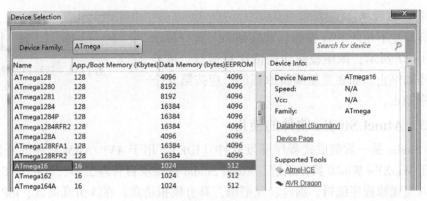

图 1-14　选择芯片

2. 编辑源程序

新建好项目文件的同时，系统会自动生成一个 main.c 源程序文件，如图 1-15 所示，双击 main.c 文件输入源程序代码即可。

图 1-15　自动生成 main.c 文件

3. 设置编译及运行环境

新建项目文件须进行必要的设置。选择 Project→Test Properties 菜单命令，如图 1-16 所示，弹出如图 1-17 所示窗口，选择 Toolchain 选项，选择 AVR/GNU C Compiler 下的 Optimization 选项，在 Optimization Level 选项中选择 None(-O0)。该软件默认执行优化功能，是否需要优化请读者自行斟酌。

选择程序调试方式，在如图 1-18 所示界面中选中 Tool 选项，选择 Simulator 或 Atmel-ICE 硬件仿真器。

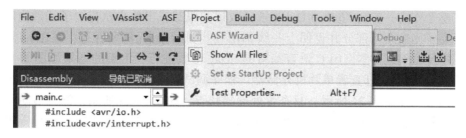

图 1-16　设置属性

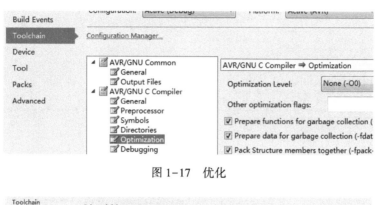

图 1-17　优化

图 1-18　选择调试方式

4. 编译程序

执行 Build 选项下面的 Build 或 Rebuild 命令，或单击快捷命令栏上的 Build 图标，或按键盘的功能键 F7，均可编译程序，如图 1-19 所示。编辑成功的界面如图 1-20 所示：0 个错误、0 个警告、0 个消息。编译成功后系统会在 debug 文件夹下生成 hex、elf 等格式的文件，如图 1-21 所示。

图 1-19　编译程序

5. 模拟仿真

在快捷命令栏中单击 图标启动 Simulator 模拟仿真，如图 1-22 所示为程序仿真快捷按钮，其中各按钮功能如下：①仿真启停控制；②停止仿真；③全速运行；④Step Into（单步跟踪，遇到子函数就进入并且继续单步执行）；⑤Step Over（单步跟踪，遇到子函数不进入而是将其整个作为一步）；⑥Step Out（子函数单步跟踪，当单步执行到子函数内时，可以自动执行完子函数余下部分并返回上一级调用）；⑦执行到光标所在行；⑧Reset（复位）；⑨查看程序反汇编，对本例用 C 语言编写的 delay 函数进行反汇编的结果如图 1-23 所示；⑩查看 CPU 寄存器；⑪查看单片机存储器，程序调试时可单击此按钮，再选择存储器页面以查看其内容，如图 1-24 所示；⑫查看处理器状态，如图 1-25 所示，⑬查看单片机片上 I/O 资源状态，如图 1-26 所示，可以查看 ADC、I/O 口、定时器、串行通信口等寄存器的状态，有助于调试程序。

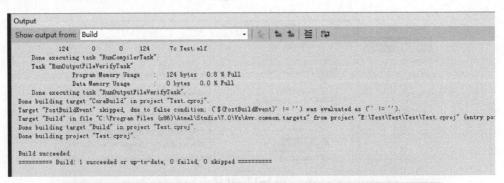

图 1-20　编译结果

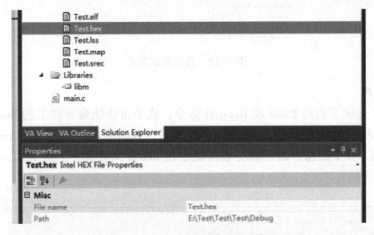

图 1-21　hex、elf 等格式的文件

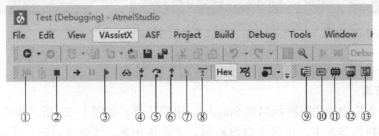

图 1-22　仿真快捷按钮

图 1-23　反汇编结果

图 1-24　选择 EEPROM 并查看存储器内容

图 1-25　查看处理器状态

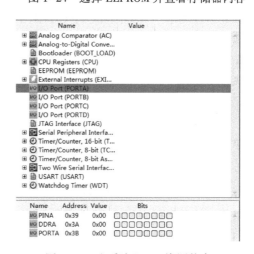

图 1-26　查看片上 I/O 资源状态

6. 头文件

项目建好后，系统会自动加入一个通用的 io.h 头文件，其与元器件型号无关，这是因为在该文件中通过程序语句自动将元器件的 .h 文件进行了匹配，为编程提供了方便，如图 1-27 所示。

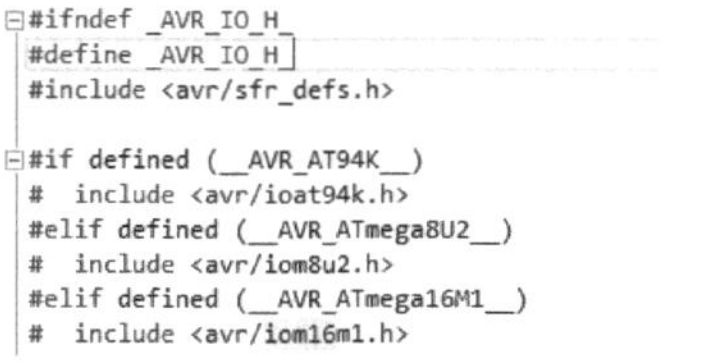

元器件头文件位于 Atmel/Studio/7.0/toolchain/avr8/ avr8-gnu-toolchain/avr/include/avr 路径下，此外该文件夹里还有一个 delay.h 头文件，里面定义了两个延时函数：

```
_delay_ms(double__ms)
_delay_us(double__us)
```

```
#ifndef _AVR_IO_H
#define _AVR_IO_H
#include <avr/sfr_defs.h>

#if defined (__AVR_AT94K__)
#  include <avr/ioat94k.h>
#elif defined (__AVR_ATmega8U2__)
#  include <avr/iom8u2.h>
#elif defined (__AVR_ATmega16M1__)
#  include <avr/iom16m1.h>
```

图 1-27　io.h 头文件部分内容

用户可以调用这些函数实现相对精确的 ms 或 μs 级时间延时。应注意：使用函数时应先定义系统时钟频率 (f_{osc})，如定义系统时钟频率为 2MHz，应添加如下语句：

```
#define F_CPU2000000UL
```

当省略该语句时编译器默认使用 1MHz 时钟频率。

7. 打开行号设置

为方便编辑、阅读、修改程序，可以开启程序行号设置，为每条程序标记行号，如图 1-28 所示，开启程序行号设置的方法：执行 Tools→Option→Text editor→Languages 菜单命令，在 Settings 下面的 Line numbers 前面打勾，如图 1-28 所示。

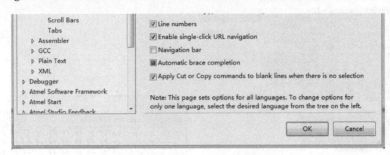

图 1-28　开启程序行号设置

选择 AVssistX-Visual Assit Options 菜单命令，取消勾选 Under Lining-Under Line spellin…选项，可以取消对注释域的语法查错。

8. 下载程序

执行 Tools→Device Programming 菜单命令，打开程序下载工具，可将 HEX 文件下载到目标元器件。

9. 在线获取帮助

单击 Help 按钮可以获取在线帮助或资料，如/Datasheet 或 Help/Device Page，可以在线获取芯片或元器件资料。

1.2.4　ICCV7 for AVR 软件介绍

目前，ICCV7 for AVR8.28 为最新版本，其主要功能如下：

(1) IDE 集成调试工具，具有 Workspace/Project 管理、语法识别、代码浏览等功能。

(2) 不用编写链接器命令文件，按名称选择目标设备即可。

(3) 集成全套编译器工具，包括 C 编译器、汇编器、链接器和库文件管理器。

(4) 生成标准格式输出文件：C 和 asm 汇编列表文件（.lst）。

(5) 针对特定目标和机器独立优化。

(6) 内置闪存下载器。

ICCV7 for AVR8.28 的使用较为简单，其使用方法与步骤大体与 ICCV7 for AVR7 类似，此处不再赘述，但 ICCV7 for AVR8.28 可以管理 Workspace，一次可以导入多个项目文件，可以新建空项目文件，也可以新建带 main.c 的项目文件。该软件分标准版、教育版、专业版三个不同版本。

任务 1.3　单片机硬件开发平台

1.3.1　单片机最小系统

单片机最小系统包含电源、时钟、复位电路等，如图 1-29 所示。电源电路应做好去耦处理，复位电路由 RC 元器件构成，通过电阻电容的充放电来实现单片机复位。

ATmega16 单片机内置了 8MHz 陶瓷晶振，在时序要求高的场合可以使用外接晶振，为了简化设计、节约成本，在时序要求不严格的场合可以使用内置时钟源，XTAL 引脚可以悬空。

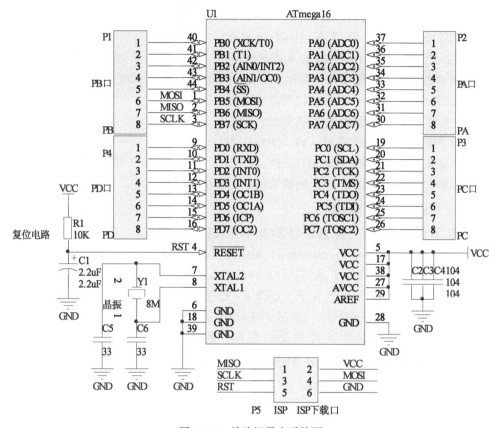

图 1-29　单片机最小系统图

1.3.2　AVR ISP mkII 编程调试器

　　AVR ISP mkII 是 Atmel 官方发布的一款编程调试器，与 Atmel Studio 软件兼容，通 Atmel Studio 软件可对所有 AVR-8bit 处理器进行编程调试，其外观如图 1-30（a）所示。AVR ISP mkII 支持 ISP、PDI、TPI 接口协议，其接口如图 1-30（b）所示，可以对 Flash 及 EEPROM 编程，且支持熔丝及锁定位编程，支持 1.6~5.5V 工作电压的元器件，ISP 编程速率可调整，SCK 频率从 50Hz~8MHz 可变，采用 USB2.0 接口，直接从 USB 端口取电，具有目标板接口及短路保护功能。应注意的是使用 AVR ISP mkII 前应安装 USB 驱动和 Atmel Studio 软件。

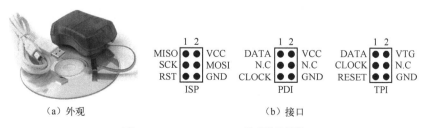

（a）外观　　　　　　　　　　　　　　（b）接口

图 1-30　AVR ISP mkII 编程调试器

1.3.3 Atmel-ICE 编程调试器

Atmel-ICE 也是 Atmel 官方出品的一款支持硬件在线仿真调试和编程的调试工具，与 Atmel Studio 软件完全兼容，支持所有 Atmel 研发的 ARM、Cortex-M 类型的 AVR-32bit 嵌入式处理器，以及 AVR-8 微控制器，如图 1-31 所示。

Atmel-ICE 通过 JTAG、aWire 接口可以对 AVR-32bit 嵌入式处理器进行编程及在线调试，通过 JTAG 和 PDI 两线接口可以实现对 AVR XMEGA 处理器的编程及在线调试，通过 JTAG、SPI、UPDI 接口可以实现对所有 AVR-8bit 微控制器编程的在线仿真和调试。

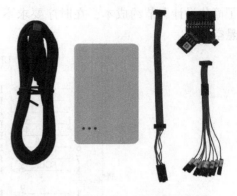

图 1-31　Atmel-ICE 编程调试器

1.3.4 USB ISP 下载线

USB ISP 下载线是一款开源兼容的 AVR 单片机程序下载工具，可通过 ISP（In-System Programming）在系统编程技术将 HEX 机器码文件方便、快捷地下载到单片机内的 Flash 程序存储器中，而不用将芯片从系统板上取下，如图 1-32 所示。使用 USB ISP 时不用额外安装驱动程序，通过 PROGISP 等下载软件即可下载程序，支持 WinXP/7 等 32 位及 64 位操作系统。

图 1-32　USB ISP 下载线

1.3.5 ATtiny817 Xplained MiniEvaluation kit 评估工具

ATtiny817 Xplained MiniEvaluation kit 是 Atmel 公司出品的基于 ATtiny817 AVR-8bit 微控制器硬件评估工具。它集成了 Mini embedded debugger，将调试工具与硬件评估电路集成在一起。它与 Atmel Studio 开发软件兼容，通过 Micro USB 接口与其连接。在 Atmel Studio 软件中可以对其实现程序下载、调试、数据采集、上传等，其结构如图 1-33 所示。

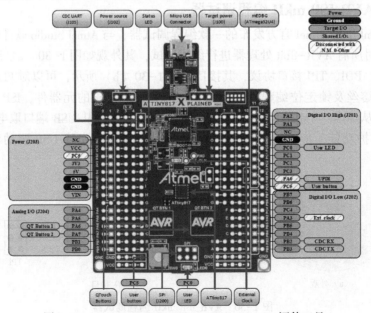

图 1-33　ATtiny817 Xplained MiniEvaluation kit 评估工具

该评估工具集成了必要的按键、显示 LED、通信电路，与 Arduino 兼容，并将单片机 I/O 口引脚引出来，通过 USB 接口供电并实现数据采集和上传，可在 Atmel Studio 的 GUI 图形接口中显示出波形、曲线等。该评估工具可以提高评估效率，加快应用程序开发速度。

1.3.6　本书所用的单片机学习板

图 1-34 为针对本书专门设计的 AVR 单片机学习板的结构图，电路结构简单，硬件资源够用，读者可以先在 Proteus 软件中进行电路仿真，之后再将程序下载到学习板进行验证或评估，本书大部分项目均可在该学习板上实践。该学习板适合自制，包括流水灯、键盘输入、显示、RTC 时钟、温度传感器、蜂鸣器等。键盘输入部件分 4 个独立式按键及 4×4 矩阵键盘两种，显示部件有 4 位数码管、1602LCD 显示器、128×64 图文点阵显示器，温度传感器采用 DS18B20 数字温度传感器，RTC 时钟有两种方案，一种采用 DS1302 芯片（SPI 总线协议），另一种是 PCF8563 芯片（I²C 总线接口）。流水灯及显示部件已预接线到单片机 I/O 口，共用了 I/O 口资源，为此设计了显示电源控制开关，通过 V1、V2、V3 分别控制流水灯、数码管、液晶显示器工作，通过 V4 控制蜂鸣器工作，避免其乱响影响使用。按照附录 E 所示的原理图制作 PCB，其布局图如图 1-35 所示，学习板为双面 PCB，外观尺寸 145.1mm×91.0mm。学习板资源分布及其使用方法如表 1-1 所示。该学习板预留了 JTAG、ISP 下载接口，可以接 AVR ISP mkII、Atmel-ICE 调试工具。

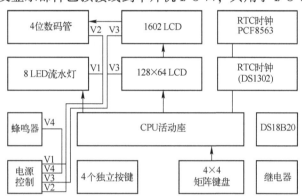

图 1-34　学习板结构框图（PFC8653）

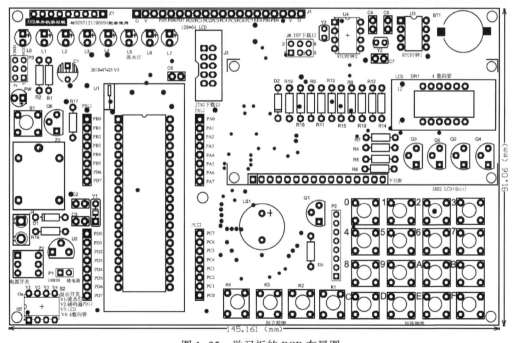

图 1-35　学习板的 PCB 布局图

表 1-1　学习板资源分布

序号	电路模块	选型方案	I/O 口分布	使用方法	备　注
1	4 位数码管	FJ3461BH 共阳极四位一体数码管	段线接 PC 口，位线接 PD4 ~PD7	控制开关接通 V2	
2	字符显示器	1602	数据口接 PC4 ~ PC7，RS 接 PC1，RW 接 PC2，E 接 PC3	控制开关接通 V3	（1）1602 液晶显示器采用 4bit 接口模式；（2）不能与 128×64 图文点阵显示器同时工作
3	图文点阵显示器	128×64，控制芯片为 SED1565（ST7565）	数据口接 PC 口，RS 接 PD5，R/W 接 PD6，E 接 PD7，CS2 接 PB6	控制开关接通 V3	（1）其他控制芯片有可能无法在 Proteus 中仿真；（2）不同型号的液晶模组引脚功能定义有可能不同；（3）不能与 1602 字符显示器同时工作
4	独立按键	4 个独立按键 K1~K4	K1~K4 分别接 PA0~PA3		
5	4×4 矩阵键盘		引出行、列线，未占用 I/O 口资源	使用时要接线	
6	RTC1	DS1302	SCK 接 PA6，IO 接 PA5，RST 接 PA4		不用芯片时将其取下可完全释放总线
7	RTC2	PCF8563	SCL 接 PA7，SDA 接 PA4		不用芯片时将其取下可完全释放总线
8	温度传感器	DS18B20	未占用 I/O 口	使用时要接线	
9	继电器	5 脚	未占用 I/O 口	使用时要接线	
10	蜂鸣器		接 PD3	控制开关接通 V4	
11	流水灯		接 PB 口	控制开关接通 V1	

1.3.7　程序下载操作

通过下载工具将 HEX 机器码文件下载到学习板目标元器件中。本书用 AVR ISP mkII 下载程序，使用 ICCV7 for AVR 编译程序，使用 Atmel Studio 软件实现下载操作。在 Atmel Studio 中执行 Tools→Device Programming 菜单命令打开下载程序界面，如图 1-36 所示，在 Device 下方选择 ATmega16，单击 Apply，进入如图 1-37 所示下载界面，选择 Memories 选项，在 Flash 框下单击…加载 HEX 文件，单击 Program，即可自动完成擦除、写入、校验编程操作。

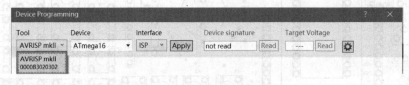

图 1-36　程序下载设置界面

在 Fuses 选项卡中可以设置烧录熔丝位的相关操作，在 LOW. SUT_CKSEL 熔丝位下拉框中可以选择时钟源，比如选择内部频率为 8MHz，选择好后单击 Program 即可烧录熔丝位，如图 1-38 所示。

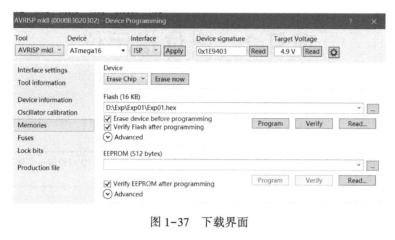

图 1-37　下载界面

图 1-38　熔丝烧录

【项目总结】

AVR 单片机是一种先进的 RISC 处理器，性能强、功能丰富、速度快，应用广泛。AVR 单片机软件开发平台有 ICCV7 for AVR、Atmel Studio，在 Proteus 软件中可以构建虚拟仿真平台。单片机硬件平台有评估板、学习板、下载器、仿真器等。可以在 ICCV7 for AVR 中编写程序，再用 Atmel Studio 下载程序到目标板。使用 Atmel Studio 开发程序时要注意其优化功能设置。

【项目练习】

1. AVR 单片机有何优点？
2. 常见的 ATmega 单片机有些哪些类型？
3. 常见的 ATtiny 单片机有哪些？各自有何特点？
4. 汽车单片机有何特点和使用要求？列举几个典型的汽车电子专用 AVR 单片机。

项目 2 液位指示仪

【工作任务】

1. 任务表

训练项目	设计液位指示仪:通过 I/O 口检测液位指示仪状态(液位),通过 I/O 口控制 8 个状态灯指示液体高度。液位状态信号由 3 个按键模拟产生,输出状态用 8 个发光二极管显示
学习任务	(1)ATmega16 单片机结构特点。 (2)ATmega16 单片机引脚功能。 (3)ATmega 单片机 I/O 口结构及使用。 (4)C 语言的运算符与表达式。 (5)C 语言的数据类型与数据结构。 (6)C 语言的分支语句与循环语句。 (7)C 语言的函数操作
学习目标	**知识目标:** (1)熟悉 ATmega 单片机的 I/O 口引脚功能。 (2)掌握 ATmega 单片机 I/O 口引脚的方向设置、输入输出操作。 (3)掌握 ATmega 单片机 I/O 口引脚上拉电阻设置。 (4)掌握 C 语言的基本语法、语句使用。 (5)掌握 C 语言函数的操作和应用。 **能力目标:** (1)程序识读能力。 (2)程序查错能力。 (3)简易程序编写能力。 (4)单片机 I/O 口编程操作能力。 (5)程序联合调试能力。 (6)程序流程图阅读理解能力。 (7)拓展项目学习能力
拓展项目	(1)流水灯。 (2)简易电子琴
建议学时	12

2. 功能要求

如图 2-1 所示,设计一个容器液位指示仪,实现容器(Container)液位指示功能。容器中安装 S0~S7 共 8 个液位传感器,当对应液位传感器检测到液体时,传感器输出信号 "0" 到 8-4 编码器,并输出 GS、A2、A1、A0 四位二进制编码信号,将该组四位二进制信号输送到单片机 I/O 口进行译码识别,控制发光二极管 D1~D8 的发光数量指示液位:8 个全亮时表示容器满,8 个全灭时表示容器空。

液位传感器编码信号 GS、A2、A1、A0 输入到单片机 PA0、PA1、PA2、PA3 引脚,PC 口接 8 个发光二极管。

3. 任务分析

根据功能要求描述,设置 PA0~PA3 引脚为输入模式,将 DDRA 的 D1~D4 位设置为 0,其他位设置为 1,即 DDRD=0xf0。PC 口设置为输出,设置 DDRC=0xff。为了节省元器件,开启 PA0~PA3 引脚内部上拉电阻,执行 PORTA=0x0f 及 SFIOR=SFIOR&0xfb 语句。

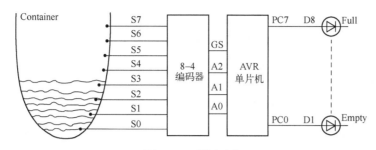

图 2-1　系统框图

使用开关模拟液面位置，开关接通产生 0，断开产生 1；引脚输出高电平时发光二极管点亮，输出低电平时发光二极管熄灭，故可以列出如表 2-1 所示的控制关系表。

表 2-1　输入输出控制关系

传感器输入					指示灯输出								
A0	A1	A2	GS	HEX 码	D8	D7	D6	D5	D4	D3	D2	D1	HEX 码
1	1	1	1	0fH	0	0	0	0	0	0	0	0	00H
1	1	1	0	0eH	0	0	0	0	0	0	0	1	01H
0	1	1	0	06H	0	0	0	0	0	0	1	1	03H
1	0	1	0	0aH	0	0	0	0	0	1	1	1	07H
0	0	1	0	02H	0	0	0	0	1	1	1	1	0fH
1	1	0	0	0cH	0	0	0	1	1	1	1	1	1fH
0	1	0	0	04H	0	0	1	1	1	1	1	1	3fH
1	0	0	0	08H	0	1	1	1	1	1	1	1	7fH
0	0	0	0	00H	1	1	1	1	1	1	1	1	ffH

4. 任务实施

依据任务分析结果，绘制原理图如图 2-2 所示。图 2-2 中指示灯并未使用 LED，而是使用了"LogicProbe（BIG）"逻辑指示灯代替，这样可以简化绘图，且效果更为直观。译码器使用了具有优先编码功能的 74LS148 优先编码器，优先级别按 0~7 依次升高，换言之，开关 S0 具有最低优先级别，S7 具有最高优先级别。

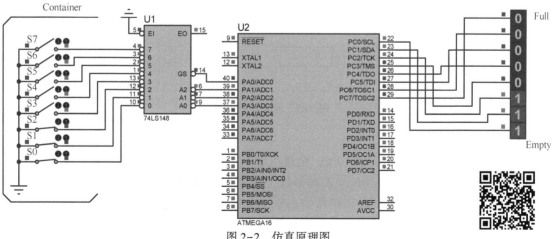

图 2-2　仿真原理图

依据表 2-1，读入 PA 口寄存器 PINA 的值时，只保留 PA0、PA1、PA2、PA3 的值，其他位清零，将结果保存在变量 key 中，只取表 2-1 中的 8 个输入 HEX 码。使用程序进行判断，若 key＝0x0f，输出为 0x00，所有输出指示灯熄灭，key＝0x0e 时输出为 0x01，指示灯 D1 点亮，其余的类似，直到当 key＝0x00 时，D1~D8 全部点亮。据此可以绘制程序流程图如图 2-3 所示，编写程序如图 2-4 所示。

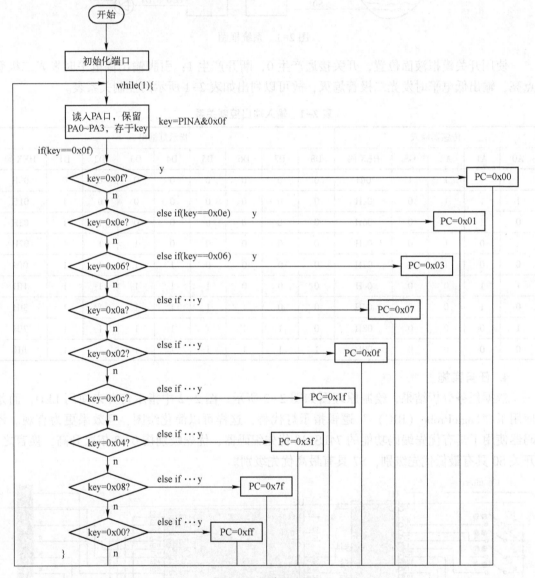

图 2-3　程序流程图

5. 调试分析

编译程序，将 HEX 文件导入 CPU，全速运行程序，使用鼠标左键单击开关旁边的上下箭头图标●⬆或直接单击 Switch 开关元器件中间闸刀斜线，可以使开关闭合或断开，按 S0~S7 顺序闭合开关直到全部开关都闭合，模拟液位逐渐升高，观测程序运行结果，再按 S7~S0 顺序断开开关直到所有开关都断开，模拟液位逐渐降低，观测程序运行结果。应注意的是，操作开关时，S0~S7 或 S7~S0 开关应依次操作，否则无意义。

```
1   #include<iom16v.h>
2   void main(void)
3   {char key;
4    DDRA=0xf0;
5    DDRC=0xff;
6    SFIOR&=0xfb;
7    PORTA=0x0f;
8   while(1)
9      {key=PINA&0x0f;
10      if      (key==0x0f)   PORTC=0x00;
11      else if(key==0x0e)   PORTC=0x01;
12      else if(key==0x06)   PORTC=0x03;
13      else if(key==0x0a)   PORTC=0x07;
14      else if(key==0x02)   PORTC=0x0f;
15      else if(key==0x0c)   PORTC=0x1f;
16      else if(key==0x04)   PORTC=0x3f;
17      else if(key==0x08)   PORTC=0x7f;
18      else if(key==0x00)   PORTC=0xff;
19      }
20   }
```

图 2-4　源程序

为了方便阅读和调试程序，可以开启程序行号标识功能，可在 ICCV7 for AVR7 软件中选择 Tools→Editor and print options 菜单命令，在弹出的对话框中选择 Options 页，在 General options 选项下的 Line numbers in gutter 选项前打勾，即可为每行程序添加行号，出现如图 2-4 所示效果。ICCV7 for AVR8 中该项功能默认自动开启，不用手动设置。

【知识链接】

任务 2.1　ATmega16 单片机结构原理

ATmega16 是 AVR 系列单片机中一款比较典型、比较常见的高性能单片机，其内部结构如图 1-4 所示。

2.1.1　CPU（中央处理单元）

CPU 由运算器、控制器及寄存器构成。为发挥最佳性能，AVR 单片机采用程序和数据存储器分离且总线互相独立的哈佛结构。指令存储在程序存储器，采用一阶流水线 CPU。在执行一条指令的同时，程序存储器对下一条指令进行预取。这种设计理念使得指令可以在单时钟周期内执行完。ATmega16 的 CPU 结构如图 2-5 所示。

1. 运算器

运算器在控制器作用下进行二进制算术和逻辑运算，由算术逻辑单元（Arithmetic Logic Unit，ALU）、通用功能寄存器组、标志寄存器等组成。32 个快速访问通用寄存器组支持单时钟周期操作，以便与 ALU 的单周期运算相匹配，如从寄存器组取 2 个操作数的运算可以在一个时钟周期内完成。32 个通用工作寄存器组中，包含 3 个 16 位的地址指针 X、Y、Z，用于程序取数据查表操作。算术运算的结果会改变 SREG 状态寄存器的相关标志位。

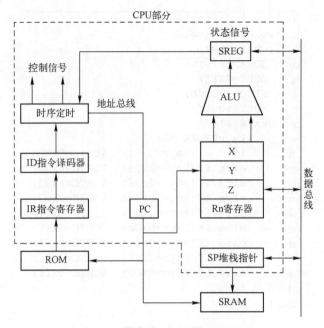

图 2-5 ATmega16 的 CPU 结构图

2. 控制器

控制器由指令寄存器 IR、指令译码器 ID、定时及时序控制逻辑电路、程序计数指针 PC 等组成。它能指挥并协调计算机整体操作及运行。控制器按照指定的顺序从程序存储器中读取指令并将其送入指令寄存器，根据指令译码器的译码结果完成相应操作并发出相应控制时序信号，从而完成规定任务。

指令寄存器 IR 用来保存当前正在执行的一条指令。若要执行一条指令，首先要把它从程序存储器取出并送到指令寄存器 IR 中。由程序计数指针 PC 给出该条指令在程序存储器中的地址编号，则地址线选定的程序存储器单元中的指令被送入指令寄存器 IR 中。

3. 时序定时器

时序定时器是中央处理单元的核心部件，它的任务是控制取指令、执行指令、存取操作数或运算结果等操作，向其他部件发出控制信号，以及协调各部件之间的工作。

4. 程序计数器

程序计数器（Program Counter，PC）又叫程序计数指针，是指令在程序存储器的地址计数器，用以指向 CPU 欲执行的指令在程序存储器中的单元地址。CPU 去 PC 所指向的程序存储器单元取指令并将其送入指令寄存器 IR，CPU 每取出一条指令，PC 自动加 1，指向下一条指令地址。

5. 堆栈指针

"栈"是在数据存储器 SRAM 中开辟的一片连续、特殊的存储空间，用于 CPU 的堆栈操作。"堆栈"是 CPU 在执行程序时的一种重要操作，CPU 在执行新操作前，将寄存器、存储器中的数据推入"栈"以暂时保护（入栈），待 CPU 执行完该操作后，再取出栈中数据还原给对应的寄存器、存储器。

ATmega16 单片机的堆栈指针（SP）为 16 位长度的堆栈指针，当入栈时数据保存在 SP

所指的地址中，与此同时 SP 减 1。出栈时 SP 加 1，再将 SP 所指的地址单元中的数据弹出给寄存器或存储器。堆栈遵循"先进后出"的原则，即最先进去的最后出来。数据的进栈和出栈操作是在栈底进行的。

2.1.2 CPU 寄存器

1. 通用寄存器组

设置 32 个通用寄存器组主要是为了优化 AVR 的 RISC 高性能内核，提高其性能和使用灵活性，其结构如图 2-6 所示。虽然这些寄存器组与 SRAM 共用（不是独立的物理元器件，位于 SRAM 的前 32 个地址单元），但是这种结构为寄存器访问提供了极大的灵活性。

AVR 寄存器组的最后 6 个寄存器（R26 ~ R31）每两个合并成一个 16 位的寄存器，用 X、Y、Z 表示，具有特殊功能。这些寄存器作为对数据存储器空间及程序存储器空间（仅使用 Z 寄存器）间接寻址的地址指针寄存器。在不同指令的寻址模式下，X、Y、Z 的值会自动增减。

7	0	地址	
R0		00H	
R1		01H	
R2		02H	
...		...	
R14			
...		...	
R26		1aH	X 寄存器低 8 位
R27		1bH	X 寄存器高 8 位
R28		1cH	Y 寄存器低 8 位
R29		1dH	Y 寄存器高 8 位
R30		1eH	Z 寄存器低 8 位
R31		1fH	Z 寄存器高 8 位

图 2-6　32 个通用寄存器组

2. 标志寄存器

标志寄存器（SREG）中的位反映了 CPU 运算、操作结果的状态，包含全局中断使能控制位、溢出、进位、零标志位等，这些位可以通过硬件或软件进行修改，位状态可以作为程序执行的判断依据，其各标志位的意义如下：

	Bit7	Bit6	Bit5	Bit4	Bit3	Bit2	Bit1	Bit0	位
SREG	I	T	H	S	V	N	Z	C	
	R/W	R/W	R/W	R/W	R/W	R/W	R/W	R/W	读/写
	0	0	0	0	0	0	0	0	初始值

I 位（Bit7）：全局中断使能位，中断总控制开关。I = 1，打开总中断；I = 0，所有中断被禁止，CPU 不响应任何中断请求。

T 位（Bit6）：位复制存储，位复制指令 BLD 和 BST 使用 T 位作为源和目标。通用寄存器组中任何一个寄存器中的某一位的值可以通过 BST 指令被复制到 T 中，而用 BLD 指令则可将 T 中的位值复制到通用寄存器组中的任何一个寄存器的某一位中。

H 位（Bit5）：半进位标志位。

S 位（Bit4）：符号标志位，其值由负数标志位 N 和 2 的补码溢出标志位 V 的异或结果决定。在正常运算条件下（V = 0，不溢出）S = N，即运算结果最高位作为符号是正确的。当产生溢出时 V = 1，此时 N 失效，但 S = N+V 还是正确的。对于有符号数据而言，执行减法或比较操作后，S 标志能正确指示两个数的大小。

V 位（Bit3）：2 的补码溢出标志位 V，支持 2 的补码运算，为模 2 补码加、减运算溢出标志。溢出表示运算结果超过了正数（或负数）所能表示的范围。

加法溢出表现为正+正=负，或负+负=正；

减法溢出表现为正-负=负，或负-正=正。

N 位（Bit2）：负数标志位，溢出时，运算结果最高位（N）取反才是结果的真正符号。负数标志位直接取自运算结果的最高位，N＝1 时表示运算结果为负，否则为正，但发生溢出时不能表示真实的结果。

Z 位（Bit1）：零标志位。零标志位表明在 CPU 运算和逻辑操作之后，其结果是否为零，当 Z＝1 表示结果为零。

C 位（Bit0）：进位/借位标志。它表明在 CPU 的运算和逻辑操作过程中有无发生进/借位。

2.1.3　存储器组织

不同型号的 AVR 单片机的片内存储器容量不同，ATmega16 单片机的片内存储器由程序存储器、数据存储器、EEPROM 存储器构成，如图 2-7 所示。

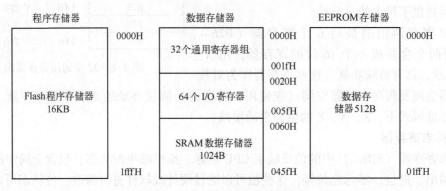

图 2-7　ATmega16 片内存储器组织

1. 程序存储器

ATmega16 片内集成了 16KB 的 Flash 程序存储器，支持在系统编程（In-System Programmable，ISP），通过 ISP 接口就能读片内的 Flash ROM，无需额外的编程设备。所有的 AVR 指令宽度为 16 位或 32 位，Flash ROM 存储空间按 8K×16 组织。考虑程序安全，片内 Flash 程序存储空间划分为两个部分，即引导程序区和应用程序区，Flash ROM 的擦写次数大于 10000 次。ATmega16 程序计数指针宽度为 13bit，因此寻址程序存储器范围为 8KB。

2. 数据存储器

ATmega16 片内的数据存储器单元共有 1120 字节，前 96 字节分别为 32 个通用寄存器组和 64 个 I/O 寄存器，余下 1024 字节为片内数据存储器 SRAM。

3. EEPROM 存储器

ATmega16 片内有 512 字节的 EEPROM 非易失数据存储器，位于独立的 0000H～01ffH 地址空间，可用于保存一些断电后不能丢失的重要数据，每个字节可以单独进行读和写操作，通过 EEPROM 的数据寄存器及地址寄存器实现。EEPROM 安全擦写次数超过 100000 次。

2.1.4　引脚功能

ATmega16 采用两种封装结构，即 40 脚的直插封装（PDIP）和 44 脚的贴片封装（TQFP/MLF），如图 2-8 所示，其各引脚功能如下。

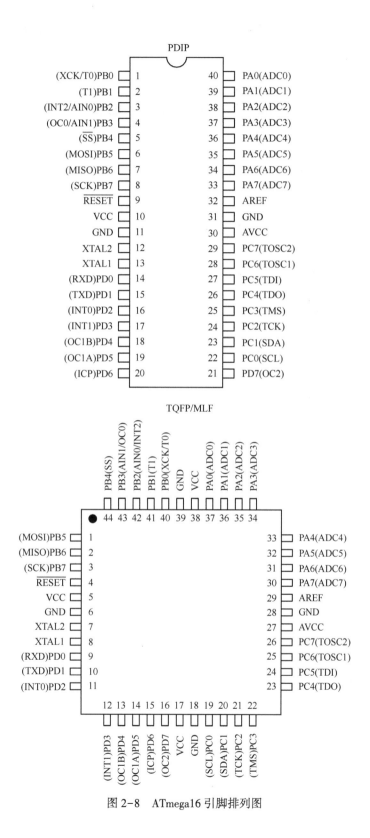

图 2-8 ATmega16引脚排列图

1. 电源引脚

VCC：芯片供电（片内数字电路电源）输入引脚，ATmega16 的工作电压范围为 4.5～5.5V，ATmega16L 的工作电压范围为 2.7～5.5V。

AVCC：端口 A 和片内 ADC 模拟电路电源输入引脚。不使用 ADC 时，此引脚直接连接到电源正极；使用 ADC 时，应将其通过一个低通电源滤波器与 VCC 连接。

AREF：使用 ADC 时，此引脚可作为外部 ADC 参考源的输入引脚。

GND：芯片接地引脚，使用时接地。

2. 时钟与复位引脚

XTAL2：片内反相振荡放大器的输出端。

XTAL1：片内反相振荡放大器和内部时钟操作电路的输入端。

可以在这两个引脚外接晶体振荡器，为 CPU 提供时钟脉冲。ATmega16 的时钟频率范围为 0～16MHz，ATmega16L 时钟频率范围为 0～8MHz，外接晶振的频率范围不能超出规定值。

$\overline{\text{RESET}}$：复位引脚，在该引脚加一个低电平脉冲，则 CPU 进入复位状态，CPU 所有寄存器、I/O 口引脚被复位到初始状态。

3. I/O 口引脚

ATmega16 共有 4 组通用可编程 I/O 口引脚，分别为 PA、PB、PC、PD，每组（端口）8 个引脚，共 32 个引脚，大部分为多功能复用 I/O 引脚，每个引脚的功能可编程控制。

4 个端口的第一功能是通用的双向数字输入/输出端口，其中每一位（引脚）都可以由指令设置为独立的输入引脚或输出引脚。

当 I/O 口被设置为输入口时，其内部的引脚还配置有上拉电阻，可通过编程控制其是否有效。每个 I/O 口均有很强的驱动能力，驱动拉电流负载时能提供 20mA 的电流，驱动灌电流负载时能吸入 40mA 的电流，因此能直接驱动 LED 等元器件。

任务 2.2 I/O 口结构及使用

每个 I/O 口都有 8 个引脚，分别用 Px0～Px7 表示（如 PA0），共 32 个引脚，每个引脚可独立编程作为输入输出引脚使用，大部分引脚均可复用于其他功能，如定时器、串口、中断等，部分引脚复用功能超过 3 个。

2.2.1 I/O 口寄存器

各 I/O 口的结构大体相同，一个典型的 I/O 口的结构如图 2-9 所示，其内部主要有三个寄存器，分别为 DDRx、PORTx、PINx，每个寄存器容量为 8bit，每位分别对应一个引脚，比如 PORTA 的 0 位对应 PA0 引脚。DDRx 寄存器的功能是控制 I/O 口的工作模式（为输入口还是输出口），PORTx 寄存器的功能是在 I/O 口为输出方式时将其内容复制到引脚，PORTx 的值就是引脚的取值，PINx 寄存器的功能是在 I/O 口为输入方式时将引脚的状态复制到 PINx 中。以 PA 口为例，三个寄存器结构为：

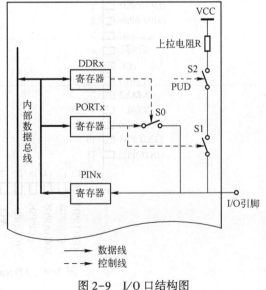

图 2-9 I/O 口结构图

位	7	6	5	4	3	2	1	0	
PORTA	PORTA7	PORTA6	PORTA5	PORTA4	PORTA3	PORTA2	PORTA1	PORTA0	
	R/W	R/W	R/W	R/W	R/W	R/W	R/W	R/W	读/写
	0	0	0	0	0	0	0	0	初始值
DDRA	DDRA7	DDRA6	DDRA5	DDRA4	DDRA3	DDRA2	DDRA1	DDRA0	
	R/W	R/W	R/W	R/W	R/W	R/W	R/W	R/W	读/写
	0	0	0	0	0	0	0	0	初始值
PINA	PINA7	PINA6	PINA5	PINA4	PINA3	PINA2	PINA1	PINA0	
	R	R	R	R	R	R	R	R	读/写
	x	x	x	x	x	x	x	x	初始值

2.2.2 I/O 口的使用

1. 设置 I/O 口方向

每组 I/O 口以字节为单位操作，在使用 I/O 口之前应先给 DDRx 寄存器写数据，确定 I/O 口数据传输方向，即确定 I/O 口作为输入口使用还是输出口使用，DDRx 中的位写 0，对应的引脚作为输入口；写 1，作为输出口，如：

```
DDRC = 0x0f;
```

意为 PC0~PC3 引脚作为输出，PC4~PC7 作为输入。

2. I/O 口输入输出

I/O 口读入的数据放置在 PINx 寄存器中，从 I/O 端口输出的数据则放置在 PORTx 寄存器中，如读入 PA 口引脚数据放置于变量 key 的操作如下：

```
key = PINA;
```

只读入 PA0 口：

```
key = PINA&0xf7;
```

PB 口全部输出高电平：

```
PORTB = 0xff;
```

PC0 输出高电平，PC1~PC7 输出低电平：

```
PORTC = 0x01;
```

3. I/O 的上拉电阻

I/O 作为输入口使用时可以选择是否使用其内置的上拉电阻，如果使用，则可以省略外接上拉电阻。使用内置上拉电阻的方法为将 PORTx 寄存器与引脚对应的位置 1，同时还要将 SFIOR 寄存器中的 PUD 位置 0。如图 2-9 所示，PUD 相当于上拉电阻的总控制位，S2 相当于总开关，PORTx 相应的位置 1 则该引脚的 S1 开关闭合，引脚与上拉电阻接通。PUD 在 SFIOR 寄存器中的位置如下所示。

位	7	6	5	4	3	2	1	0	
SFIOR						PUD			
	R/W	R/W	R/W	R/W	R/W	R/W	R/W	R/W	读/写
	0	0	0	0	0	0	0	0	初始值

如要将 PB2~PB4 设置为输入，且使用 PB3 引脚的上拉电阻，将 PB 口的其余引脚设为输出，应先对 DDRB 寄存器写数据。把 PB2~PB4 设为输入口，其他设为输出口：

DDRB = 0xe3;

PB3 口要打开上拉电阻，因此 PORTB 的 D3 位要写 1，故：

PORTB = 0x08;

使用内部上拉电阻还必须将 PUD 位置 0，因此：

SFIOR = SFIOR&0xfb;

其中 SFIOR&0xfb 意思为将 SFIOR 寄存器原有值与二进制数 11111011 按位进行逻辑与（0·x = 0，1·x = x），这样只将 SFIOR 的 PUD 位置 0，而由于 SFIOR 的其他位定义了其他功能，故没有改变其他位的值。

综上所述，AVR 单片机的 I/O 口结构简单，使用灵活。使用前应先对 DDRx 寄存器进行编程，确定 I/O 口的数据方向，输出引脚的数据送入 PORTx 寄存器，读引脚数据或状态须读 PINx 寄存器数据，切勿搞错。I/O 口置为输入时可以选择使用内置上拉电阻，也可以不使用。使用内置上拉电阻时应将 PORTx 的相关位写 1，且将 SFIOR 中的 PUD 位写 0。I/O 口的使用总结如表 2-2 所示。

表 2-2　I/O 口的使用

DDRxn	PORTxn	PUD	I/O 口状态	内部上拉电阻	引脚状态说明
0	1	x	输入	无效	高阻
0	1	0	输入	有效	
0	1	1	输入	无效	高阻
1	1	x	输出	无效	输出 0，拉电流输入（40mA）
1	1	x	输出	无效	输出 1，灌电流输出（20mA）

注：x 表示该位取 0、1 任意值。

任务 2.3　单片机 C 语言编程基础

C 语言是国际通用的计算机程序设计语言之一，素有"工程语言"之称，既可用于编写计算机的系统程序，也可用来编写一般的应用程序，并且在工程设计领域有优秀表现。C 语言是介于低级语言和高级语言之间的一种程序设计语言，既有一般高级语言的特点，又独有一般高级语言难以实现的、对计算机硬件直接进行操作（如对内存地址的操作、移位操作等）的功能特点。C 语言的表达方式灵活、表达式功能强，采用 C 语言编写的程序能够很容易地在不同类型的计算机之间进行移植，因此用 C 语言编写的程序可读性、可移植性好，符合人的思维习惯，程序开发效率高。

2.3.1　C 语言的特点

与其他计算机高级语言相比，C 语言具有它自身的特点。可以用 C 语言来编写科学计算或其他应用程序，但 C 语言更适合于编写计算机的操作系统及其他一些要对机器硬件进行操作的程序，如 Linux 等嵌入式操作系统。许多大型应用软件也采用 C 语言编写。这主要是因为 C 语言具有很好的可移植性和硬件控制能力，其表达和运算能力也较强。许多以前只能用汇编语言来解决的问题现在用 C 语言也可以解决。概括起来说，C 语言具有以下特点：

1）简洁，使用方便、灵活

C 语言是现有程序设计语言中规模最小的语言之一，而小的语言体系往往是设计优秀程序的一大保障。C 语言的关键字很少，ANSI C 标准一共定义了 32 个关键字，9 种控制语句，放弃了一切不必要的成分。C 语言的书写形式比较自由，程序表达式简洁而又灵活，使用简单的方式就能构造出相当复杂的数据类型、程序结构和表达式。

2）可移植性好

汇编语言是面向机器的低级语言，对于不同类型的 CPU，其适用的汇编语言系统不一样，因此在不同的 CPU 上执行同样的操作，使用的汇编语言助记符、指令格式不一样。汇编语言过分依赖硬件，不具备可移植性，若工程师要在不同应用中使用不同内核结构的单片机，使用汇编语言编写程序，就要掌握各种不同结构的单片机汇编语言指令及其语法。如此一来，设计人员要记忆的东西很多，也容易混淆；而 C 语言有良好的可移植性，对于同一操作，使用 C 语言编写程序，可以不加修改或稍加修改便能移植到另一不同内核结构的 CPU 中执行。用 C 语言编写的程序，通常要经过编译器编译两次：第一次编译成与机器对应的汇编语言，以供程序设计人员检查、优化程序，第二次再编译成可被机器直接执行的机器码。以不同结构类型的 CPU 运行同一个 C 语言程序，使用编译软件不同，编译后的汇编语句不同，机器代码也不一样，而这些过程对编程人员而言都是不可见的，换言之，编程人员在使用 C 语言编写程序时，汇编语言对其来说相当于是透明的。

3）表达能力强

C 语言具有丰富的数据结构类型，可以根据需要采用整型、实型、字符型、数组类型、指针类型、结构类型、联合类型等多种数据类型来实现各种复杂数据结构的运算。C 语言还具有多种运算符，灵活使用各种运算符可以实现其他高级语言难以实现的运算。

4）表达方式灵活

利用 C 语言提供的多种运算符，可以组成各种表达式，还可采用多种方法来获得表达式的值，从而使程序设计具有更大的灵活性，使程序语句变得简单。C 语言的语法规则不太严格，程序设计的自由度比较大，程序的书写格式自由灵活。程序主要用小写字母来编写，而小写字母是比较容易阅读的，这些充分体现了 C 语言灵活、方便和实用的特点。

5）结构化程序设计

C 语言程序是函数的集合，实际上一个完整的 C 语言程序由主函数和其他功能函数所构成。如果程序中没有其他函数，则所有语句、表达式必须放在 main 主函数里面。C 语言对于输入和输出的处理也通过函数调用来实现。各种 C 语言编译器都会提供一个函数库，其中包含许多标准函数，如各种数学函数、标准输入输出函数等。用户可以根据自己的需要，将具有特定功能的语句编成一个函数。实际经验表明，模块化、结构化的程序设计便于识读、移植、调试和保存。

6）可以直接操控计算机硬件

扩充以后的 C 语言也可以像低级语言一样访问单片机的内部特殊功能寄存器，读写单片机的 I/O 口等。

7) 生成的目标代码质量高

众所周知，汇编语言程序目标代码的效率是最高的，对于实时性要求严格的程序仍旧采用汇编语言编写。C 语言要先编译成汇编语言，再编译成机器语言，因此即使是同一个任务，用 C 语言编写的程序要编译成汇编程序，肯定比人工直接输入汇编程序的效率要低。实际经验表明，这种"效率低"在绝大多数情况都可以忽略，并且 C 语言编译器具有程序自动优化功能，优化后的程序代码，其质量在大部分情况下都可以与汇编语言代码相媲美。

任何语言都无法做到尽善尽美。尽管具有很多优点，但 C 语言和其他任何一种程序设计语言一样也有其自身的缺点，如不能自动检查数组的边界，各种运算符的优先级别太多，某些运算符具有多种用途等，但瑕不掩瑜。经验表明，大多数程序设计人员学会使用 C 语言之后，都对其相当认可，尤其是从事单片机软件设计和硬件底层开发的相关人员。

2.3.2 C 语言程序构成要素

C 语言程序由一个主函数和若干个功能函数组成，每个功能函数都是完成某个特殊任务的子程序段，其中由 main 关键字表示的主函数必不可少，其他函数都必须要在主函数中才能调用，否则无法得到执行。这些功能函数可以保存在当前文件中，也可以保存在其他文件中。

C 语言的标识符用来标识源程序中某个对象的名字。这些对象可以是函数、成员、常量、数组、数据类型、存储方式、语句等。每个标识符由字符串、数字和下画线等组成，第一个字符必须是字母或下画线。通常，以下画线开头的标识符是编译系统专用的，因此在编辑 C 语言程序时，我们一般不使用以下画线开头的标识符，而将下画线作为分段符。C 语言对大小写敏感，如"Key"与"key"是两个完全不同的标识符。程序对标识符的命名应当简洁明了，含义清晰，便于阅读理解。如用标识符"display"表示显示，用"temp"表示中间变量等。

关键字是具有固定名称和特定含义的特殊标识符，有时又称为保留字。在编写 C 语言程序时，一般不允许将关键字重新定义成变量、函数名等或用于其他用途，比如重新定义一个新的 sin 函数，这是不被允许的，因为 C 语言已提供了一个 sin 库函数。因此 sin 作为保留关键字，不允许用户再重新定义。

2.3.3 运算符与表达式

为表述方便，若未特别声明，本书不严格区分标准 C 语言（基于 x86 计算机）和单片机的 C 语言，统称为 C 语言。C 语言提供比较丰富的运算符号，有算术运算符、逻辑运算符及一些实现特殊功能的特殊运算符等。这些运算符为编写程序提供了方便，可以精简程序代码，提高程序执行效率。

表达式是程序的重要组成部分。表达式一般由运算对象、运算符组成。运算对象一般包含常量、变量、函数和表达式等。

1. 运算符及优先级

C 语言运算符按功能可分为算术运算符、关系运算符、逻辑运算符、位运算符、赋值运算符、复合运算符等。各种运算符的定义及优先级见表 2-3。

表 2-3 C 语言运算符的定义及优先级

优 先 级	运 算 符	含 义	参与运算目数	结 合 方 向
1	( )] -> .	圆括号 下标运算符 指向成员运算符 结构体成员运算符		自左至右
2	! ~ ++ -- - * & sizeof	取逻辑"非"运算符 按位取反运算符 自增1运算符 自减1运算符 取负值运算符 指针运算符 地址"与"运算符 求长度运算符	1（单目运算符）	自右至左
3	* / %	乘法运算符 除法运算符 取模运算符	2（双目运算符）	自左至右
4	+ -	加法运算符 减法运算符	2（双目运算符）	自左至右
5	<< >>	左移运算符 右移运算符	2（双目运算符）	自左至右
6	<<= =>>	关系运算符	2（双目运算符）	自左至右
7	== !=	等于运算符 不等于运算符	2（双目运算符）	自左至右
8	&	按位"与"运算	2（双目运算符）	自左至右
9	∧	按位"异或"运算	2（双目运算符）	自左至右
10	|	按位"或"运算符	2（双目运算符）	自左至右
11	&&	逻辑"与"运算符	2（双目运算符）	自左至右
12	||	逻辑"或"运算	2（双目运算符）	自左至右
13	?:	条件运算符	3（三目运算符）	自右至左
14	= += -= *= /= %= >>= <<= &= ∧	符号运算符	2（双目运算符）	自右至左
15	,	逗号运算符		自左至右

2. 赋值运算符及其表达式

赋值运算是最常见的运算，其功能是给变量赋值。

（1）赋值运算符。赋值运算符即"="，可完成赋值运算，它具有右结合性，优先级最低。

（2）赋值表达式。赋值表达式是将常量、常数赋给变量的表达式，其格式如下：

<变量><赋值运算><表达式>

如：

```
a=12;
b=PI;
c=a+b;
c=+1;
```

其中，第1个赋值语句将常数12赋给变量a，第2个赋值语句将常量PI赋给变量b，第3个赋值语句将a+b的结果赋给变量c，第4行语句将变量c自加1后的结果再赋给变量c，等效于c++。

3. 关系运算符及其表达式

（1）关系运算符。C语言提供以下6种关系运算符：

<	小于。
<=	小于等于。
>	大于。
>=	大于等于。
==	等于。
!=	不等于。

<、<=、>和>=这4个运算符优先级相同，处于高优先级，==和!=这两个运算符优先级相同，处于低优先级。关系运算符的优先级低于算术运算符，但高于赋值运算符。

（2）关系表达式。用关系运算符将运算对象连起来的式子称为关系表达式，关系表达式又称为比较运算。如a>3、b<=5等。

比较运算的结果只有真和假两种，在C语言里面用1和0表示。如a=3，b=5，则：

a>b的比较运算结果为假（返回0）；

a<b的比较运算结果为真（返回1）。

4. 算术运算符及其表达式

（1）算术运算符。算术运算符就是完成基本的加、减、乘、除及自增、自减等算术运算所使用的运算符。具体如下：

+	加法运算符，如a+5。
–	减法运算符，如b–3。
*	乘法运算符，如c*2。
/	除法运算符，如d=5/3，取其整数部分，d=1。
%	取余数或取模运算符，如e=5/3，e的最后的结果为余数2。
++	自增运算符，如i++，等同于i=i+1。
––	自减运算符，如i––，等同于i=i-1。

对于自增或自减运算符，如i=2，以下两种表达方式应注意：

m=i++，表示i赋值给m，然后i自加1，则m=2，i=3；

m=++i，表示i自加1后赋值给m，所以i=3，m=3。自减运算符用法类似。

对于参与运算的等号两边的数，要求其数据类型相同。如果两边数据类型不同，则必须经过类型转换后才能进行运算。数据类型的转换有两种方式。一种是C语言编译器自动转换，将精度较低的数据类型转换成精度较高的数据类型，运算结果的数据类型与精度较高的数据一致。第二种方法是使用强制类型转换符进行转换，例如：

```
                (int)(a+b);
```

则 a+b 的运算结果被强制转换成 int 型。

（2）算术表达式。使用算术运算符表达的式子就是算术表达式，如：

```
        y=a*x+b*y;
```

5. 逻辑运算符与逻辑表达式

（1）逻辑运算符。逻辑运算符用于执行基本的逻辑与、或、非等操作运算。具体如下：

&&　　逻辑与。

‖　　　逻辑或。

!　　　逻辑非。

其中逻辑非的优先级最高，而且高于算术运算符，逻辑或运算符优先级最低，低于关系运算符，高于赋值运算符。

（2）按位逻辑运算符。按位逻辑运算符是对数据逐位进行逻辑运算的算符，有按位的逻辑与、或、非、异或及移位等运算符：

&　　　按位逻辑与，如 a=a&0x0f，则将变量 a 的高 8 位强制变为 0。

|　　　按位逻辑或，如 b=b|0x0f，则将变量 b 的低 8 位强制变为 1。

~　　　按位逻辑非，如 c=c~；则将变量 c 逐位取反。

^　　　按位异或运算，如 d=d^0x30，若执行前 d=0x30，则执行异或之后 d 的结果为 0。

<<　　左移。

>>　　右移。

如：

```
        y=y<<2;           //将变量 y 向左边移 2 位后的结果赋给 y
        m=0x01<<3;        //将 0x01 向左边移 3 位后的结果赋给 m
                          //0x01 向左边移动 3 位之后的结果为 0x08,因此 m 的值为 8。
```

（3）逻辑表达式。使用逻辑运算符表达的式子就是逻辑表达式。逻辑运算的结果只有逻辑真（True）和逻辑假（False）两种情况，程序根据其逻辑真假决定是否执行，如：

```
        if((a>5)&&(b<4))a=b;      //如果 a>5 并且 b<4 成立,就执行 a=b
        if((a>5)‖(b<4))a=0;       //如果 a>5 或 b<4 其中一个成立(为真),则执行 a=0
        if(!a)b=0;                //如果 a 不等于 1(等于 0),则执行 b=0
```

（4）位逻辑表达式。按位逻辑运算符连接的表达式即为位逻辑表达式，其结果只有"真"或"假"两种，通常作为判断的依据，比如跳转、循环等。此类表达式比较常用，也比较有用，如：

```
        key_val=PINA;                  //读入 PA 口
        key_val=key_val&0xf0;          //与 0xf0 进行逻辑与
        if(!(key_val==0xf0)){…}        //如果结果不为 0xf0,则执行括号里面的语句
```

上述语句的作用是将 PA 口内容存入 key_val 变量；将 key_val 与 0xf0 进行逻辑与运算，将 key_val 低 4 位全部清零，高 4 位值保持不变；执行逻辑与运算后的结果作为 if 语句的判断条件，如果条件成立（不等于 0xf0）则执行大括号<u>里面</u>的语句，反之则执行大括号<u>后面</u>的语句。

2.3.4 数据类型与数据结构

C 语言有整型、实数型、字符型、指针型等数据类型。

1. 常量、变量及指针

1) 常量

常量是在程序运行过程中其值不能改变的量。常量可以用十进制数表示，如 123，-25，还可以用十六进制数表示，如 0x12，-0x56 等。常量还可以是实数，比如圆周率 π 就是一个实数常量（使用中常取其近似值）。

常量还可以用宏定义指令 define 定义成其他容易记忆的符号或名称，比如：

```
#define   PI   3.1415926
```

定义了圆周率 PI（π）的近似值，如果要使用 π，在程序中直接使用 PI 即可自动引入数值 3.1415926。

字符常量是用单引号表示的 ASCII 字符，如 'A' 及 'b' 等。对于不可显示的控制字符，可以在该字符前面加 '\'，如回车 \n、空格 \o、退格 \b 等。

字符串常量由双引号表示，如 "hello" "welcome" 等。当双引号里面没有任何字符时，表示空字符串。在使用特殊字符时仍旧要添加转义符。在 C 语言中，字符串常量被作为字符类型数组来处理，在存储字符串时系统会自动在该字符串的最后加上 '\0' 作为该字符串的结束符。应注意的是字符 'x' 和字符串 "x" 是不同的，前者占一个存储单元，后者占 2 个存储单元（含 '\0' 结束符）。

2) 变量

变量是在程序执行过程中其值可以改变的量，比如用 x 表示每小时的平均温度，则 x 是一个变量。要在程序中使用变量，必须先使用标识符定义该变量，并指定其数据类型和存储类型，编译器方才为其分配相应的存储单元。

C 语言规定，变量应先声明再使用。因此一个变量在使用前应该先定义，将其数据类型、存储模式等告知系统，以便编译器为其分配相应的存储空间。变量的定义格式如下：

```
[存储类型] 数据类型 [存储类型] 变量名称;
```

在实际中，中括号中的内容为可选项，而数据类型、变量名称为必选项，如：

```
int x;//定义整型变量 x。
```

3) 指针

指针具有地址属性，以变量为例，一旦在程序中声明了变量类型、变量名，编译器会为其在存储器中分配存储地址，而指针是指该变量在数据存储器中所分配的地址。如：定义字符型变量 t，若编译器为其分配的存储单元地址为 20H，则 20H 即为变量 t 的指针。数组、结构体、函数等均有指针。指针是 C 语言的特色，其功能强大，使用灵活，后文有详细介绍。

2. 基本数据类型

基本数据类型有整型、实型、字符型、指针型等。不同的数据类型，编译器分配的存储单元不同，详见表 2-4。

表 2-4 C 语言数据类型及长度

数据类型	长度（bit）	长度（byte）	值域范围
bit	1	—	0,1
unsigned char	8	1	0~255
signed char	8	1	−128~127
unsigned int	16	2	0~65535
signed int	16	2	−32768~32767
long	32	4	−2147483648~−2147483647
float	32	4	±1.175494E−38~±3.402823E+38
double	64	8	±1.176E−38~±3.40E+38（10 位数字）
一般指针	12	2	0~65535

1）整型数据

包括整型常量和整型变量。整型常量就是整型常数。整型变量是用关键字 int 定义的变量符号，比如：

```
#define   temp 37
unsigned int r;
r=temp;
```

其中，define 语句定义一个常数 temp，该常数的值为整型数 37，第 2 句使用 unsigned int 定义一个无符号整型变量 r，该变量将在程序运行时被赋值，第 3 句将 temp 整型常数赋给整型变量 r，则 r=37。

再如：

```
signed int a;
a=−3;
```

其中，第 1 句使用 signed int 定义有符号整型变量 a，第 2 句为其赋值−3。定义变量时，使用 unsigned 和 signed 关键字申明该变量为有符号数还是无符号数，在进行赋值操作时，应特别注意等号两边的变量的符号是否一致。

2）实型数据

实型数据用 float 关键字定义，比如：

```
#define   temp 37.1
float r;
r=temp;
```

其中，第 1 句使用 define 语句定义一个 temp 常数，该常数为实型数据，其值为 37.1，第 2 句使用 float 关键字定义一个实型变量 r，其值将在程序运行中改变，第 3 句将 temp 实型常数赋给实型变量 r。

3）字符型数据

字符型数据包括字符变量和字符常量，使用 char 关键字定义。在计算机中字符用 ASCII 码表示。C 语言为字符型变量分配一个字节（8bit）空间，其值可以是有符号数（signed），表示范围为−128~+127，也可以是无符号数（unsigned），表示范围为 0~255。比如：

```
char a;                    //定义 a 为字符型变量
unsigned char b;           //定义 b 为无符号的字符型变量
signed char c;             //定义 c 为有符号的字符型变量
```

4) 长整型数据

使用关键字 long 定义长整型数据，其占 4 个字节，用于存放一个 4 字节数，如：

```
long temp;                 //定义有符号 4 字节长整型变量 temp
int x;                     //定义两个有符号整型变量 x 和 y
int y;
temp=x<<16|y;              //将 x 和 y 合成一个 32 位的数据并赋给 temp，x 在高 16 位，y 在低 16 位
```

在上面程序中，由于运算符<<的优先级高于|，因此先将 x 左移 16 位放到 temp 的高 16 位，而其低 16 位全为 0，与 y 进行逻辑或运算之后正好构成新的 32 位数，存放于 temp 中。

5) 指针型数据

指针是 C 语言的灵魂和精华，应用灵活，功能强大。用于存放变量指针的变量称为指针型变量，指针变量前面要加上 ∗ 号，如：

```
int a;                     //定义变量 a
int ∗p;                    //定义指针变量 p
p=a;                       //使 p 指向变量 a 的指针（地址）
∗p=2;
```

其中最后一句的作用是对变量 p 所指的指针进行赋值操作，将常数 2 赋给 ∗p 所指的指针（变量 a 的地址），则变量 a 就为 2。

上述程序和 int a=2 语句等价。

3. 构造型数据

构造型数据包括数组、结构体、共用体等。

1) 一维数组

（1）一维数组定义：

类型说明符 数组名 [常量值]

如：

```
char  led_tab1[4]={0x3f,0x06,0x5b,0x4f};
```

定义一个整型一维数组 led_tab1，数组长度为 4，有 4 个元素，该数组存放的元素必须是字符数据类型。

（2）一维数组初始化：给数组分配地址空间，可以通过手动或动态分配地址空间，比如：

```
char led_tab2[4]={0x3f,0x06,0x5b,0x4f};
//手工为数组 led_tab2 分配 4 个存储单元，且每个数组均有具体数值
char led_tab3[]={0x3f,0x06,0x5b,0x4f,0x00,0x14};
//由编译器根据数组的初始化值动态分配地址空间
```

显然数组 led_tab3 共有 6 个元素，故为其分配 6 个地址单元。

（3）一维数组引用：就是对数组元素的调用。数组里面的元素都用指针（地址）表示，比如：

```
unsigned char led_tab4[]={0x3f,0x06,0x5b,0x4f};
```

则其在存储器中的存放情况如下所示：

0x3f	0x06	0x5b	0x4f
led_tab4[0]	led_tab4[1]	led_tab4[2]	led_tab4[3]
第1个元素	第2个元素	第3个元素	第4个元素

数组中的元素使用标号表示，标号从 0 开始。当要引用第 3 个元素 0x5b 时，可以使用其标号 led_tab4[2]取出数组中的元素 0x5b，并赋给变量 temp，用语句实现：

```
temp=led_tab4[4];
```

（4）一维数组的指针引用。使用指针可以很方便地引用一个一维数组，数组和指针的关系密不可分，使用指针引用数组具有灵活、方便的优点。以上述定义的 led_tab4 数组为例：

```
char    *p;          //定义一个指针变量 p
p=&led_tab4[0];      //使它指向数组指针
```

p 指向数组的第一个元素地址（首地址）；C 语言规定，数组名代表数组首地址，因此上条语句又可以写成：

```
p=led_tab4;
```

上述两段程序等价，均表示使指针变量 p 指向该数组。

引用标号为 3 的数组元素并赋给变量 temp：

```
temp= *(p+3);        //等同于 temp=led_tab4[3]
```

上述语句中，p 指向数组首地址，即标号为 0 的元素，p+3 指向偏移首地址 3 个存储空间（char 类型存储空间占一个字节，int 类型空间占 2 个字节）的标号为 3 的数组（第 4 个），取出该指针所指的元素 0x4f，赋给 temp。实际中，当执行 led_tab4[3]时，编译器也是自动将其处理成 *(led_tab4+3)。

2）二维数组

二维数是特殊的一维数组，即该一维数组中的每一个元素都是一个一维数组，所以二维数组是多个一维数组的集合。

（1）二维数组定义：

类型说明符 数组名［常量值 N］［常量值 M］

类型说明符说明数组存放的数据类型，可以是基本数据类型的任意一种。N 代表数组元素的行变量个数，M 代表每行元素的列的个数，如：

```
int arry[2][3]={};   //定义一个 2 行 3 列的二维整型数组 arry
```

（2）二维数组初始化。对数组 arry 进行初始化操作：

```
int arry[2][3]={{1,2,3},{4,5,6}};
```

在数组的方括号中填上数字 2 和 3，编译器会为数组 arry 分配 2×3＝6 个元素的地址空间，每个元素均为整型数据类型。再如：

```
int arry[][]={{1,2,3},{4,5,6}};
```

在数组的方括号里没有填数字，但是数组后面的大括号里面共有 2 行 3 列共 6 个元素，编译器会自动为该数组分配 6 个整型地址单元。

(3) 二维数组引用。二维数组的引用与一维数组的引用类似，先确定二维数据的行，即 N 值，再确定二维数组的列，即 M 值。如：

```
temp＝arry［1］［2］；    //将第 2 行的第 3 个元素值赋给 temp
```

(4) 二维数组的指针引用。根据一维数组的指针引用方式，二维数组 "a[i][j]" 可以表示成 " * (a[i]+j)" 或 " * (* (a+i)+j)" 的指针形式，例如： " * (a[1]+2)" 和 " * (* (a+1)+2)" 都表示 a[1][2] 中的第 1 行第 2 列的元素。

3）结构体

数组是构造型数据类型中的一种。数组中存放的都是同一种类型的数据。但在实际中靠数组存放同一种数据类型往往还不够，有时要将不同类型的数据放在一起，C 语言允许用户自定义数据结构，这就是结构体。

(1) 结构体定义。使用关键字 struct 定义结构体。如定义一个结构体，用以存放学生的姓名、性别、学号、身高等，可以写成：

```
struct student
{
    char name［ ］；
    int num；
    char sex；
    float height；
}；
```

上段程序向编译器声明一个结构体类型，其名字为 student，内部包含存放学生姓名的字符型数组 name、存放学号的整型变量 num、存放性别的字符型变量 sex、存放身高的实型变量 height。

声明一个结构体变量的语法为：

```
struct 结构体名
{成员列表}；
```

注意：成员列表大括号后的分号不能丢。对成员列表中的变量应该定义具体的变量类型。

(2) 结构体变量定义。上述定义的结构体只是一个新的构造的数据类型，实际使用时还要使用该新的数据类型定义结构体变量。定义结构体变量的方法有两种，第一种为先声明结构体类型，再定义结构体变量，如：

```
struct student student1,student2；
```

表示已存在一个名为 student 的结构体类型，再定义类型为 student 的结构体变量 student1，student2。第二种为在声明结构类型的同时定义结构体变量，如：

```
struct student
{
  char name［ ］；
  int num；
  char sex；
  float height；
}student1,student2；
```

在定义结构体类型的同时定义了两个结构体变量。

（3）结构体变量的引用。使用'.'运算符引用结构体变量元素。具体语法为：

结构体变量名 . 成员名

比如：

```
student1. name = { "zhangsan" }
student1. sex = 1;      //1 代表男,0 代表女
```

如果结构体里面的成员是一个结构体，则使用'.'运算符一级一级引用：

```
student1. date. num = 123;      //假设 date 是另一个结构体
```

对结构体变量成员可以像普通变量一样操作：

```
student1. num++;
temp = student1. height + student2. height+;
```

可以使用取地址符'&'引用结构体地址或结构体成员地址：

```
int  * p;
p = &student1. num;
```

（4）结构体变量的初始化。可以在定义结构体时对其进行初始化，如：

```
struct student
{
  char name[ ];
  int num;
  char sex;
  float height;
} student1 = { "lisi" ,100,1,172. 5 };
```

（5）结构体数组。结构体数组与一维数组类似，所不同的是数组中每一个元素是一个结构体。

```
struct student_inf
{
  char name[ ];
  int num;
  char sex;
  float height;
} student[ 3 ];
```

上述语句定义了一个数组 student，共有 3 个元素，每一个元素为一个 student_inf 类型的结构体。可以使用下述方法对其初始化：

```
struct student_inf
{
    char name[ ];
    int num;
    char sex;
    float height;
} student[ 3 ] = { { "wang" ,100,0,165. 5 } , { "liming" ,101,1,185. 6 } , { "xie" ,102,0,155. 8 } };
```

4）共用体

共用体是另一种构造型数据，其与结构体有很多相似之处，但又有其不同的地方，即编译器为共用体分配的地址与其里面定义的成员个数无关，只与该共用体里面的最大的数据类

型长度有关。比如定义一个共用体：

```
union date
{
    int a;
    char b[3];
    char c;
}
union date temp;
```

定义一个名为 date 的共用体类型，其有 3 个元素：一个整型变量 a，一个字符型数组 b，一个字符型变量 c，其中以字符型数组 b 的长度最长，占 3 个字节，故编译器为 date 共用体分配 3 个字节的地址空间，其他变量与之共用相同地址，此即为共用体名字（union）的来由。

共用体的定义（使用关键字 union）、引用（使用 '.' 运算符）与结构体类似，比如：

```
temp. a = 0x1234;
temp. a = temp. b[1]<<16 | temp. b[0];
```

2.3.5 C 语言程序语句

合理、正确使用 C 语言的程序语句结构，能使程序更简洁，执行效率更高。

1. 选择执行结构

C 语言提供两种选择执行语句，一种是 if 语句，一种是 switch 语句，前者用于选择分支条件较少的地方，后者用于选择分支条件较多的地方。

（1）if 语句。if 语句有三种形式：

① 单 if 语句。如：

```
if( second<60)
second++;
```

先判断变量 second 是否小于 60，若小于则使 second 变量自增 1。

② if-else 语句。如：

```
if( second<60)
second++;
else second=0;
```

如果 second 小于 60，执行 if 后面的那条语句，即 second 加 1，并跳过 else 后面的语句；否则跳过 if 后的语句，直接执行 else 后的语句。

③ 多重 if 语句。这种语句的功能是判断 if 里面的条件，如果满足则执行其后的那条语句，并跳过整个多重结构的其他执行语句；如果不满足，再判断第 1 个 else if 语句里面的条件，满足则执行其后的那条语句，并跳过整个多重结构的其他执行语句；如果还不满足，则再判断第 2 条 else if 语句里面的条件……以此类推，直到整个多重结构被执行完毕。应说明的是无论条件是否成立，所有的 if 语句都要从头到尾被判断一次。如：

```
if( key_val = = K1)
flag--;
else if( key_val = = K2)
flag++;
```

上面语句中，如果 key_val 等于 K1（键盘 1），flag 自减 1；如果 key_val 等于 K2（键盘 2），flag 自加 1。

④ if 语句的嵌套使用。很多时候要判断多个条件，会用到 if 嵌套语句，如：

```
if(key_val = =K1)
{
    step--;
    if(step = =0)
    step=0x64;
}
```

上面语句中，第 1 个 if 判断 key_val 是否等于 K1，如果成立，首先是 step 自减 1，然后嵌套一个 if 语句判断 step 是否减到 0，如果是则给 step 重新赋初始值 0x64（十进制 100）。

（2）switch 语句。switch 是多分支选择语句，又称为开关语句。其结构为：

```
switch(表达式)
{
    case 常量表达式 1:语句 1;
    case 常量表达式 2:语句 2;
    …
    case 常量表达式 n:语句 n;
    default:语句 n+1;
}
```

switch 是按顺序执行的程序结构，首先判断第 1 条 case 语句，如果满足条件则执行语句 1，如果语句 1 后面没有结束语句（break），则接着判断第 2 条 case 语句……一直到 default 语句为止。如果在每条 case 语句的后面加一条结束语句（break）的话，则在判断满足某 case 语句的条件并执行后面的语句之后，程序执行将跳出 switch 判断结构，执行 switch 后面的语句，如：

```
switch(key_val)
{
    case K1:led(1,0x3f);break;
    case K2:led(2,0x26);break;
    case K3:led(1,0x5b);break;
    default:break;
}
```

这是一个完整的 switch 多分支选择结构，在 switch 语句中判断 key_val 的值，如果等于 K1，则执行"led（1，0x3f）"，等于 K2 则执行"led（2，0x26）"；等于 K3 则执行"led（1，0x5b）"，如果都不等于，则执行 default 后面的 break 语句，程序不执行任何操作，直接跳出 switch 结构。在满足条件的 case 语句最后放一条 break 语句，可直接跳出本次判断，不再执行后面的 case 判断语句。对于没在 case 语句中出现的条件，可以统统将其概括到 default 语句。

2. 循环执行结构

许多情况下要循环执行程序，如：

```
while(1)
{
    PORTD=0xff;
    delay(10);
```

```
            PORTD = 0xfe;
            delay(10);
        }
```

这是一个典型的 while 循环结构，while（1）这种表示方法通常用于程序的主循环结构。因为 while（1）是一个死循环，小括号中的条件永远都满足，因此程序始终循环执行 while（1）大括号里面的语句。此语句通常放在主循环或中断等待循环中。以上语句的作用是不断往 PD7 口发数据 0 和 1，使之产生一个周期方波。

（1）while 循环结构。格式：

while（条件表达式）语句

当 while 后面的条件表达式成立时，执行 while 后面的语句，当条件成立时需要执行的语句不止一条时，应将这些语句用大括号括起来，如：

```
while(x<60)
{
    x--;
    a=x;
}
```

这是以 while 语句实现的延时程序，比如前面经常使用的 delay(x)延时程序，就可以用 while 结构实现，如：

```
void delay(x)
{
    unsigned char a;
    a=x;
    while(a)a--;
}
```

delay 函数通过形参 x 将函数调用时的值传递给中间变量 a，通过 while 判断 a 是否为真，如果 a 为真（不等于 0），则执行 a--语句。假设每执行一次 a--指令所需要的机器时间为 t，执行函数 delay 所经过的延迟时间为 x 中所存数值与 t 的乘积。

（2）do-while 循环结构。语句结构为：

```
do{}
while()
```

该结构先执行 do 后面大括号中的语句，然后再判断 while 里面的条件是否满足，如果满足则继续循环执行 do 后面大括号中的语句，然后再判断 while 里面的条件是否满足；不满足则跳出此结构继续执行，如：

```
void delay(x)
{
    unsigned char a;
    a=x;
    do{ a--;}
    while(!a)
}
```

以上程序的意思为 a 自减一次后，判断 a 是否等于 0(while(!a))，如果不等于 0，则继续执行 a--语句，直到 a 等于 0 为止。使用 while 的两种结构处理同一问题时，如果循环体部分相同，二者效果相同，但如果 do-while 结构中 a 一开始即为假（0），则二者的结果是 do-while 结构比 while-do 结构多执行一次，实际使用该结构时应注意。

（3）for 循环结构。for 循环是 C 语言中最灵活的循环结构，for 循环结构的语法格式为：

　　for(表达式 1;表达式 2;表达式 3)语句

如：

```
for(i=0;i<N;i++)
{
    x[i]=0;
}
```

以上程序的意思是将 x[N]数组清零。用 for 语句代替 while 语句可以实现更长时间延时，如：

```
void delay(x)
{
    unsigned char i,j,k;
    for(i=0;i<x;i++)
        for(j=0;j<200;j++)
            for(k=0;k<200;k++);
}
```

通过 3 个 for 循环语句使得空操作（只有一个分号）执行 x×200×200 次。

以上所述的几种循环可以互相嵌套使用，灵活应用能使程序算法更简洁，提高程序执行效率。

（4）终止循环语句。在 switch 语句中提及了 break 语句，其实这是一条终止循环语句，可以使用该条语句跳出 switch 结构，继续执行 switch 外面的语句。在循环结构和 switch 结构中，break 语句可以提前结束循环，如：

```
for(i=0,i<=100,i++)
{
    if(x[i]>100)
        break;
    else x[i]=0;
}
```

以上程序的意思是逐个判断数组 x 中元素的值是否大于 100，如果有大于 100 的元素立即停止查找，否则将数据元素清零。

除了 break 语句外，还有一条终止循环语句 continue。它与 break 语句的区别是 continue 只是终止本次循环，不跳出循环体，继续执行下一次循环，如：

```
for(i=0,i<=100,i++)
{
    if(x[i]>100)
        continue;
    else x[i]=0;
}
```

以上程序的意思是寻找数组 x 中值大于 100 的元素，大于 100 的元素其值不变，如果有小于等于 100 的元素，将其清零，直到 100 个数组元素查找完毕。

3. 预处理指令

预处理指令不编译成对应的语句代码，也不占用存储器空间，它将一些编译方式告诉编译器。使用预处理指令能简化程序编写，提高程序开发效率并缩短开发周期。正确利用预处理指令，可以进行条件编译，使程序移植更为方便和快捷。

（1）define 语句。define 语句通常定义简洁、易记的符号或字符，可以表示常数或表达式，如：

```
#define PORTB( * ( volatile unsigned char * )0x38)
```

定义 PORTB，对应数据存储器的 0x38 单元，编程时可以直接使用 PORTB 符号进行寄存器操作。又如：

```
#define   a   2
#define   b   3
#define   c   4
#define   F(x,y,z)        a * x * x+b * y * y+c * z * z
y=F(3,7,8);
```

第 1、2、3 条 define 语句结构简单，一看就懂，第 4 条 define 语句则有所不同，这一条语句的意思是用 $F(x,y,z)$ 这个函数名去代替 $ax^2+by^2+cz^2$ 这个表达式。已知 a、b、c 的值分别为 2、3、4，通过 $y=F(3,7,8)$ 调用将 3、7、8 分别传给了 $ax^2+by^2+cz^2$ 中的 x、y、z，则表达式变成 $2\times3^2+3\times7^2+4\times8^2$。再看如下例子：

```
#define   LCD_RS_0   PORTC& = ~ (1<<PC0)
#define   LCD_RS_1   PORTC| = 1<<PC0
```

调用执行 LCD_RS_0 宏后，从 PC0 引脚输出低电平，调用执行 LCD_RS_1 宏后，从 PC0 引脚输出高电平。

（2）include 语句。include 为文件包含语句，它告诉编译器文件在什么位置。头文件是 C 语言的一种声明、定义文件，通常在该文件中定义了全局的符号、变量或其他声明内容。使用 include 语句将头文件包含进来后，C 语言语句就可以直接引用这些内容，否则编辑器会报错。如：

```
#include<iom16v. h>        //ICCV7 for AVR
#include<avr/io. h>        //Atmel Studio
```

编译器从默认 include 文件路径寻找 iom16v. h 头文件（ICCV7 for AVR 编译器）或 avr/io. h 头文件（Atmel Studio 编译器）。再如：

```
#include "LCD4bit. h"
#include "MCP41x. h"
#include "Mppt. h"
```

编译器在当前项目文件所在目录（路径）寻找 LCD4bit. h、MCP41x. h、Mppt. h 头文件，若找不到再到编译器默认的头文件目录中查找，若用户没有定义该文件则会报错。

2.3.6　C 语言函数

函数是 C 语言比较重要的概念。在程序设计中，通常将一些功能模块编写成函数的形式，以便被主函数或其他函数调用。掌握函数的编写及操作并善于灵活应用，可以减少编程工作量。

1. 函数的声明

函数的声明是对函数的返回类型、函数名、函数的参数域、函数的作用域等进行声明，即将上述具体内容告知编译系统，位于 main 函数之前。如声明函数 1，函数名为 LCD_reset，该函数无形式参数、无返回值：

```
        void LCD_reset(void);                                    //函数 1
```

声明函数 2，函数名为 LCD_sent_data，无返回值，有一个无符号字符型的形式参数 dat：

```
        void LCD_sent_data(unsigned char dat);                   //函数 2
```

声明函数 3，函数名为 LCD_display_String，无返回值，有两个形式参数，一个是无符号字符型指针变量 p，另一个为无符号字符型变量 n：

```
        void LCD_display_String(unsigned char * p,unsigned char n);   //函数 3
```

声明函数 4，函数名为 ReadADC0834，返回无符号字符型数据，有一个无符号字符型参数 CH，且该函数为 extern 外部函数：

```
        extern unsigned char ReadADC0834(unsigned char CH);      //函数 4
```

2. 函数的定义

函数的定义即定义函数的语句实体，其定义格式为：

```
        函数存储类型 函数返回类型 函数名(函数参数声明)
```

函数可分为有参函数和无参函数。所谓无参函数是指程序在执行的过程中没有参数的传递，有参函数，即函数有传递参数。

（1）无参函数一般定义格式如下：

```
        函数存储类型 函数返回类型 函数名()
        {
            声明部分;
            语句;
        }
```

无参函数的函数参数声明域为空（void），没有参数的传递。例如定义函数：

```
        void delay()
        {
          int i;
          for(i=0;i<100;i++)
        }
```

在该程序中没有参数的传递，变量 i 自加 1，直到等于 100 为止。

（2）有参函数一般定义形式如下：

```
        函数存储类型 函数返回类型 函数名(函数参数声明)
        {
            声明部分;
            语句;
        }
```

例如：

```
        void delay(unsigned int x)
        {
          int i;
          for(i=0;i<x;i++);
        }
```

x 是定义 delay 函数时的参数，其值未能确定，是形式参数，要在调用时传递，如：

```
delay(10);
```

此处的 10 是函数调用执行的实际参数，传递给 x 变量，再如定义函数 1，函数名为 LCD_reset，函数无参数、无返回值，从函数名可知该函数实现的功能是对 LCD 显示模组的软件复位或初始化设置：

```
void LCD_reset(void){函数体语句}//函数 1
```

定义函数 2，函数名为 LCD_sent_data，无返回值，有一个无符号字符型的形式参数 dat，从函数名可知该函数实现的功能为发送 data 数据到 LCD 显示模组：

```
void LCD_sent_data(unsigned char dat){函数体语句}//函数 2
```

定义函数 3，函数名为 LCD_display_String，无返回值，有两个形式参数，一个是指针型变量 p，另一个为无符号字符型变量 n，从函数名可知该函数的功能为使 LCD 液晶模组显示字符串：

```
void LCD_display_String(unsigned char * p,unsigned char n){函数体语句}//函数 3
```

定义函数 4，函数名为 ReadADC0834，返回无符号字符型数据，有一个无符号字符型形式参数 CH。

```
unsigned char ReadADC0834(unsigned char CH){函数体语句}//函数 4
```

3. 函数的调用与返回

函数声明、定义结束之后便可以被调用，函数中的语句得以被执行。函数在被调用的过程中可以实现值的返回及参数的传递，如 DS1302_WR 函数：

```
void DS1302_WR(unsigned char Address,unsigned char Dat)
```

该函数功能是将数据 Dat 写入 Address 寄存器，依次执行如下函数调用语句：

```
DS1302_WR(0x84,0x12);
DS1302_WR(0x82,0x59);
DS1302_WR(0x80,0x25);
```

调用 DS1302_WR 函数时，先将两个实际参数传递给函数对应形式参数，第一个传给形参 Address，为寄存器地址，另一个传给形参 Dat，为该寄存器的数值。因此依次调用并执行该函数后实现将时间 12:59:25 写入时寄存器（84H）、分寄存器（82H）、秒寄存器（80H）。

在执行完函数之后，如果要将结果返回给主函数或其他函数，应在返回的位置放置 return 语句。如果函数不用返回结果，可以使用关键字 void 来声明：

```
void delay(void)
{
  int;
  for(i=0;i<100;i++);
}
```

则该函数不返回任何值，也无任何参数传递。应说明的是，实际中若省略函数名前面的 void 关键字，则函数返回一个随机整型数。

再如 DS1302_RD 函数：

```
unsigned char DS1302_RD(unsigned char Address)
```

该函数实现的功能是从 Address 指定的寄存器中读取值并返回给函数，执行如下语句：

```
S=DS1302_RD(0x85);
F=DS1302_RD(0x83);
M=DS1302_RD(0x81);
```

调用 DS1302_RD 函数时，寄存器地址实参传入 Address 形参，指定 DS1302 芯片地址，读取该地址值后分别返回给变量 S、F、M。

由此可见，通过调用 DS1302_WR 函数和 DS1302_RD 函数，实现了对 DS1302 芯片内部寄存器的读和写的操作。

4. 内部函数与外部函数

1) 内部函数

定义一个函数，如果其只允许当前文件访问（调用），则称其为内部函数或静态函数，完整的函数定义格式如下：

函数存储类型 函数返回类型 函数名（函数参数声明）

如：

```
static int delay(int x);
```

定义了一个内部函数 delay，函数返回类型为整型，带有形参 x。内部函数用 static 关键字定义其函数存储类型。

2) 外部函数

定义一个函数，如果除了本文件可以访问（调用）它，其他文件也可访问，则称其为外部函数，在需要定义和引用的文件中使用关键字 extern 声明其函数存储类型，如：

```
extern int delay(int x);
```

5. 变量的作用域

变量根据其作用域（范围）分为局部变量、全局变量。

1) 局部变量

在一个函数里面定义的变量是局部变量，只有该函数可以访问，其他函数是不可以访问的。如：

```
void delay(int x)
{
    int i;
    for(i=0;i<x;i++)
}
```

变量 i 就是 delay 函数里面的局部变量，只有 delay 函数可以访问，其他函数不能访问。不同函数里面定义的局部变量名可以相同，比如：

```
void main(void)
{
    int a;
    a=100;
    delay(10);
}
void delay(int x)
{
    int a;
```

```
        for(a=0;a<x;a++);
    }
```

main 函数里面和 delay 函数里面的 a 都是局部变量，但二者是两个互不影响的独立变量，在 main 中变量 a=100，在 delay 中变量 a=10。

2）全局变量

全局变量是程序中所有的函数都能访问的变量。全局变量不能与函数中的局部变量同名。全局变量增加了函数之间的沟通渠道，使函数即使不返回值也能让外部单元修改和利用其执行的结果。全局变量的声明可以在 main 函数之前，也可以在头文件中声明，再使用 include 命令将其包含进来。为了与局部变量相区别，建议全局变量使用大写英文字母。

3）外部变量

局部变量和全局变量的作用范围（作用域）是针对当前文件而言的。编写程序时经常由多人合作完成，因此程序文件也不只一个，而这些文件里的程序所包含的函数之间也要"通信"。使用外部变量是不同 C 语言程序文件进行信息交换的常用手段。当一个全局变量能被其他文件访问时，这个变量就成为外部变量。比如有两个文件 a.c 和 b.c，在文件 a.c 中用关键字 extern 定义外部变量 STATUS，如果在文件 b.c 中要访问 a.c 文件的外部变量 STATUS，则应在文件 b.c 中用关键字 extern 声明变量 STATUS。在文件 a.c 中定义外部变量：

```
    extern int STATUS;
```

引用之前应在文件 b.c 中声明并引用：

```
    extern int STATUS;
    STATUS+=1;
```

6. 函数的中断

Interrupt Service Routine（ISR）称为中断服务函数，是 CPU 响应特定中断而运行的函数，在 AVR 单片机中，其格式与编译器有关，要通过特定的关键字声明其可以获得中断属性。当一个中断随机地发生后，ISR 可以中断正在执行的其他函数。中断机制可以提高 CPU 响应速度和运行效率。

【项目拓展】

任务 2.4 流水灯

1. 任务要求

编程实现 8 个发光二极管从左到右及从右到左的流水灯效果。8 个发光二极管阳极接 PC 口，阴极接地。

2. 任务分析

根据任务要求，发光二极管的驱动方式为引脚输出 1 则点亮，输出 0 则熄灭。依次使 PC 口各引脚出现高电平 1，控制发光二极管亮，通过延时函数控制 PC 口输出数据的频率可改变"流水"的快慢节奏。

当 PC 输出 0x01 时 D1 亮，调用延时函数延时一段时间后输出 0x02 控制 D2 亮……直到 D8 亮，控制 8 个发光二极管从左到右亮了一遍。当将数据沿反序输出一遍时，发光二极管从 D8 亮到 D1，实现从右到左亮。

3. 项目实现

根据任务分析，控制 D1 ~ D8 点亮的控制字分别为 0x01，0x02，0x04，0x08，0x10，0x20，0x40，0x80。定义一个数组 led，将这 8 个控制字放在数组 led 中。定义变量 i，使用 led［i］对数组 led 进行引用。显然，当 i 从 0 增加到 7 时，PC 口数据按 0x01 ~ 0x80 顺序输出，当 i 从 7 减到 0 时，PC 口数据按 0x80 ~ 0x01 顺序输出。流程图如图 2-10 所示。

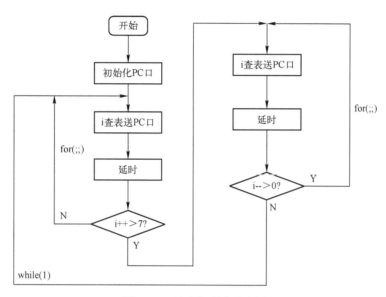

图 2-10 流水灯程序流程图

编写程序如下：

```
#include<iom16v. h>
void delay( unsigned char t) ;
void main( void)
{
    char i;
    DDRC = 0xff;
    while( 1)
    {
        for( i = 0;i < 8;i++)
        {
            PORTC = led[i];
            delay( 50) ;
        }
        for( i = 7;i >= 0;i--)
        {
            PORTC = led[i];
            delay( 50) ;
        }
    }
}
```

```
void delay( unsigned char t)
{
    unsigned char i,j,k;
    for(i=0;i<10;i++)
    for(j=0;j<10;j++)
    for(k=0;k<t;k++);
}
```

4. 项目调试

编译程序，将 HEX 文件导入仿真系统并运行，观察程序结果。

任务 2.5 简易电子琴

1. 项目要求

设计一个简易电子琴，使之能发出 7 个音调的声音。发声控制编码通过 7 个按键输入到 PD 口的 PD0~PD6 引脚，声音信号从 PA0 输出，PA0 外接扬声器，通过计算机的声卡驱动而播放。

2. 项目分析

（1）根据设计要求，PD0~PD6 接输入开关，故 PD 口设置为输入口，PA0 输出声音信号，以方波形式输出。

（2）根据音乐知识可知，不同节拍的音符持续时间不同，为了编程方便，本例规定每个音符持续时间固定为 250ms。

（3）频率不同，音调便不同。从 PA0 引脚输出不同频率的方波便可产生不同音调的声音。以音符 Duo（1）为例，其发声频率为 523Hz，即从 PA0 引脚输出周期为 1.9ms 的方波，则人耳听到的就是 Duo（1）的音调。显然，250ms/1.9ms≈130，即从 PA0 引脚输出 130 个周期为 1.9ms 的方波即可满足要求。

（4）在 PA0 产生周期为 1.9ms 的方波的方法很简单：定义一延时函数，延时时间为 1.9ms/2=0.95ms，每延时 0.95ms 改变一次 PA0 引脚状态，如此周而复始，直到 PA0 引脚产生 130 个方波为止。

（5）使用循环指令可以实现延时，如 for 或 while。通过软件测试，当 CPU 工作在 1MHz 的时钟频率时，设 t 为无符号的 char 型变量时，"while(t)t--" 这段代码的执行时间是 CPU 的机器周期的 4 倍。设 t 为变量取值，机器周期：1/1M=1μs，定时时间：0.95ms，则可知 t =238 时，延时时间约为 0.95ms，定义函数 delay 如下：

```
void delay( unsigned char t)
{
    while(t)t--;
}
```

（6）定义如下函数，功能为产生多个周期的方波信号（声音信号），改变形式参数 t 的值可以改变输出方波个数，改变形式参数 f 的值可以改变音调。7 个音符的 t、f 之间的关系如表 2-5 所示。编程时，读入 PD 口的键盘输入值，判断键值，将表 2-5 中的对应的值传给 Tone 函数的 t 和 f，这样按不同的按键就有不同的声音信号从 PA0 输出，持续时间均为 250ms。

```
void Tone( unsigned char t, unsigned char f)
{
    unsigned char i;
    for( i = 0; i<t; i++)
    {
        PORTA | = 1<<PA0;
        delay( f);
        PORTA& = ~( 1<<PA0);
        delay( f);
    }
}
```

表 2-5　音符与循环次数关系

音　符	频率（Hz）	半周期（ms）	循 环 次 数	输出方波数
1	523	0.95	238	130
2	587	0.85	213	147
3	659	0.76	190	164
4	698	0.72	180	177
5	784	0.64	160	195
6	880	0.57	143	219
7	988	0.51	128	245

程序中：

```
PORTA | = 1<<PA0;
PORTA& = ~( 1<<PA0);
```

这两条语句分别将 PA0 引脚置 1 和置 0，且不影响 PA1~PA7 的值，这种表达式在实际中经常使用。PORTA | = 1<<PA0 等效为 PORTA = PORTA | (1<<PA0)，将 00000001 左移 PA0 位后与 PORTA 进行逻辑或，PA0 已在 iom16v.h 头文件中有定义，其原型为#define PA 00，所以上条语句的意思为将 00000001 左移 0 位，与 PORTA 进行逻辑或运算之后，PA0 引脚就变为 1 了。

PORTA& = ~(1<<PA0)等效为 PORTA = PORTA&(~(1<<PA0))，将 00000001 左移 PA0 位，取反变成 11111110(0xfe)，与 PORTA 进行逻辑与运算之后，PA0 引脚就变为 0 了。

以这种方式操作 I/O 口的编程语句比较直观，能清晰地看出 I/O 口的操作效果，程序表达非常方便。如将多个 I/O 口同时置 1 的操作可以写为：

```
PORTA = 1<<PA7 | 1<<PA5 | 1<<PA0;
```

这样 PA7、PA5、PA0 这三个引脚输出高电平 1，其他引脚输出低电平 0。如果写成：

```
PORTA = ~( 1<<PA7 | 1<<PA5 | 1<<PA0);
```

则 PA7、PA5、PA0 这三个引脚输出低电平 0，其他引脚输出高电平 1。这种写法能方便、直观地设置寄存器的值，故在编程初始化时常用。

3. 项目实现

在 Proteus 中绘制原理图，如图 2-11 所示；绘制程序流程图，如图 2-12 所示。

根据对项目的分析，完整程序如下：

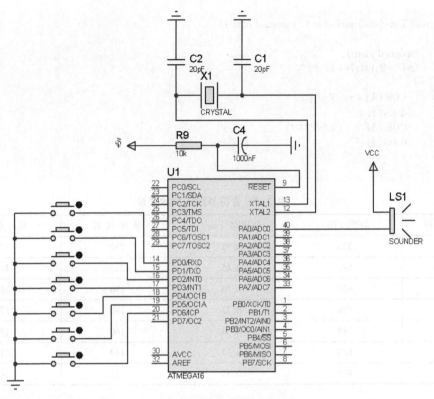

图 2-11 简易电子琴原理图

```c
#include<iom16v. h>
void delay(unsigned char t);
void Tone(unsigned char t,unsigned char f);
unsigned char Tone_tab[7] = {238,213,190,180,160,143,128};
void main(void)
{
    unsigned char key;
    DDRA = 0x01;
    DDRD = 0x00;
    PORTD = 0xff;
    SFIOR& = 0xfb;
    while(1)
    {
        key = PIND&0x7f;
        switch(key)
        {
            case 0x7e:Tone(130,Tone_tab[0]);break;
            case 0x7d:Tone(147,Tone_tab[1]);break;
            case 0x7b:Tone(164,Tone_tab[2]);break;
            case 0x77:Tone(177,Tone_tab[3]);break;
            case 0x6f:Tone(195,Tone_tab[4]);break;
            case 0x5f:Tone(219,Tone_tab[5]);break;
            case 0x3f:Tone(245,Tone_tab[6]);break;
            default:break;
        }
    }
}
```

```
void Tone(unsigned char t,unsigned char f)
{
    unsigned char i;
    for(i=0;i<t;i++)
    {
        PORTA|=1<<PA0;
        delay(f);
        PORTA&=~(1<<PA0);
        delay(f);
    }
}
void delay(unsigned char t)//延时时间=t*4*机器周期
{
    while(t)t--;
}
```

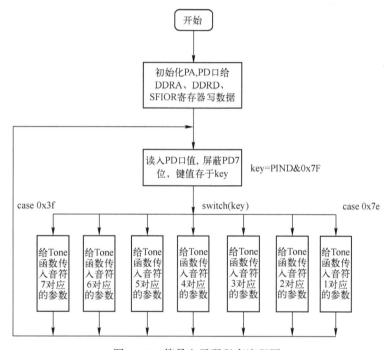

图 2-12　简易电子琴程序流程图

本例中使用了数组，将 7 个音符的延时次数放在数组 Tone_tab 中，根据键盘的输入去查找数组中相应的延时次数，并将数组元素作为其中的一个实际参数传递给发声函数 Tone，同时将持续时间（节拍）作为另一个实际参数传给 Tone 函数，比如按下按键 1，则将 130 和 238 分别传给 Tone 函数的 t 和 f，调用 Tone 函数从 PA0 引脚产生 130 个频率为 523Hz 的方波。

4. 项目调试

CPU 时钟频率设为 1MHz，全速运行程序，用鼠标左键单击一下 BUTTON 元器件上面的箭头，听计算机播放声音，应能明确区分不同的音调。

【项目总结】

ATmega16 单片机有四组 I/O 口，使用前应先设定数据方向，四组 I/O 口用作输入口时均可设置内置上拉电阻有效。C 语言是一款优秀的程序开发语言，开发单片机程序灵活、方便、快捷。实际编程时，如果分支比较少，可以使用 if 语句，分支较多时可以使用 switch 语句，如将图 2-4 中第 10~18 行程序删除，用 switch 语句替代如下：

```
switch(key)
    {
        case 0x0f:PORTC = 0x00;break;
        case 0x0e:PORTC = 0x01;break;
        case 0x06:PORTC = 0x03;break;
        case 0x0a:PORTC = 0x07;break;
        case 0x02:PORTC = 0x0f;break;
        case 0x0c:PORTC = 0x1f;break;
        case 0x04:PORTC = 0x3f;break;
        case 0x08:PORTC = 0x7f;break;
        case 0x00:PORTC = 0xff;break;
        default:break;
    }
```

数组用于存放数量相对较多的相同类型的数据，灵活应用数组可以简化程序操作。为节约 RAM 数据存储器空间，一些只读不写的常数、系数、数组等通常应放置在 Flash 程序存储器中，在 ICCV7 for AVR、Atmel Studio 编译器中该操作是不同的。函数是实现模块化编程的基础，编程时，对于不同功能、操作，可定义不同的函数加以实现。对于图 2-4 中的程序可以将第 10~18 行程序写成函数，程序改写如下：

```
#include<iom16v.h>
void Liquid_position_check(unsigned char key);//函数声明
void main(void)
{
  unsigned char key;
  DDRA = 0xf0;
  DDRC = 0xff;
  SFIOR& = 0xfb;
  PORTA = 0x0f;
  while(1)
    {
      key = PINA&0x0f;
      Liquid_position_check(key);//函数调用并传递参数
    }
}

void Liquid_position_check(unsigned char key)//函数定义
{
    switch(key)
      {
        case 0x0f:PORTC = 0x00;break;
        case 0x0e:PORTC = 0x01;break;
        case 0x06:PORTC = 0x03;break;
        case 0x0a:PORTC = 0x07;break;
        case 0x02:PORTC = 0x0f;break;
```

```
case 0x0c:PORTC = 0x1f;break;
case 0x04:PORTC = 0x3f;break;
case 0x08:PORTC = 0x7f;break;
case 0x00:PORTC = 0xff;break;
default:break;
    }
}
```

Proteus 软件具有丰富的元器件库，可以在线虚拟仿真多种电路和系统，具有显示直观、使用简单的优点，尤其是仿真单片机程序时效果较好，对提高单片机程序开发效率大有帮助。

【知识拓展】

Proteus 常用的库及其说明如表 2-6 所示。使用时检索关键字即可查找所需要的元器件。Proteus 还提供了各种虚拟仪器、设备，使用它们可以使程序调试更为直观、快捷，如表 2-7 所示。

表 2-6 Proteus 常用库说明

库 名	库 说 明	库 内 容	举例（检索关键字）
Analog IC	模拟元器件库	电源芯片，运放，比较器，驱动	7805/AD620/ULN2003
Capacitors	电容器	无极性电容，电解电容	Cap/10u
CMOS4000	CMOS 门电路	基本门电路，触发器，计数器	4012/4585
Data Converters	数据转换器	A/D，D/A	AD1674/ADC0809/TLC1542/DS18B20
Electromechanical	电机	直流电机，交流电机，步进电机	MOTOR
Diodes	二极管	二极管	IN4001/IN4018
Inductors	电感	电感	10u/1m
Memory ICs	存储器	存储器	2401
Microprocessor ICs	微处理器	MCS-51，AVR，PIC	AT89C51/ATmega16/PIC16F877
Miscellaneous	杂项	触摸传感器，晶振	CRYSTAL
Operational Amplifiers	运算放大器	运算放大器	AD642/AD711
Optoelectronics	光电元器件	数码管，点阵，LCD，光耦	7SEG-MPX/MATRIX/LCD/MOC3022
Resistors	电阻	电阻	RES/10kΩ
Speakers&Sounders	扬声器	蜂鸣器，扬声器	BUZZER/SPEAKER
Switches&Relays	开关，继电器	开关，继电器	BUTTON/SWITCH/RELAY
Transistors	晶体管	三极管	NPN/PNP/2N2222
TTL	TTL 库	TTL 库	7401/74HC595

表 2-7   Proteus 各种模式说明

模式符号	模式说明	模式功能	举例（检索关键字）
	Selection Mode 选择模式	选中元器件/引脚/连接线	
	Component Mode 元器件模式	放置元器件	
	端口放置模式	放置电源/地线端口	P TERMINALS DEFAULT INPUT OUTPUT BIDIR POWER GROUND BUS
	Generator Mode 信号发生模式	放置信号发生器	GENERATORS DC SINE PULSE EXP SFFM PWLIN FILE AUDIO DSTATE DEDGE DPULSE DCLOCK DPATTERN SCRIPTABLE
	Port Mode	放置电压表/电流表	直接拖放到指定端口即可测量电压、电流值
	Instruments Mode 虚拟仪器模式	放置示波器、逻辑分析仪、总线分析仪等	INSTRUMENTS OSCILLOSCOPE LOGIC ANALYSER COUNTER TIMER VIRTUAL TERMINAL SPI DEBUGGER I2C DEBUGGER SIGNAL GENERATOR PATTERN GENERATOR DC VOLTMETER DC AMMETER AC VOLTMETER AC AMMETER

【项目练习】

1. AVR 单片机的 CPU 和存储器系统各有什么特点？

2. 将 PA、PC 设置为输出，PD0 ~ PD5 设置为输入，其中 PD0、PD2 打开内部上拉电阻，试编写端口初始化程序。

3. 简述函数的操作过程。

4. ICCV7 for AVR 编译器中，当选用 ATmega16 单片机时，程序第一行均要放置#include <iom16v. h>语句，当选择其他型号单片机时，该如何编写该条语句？

5. 数组可以用来存放常数、系数，若将这种数组保存在 SRAM 数据存储器中，会导致什么后果？在 ICCV7 for AVR 编译器中，如何将一个数组定义在程序存储器中？

6. 使用 ATtiny24 单片机实现简易电子琴功能。

7. 使用 ATmega8 单片机实现汽车转向灯模拟器：前后左右共放置 4 个发光二极管，使用 1 个单刀三掷开关控制转向操作，转向灯闪烁周期为 1s。

模块 2　人机交互接口

键盘和显示器是计算机常见的人机交互接口。在实际设计中，单片机通常要接收外部的数据或状态信息、控制命令等，键盘是常见的数据、命令、状态输入装置。单片机通过显示器将执行结果或操作过程显示出来。常见显示设备有 LED 发光二极管、LED 数码管、LCD 液晶显示器等。

项目 3　电子计分牌

【工作任务】

1. 任务表

训练项目	设计电子计分牌，通过 4 位数码管显示 0000~9999，有 3 个操作按键，分别定义为+、−、Clr：按+显示的数值加 100，按−显示的数值减 100，按 Clr 显示的数值清零，可用于抢答、知识竞赛、体育竞技等需要计分的场合
学习任务	(1) 键盘的工作原理、分类。 (2) 独立键盘和矩阵键盘的特点。 (3) 矩阵键盘的操作。 (4) 数码管的类型。 (5) 数码管显示数字的原理。 (6) 数码管动态显示。 (7) BCD 码转换。 (8) 数组操作
学习目标	**知识目标：** (1) 掌握键盘的工作原理。 (2) 掌握独立式、行列矩阵键盘的操作。 (3) 了解键盘抖动机理并掌握去抖操作。 (4) 掌握数码管结构与显示原理。 (5) 掌握数码管动态显示编程操作。 (6) 掌握 BCD 码转换操作。 (7) 熟练掌握数组操作。 (8) 了解用旋转编码开关作为键盘的工作原理。 **能力目标：** (1) 具有简单的人机交互接口编程能力。 (2) 具有共阴极、共阳极数码管识别能力。 (3) 具有存储器资源分配能力
拓展项目	无
参考学时	6

2. 功能要求

电子计分牌要求使用 4 位共阳极数码管显示 0000~9999，用 3 个按键进行计分操作：按

+时显示数值自增 100，按−时显示数值自减 100，按 Clr 时显示数值清零。键盘要求进行去抖，每次操作时数码管数字变化均应稳定、可靠。每次操作按键时要求有蜂鸣器提示音，且按 Clr 时提示音持续时间明显比操作其他按键时长。

3. 设计思路

1）显示数字

为了在电子计分牌显示 4 位数字，使用四位一体共阳极数码管，接成动态显示方式，显示延时通过软件延时实现。数码管显示数字时要先定义一个 0~9 的共阳极数码管字形码表，并将字形码表存于 LED_ CC 数组中。由于显示数字范围为 0000~9999，因此须定义一个有符号 int 型变量 score。将 score 变量进行 BCD 码转换，分别拆分出来千、百、十、个位的 4 个十进制数，存于变量 Temp3~Temp0。BCD 码转换使用 C 语言的 "/" 和 "%" 运算符即可实现。

根据 Temp3~Temp0 变量值逐一访问数组 LED_ CC 的元素，从而得到千、百、十、个位数的 7 段字形码，即段码。数码管动态显示时每显示 1 位数字可以分 4 步进行：

（1）送段码。

（2）送位码。

（3）显示延时。

（4）送位码关闭所有显示。

假设数码管的 "段" 接 PC 口，"位" 接 PD7~PD4，每显示 1 位数字时，以上 4 步程序可以写成：

```
PORTC=LED_CC[Temp3];          //查表送千位显示段码
PORTD=~(1<<PB7);              //送千位显示位码,也可以用数组查表操作
delay(1000);                  //延时显示 1ms 左右
PORTD=0xff;                   //关闭所有显示,消除重影、余辉
```

其他位数字显示照此步骤依次进行即可。数码管动态显示要连续进行不能中断，才能稳定显示数字。

2）按键控制

读入接有按键的 I/O 口，屏蔽掉无关位，判断键盘值，区分+、−、Clr。由于按下机械按键时存在抖动，因此每次读取键盘均须进行去抖操作，通过延时、判断按键抬起两个步骤即可有效去除键盘抖动。

3）蜂鸣器提示

采用压电陶瓷片的蜂鸣器比较常见，通以一定频率的方波驱动压电陶瓷片便可发出蜂鸣提示音，改变方波频率可以调整蜂鸣器音调，改变方波个数即可控制蜂鸣声持续时间长短。

4. 任务实施

根据以上分析，数码管接 PC、PD 口，键盘接 PA0~PA2，蜂鸣器接 PD3，绘制 Proteus 仿真原理图如图 3-1 所示。本例使用四位一体共阳极数码管，其段码、位码与共阴极数码管正好相反。定义数组 LED_CA 存放共阳极数码管段码，定义 LED_bit_CA 存放数码管位码，两数组均存放于 Flash 存储器中，通过数组查表操作实现数码管段码、位码输出。实际中数码管的位控制端应使用反相器或专用芯片进行扩流驱动，本例使用了 7404 反相器，因此驱动共阳极数码管时位控制端应送低电平，经过反相器后输出高电平到达数码管。

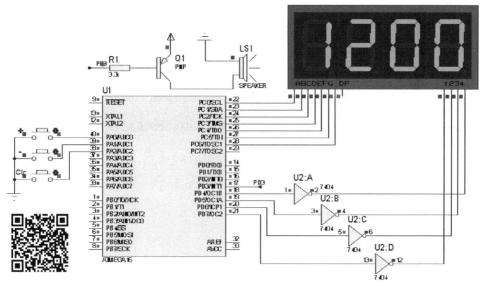

图 3-1　电子计分牌仿真原理图

本例中要使用延时的地方较多，使用"while(t)t--"循环语句实现软件延时，通过实验得知执行该语句所耗时间的 7 倍约等于延时时间，可据此定义一个通用的延时函数 delay (t)，实现不同延时操作需求，延时时间单位为 μs，如 delay(1000)表示延时 1ms 即 $1000\mu s$，显然该延时时间是存在一定误差的，但在对精确度要求不是很高的情况下，还是能满足本例要求的。程序流程图如图 3-2 所示。

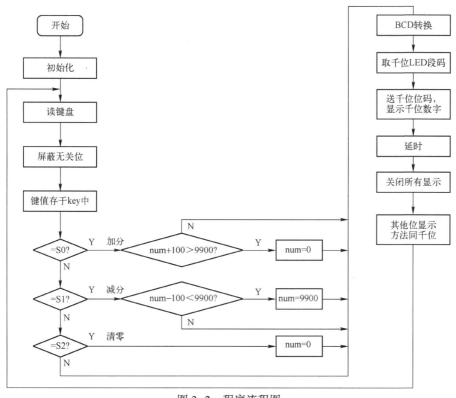

图 3-2　程序流程图

编写源程序如下：

```c
/* 2018-8-8PM15:357 */
#include<iom16v.h>
#define Speaker_0 PORTD&=~(1<<PD3)
#define Speaker_1 PORTD|=1<<PD3
const unsigned char LED_CC[10]={0x3f,0x06,0x5b,0x4f,0x66,0x6d,0x7d,0x07,0x7f,0x6f};
//共阴极数码管段码,本例不用
const unsigned char LED_CA[10]={0xc0,0xf9,0xa4,0xb0,0x99,0x92,0x82,0xf8,0x80,0x90};
//共阳极数码管段码
const unsigned char LED_bit_CA[4]={0xef,0xdf,0xbf,0x7f};
//共阴极数码管位码,本例不用
const unsigned char LED_bit_CC[4]={0x1f,0x2f,0x4f,0x8f};
//共阳极数码管位码
/*声明显示、延时、蜂鸣器3个函数*/
void Display(signed int num);
void delay(unsigned int t);
void Buzzer(unsigned char n);
/*主程序*/
void main(void)
{
    char i;
    signed int num;
    char key,key_temp;
    num=1000;                      //初始显示'1000'
    DDRC=0xff;
    DDRD=0xff;
    DDRA=0xf0;
    SFIOR&=0xfb;
    PORTA|=0x07;
    Speaker_1;                     //关闭蜂鸣器,避免上电即响
    while(1)
    {
        key=PINA&0x07;
        if(key!=0x07)              //键盘去抖动
        {
            delay(25000);          //延时25ms
            key=PINA&0x07;         //读取键值保存在key中
            delay(25000);          //延时25ms
            while(key_temp!=0x07)  //判断键盘有无抬起
            key_temp=PINA&0x07;    //若无,则继续读取,并将键值存于key_temp中
        }
        if(key==0x06)
        {
            Buzzer(60);
            num+=100;
            if(num>9900) num=0;
        }
        else if(key==0x05)
        {
            Buzzer(60);
            num-=100;
            if(num<0) num=9900;
        }
        else if(key==0x03)
        {
```

```
                Buzzer(80);
                num=0;
              }
            Display(num);                          //传入num,调用显示函数显示num
          }
    }
/*延时函数定义*/
void delay(unsigned int t)                         //延时时间T=7*t(us)
{
    t=t/7-1;                                       //t=t/7-1,T用t迭代
    while(t!=0)t--;
}
/*显示函数定义*/
void Display(signed int num)
{
    unsigned char Temp3,Temp2,Temp1,Temp0;
    /*BCD码转换*/
    Temp3=num/1000;                                //取出千位0~9
    Temp2=num%1000/100;                            //取出百位0~9
    Temp1=num%1000%100/10;                         //取出十位0~9
    Temp0=num%1000%100%10;                         //取出个位0~9
    /*显示千位*/
    PORTC-LED_CA[Temp3];                           //送段码
    PORTD=LED_bit_CA[3];                           //送位码
    delay(1000);                                   //延时1约ms(fosc=1MHz)
    PORTD=0xff;                                     //关闭所有显示
    /*显示百位*/
    PORTC=LED_CA[Temp2];
    PORTD=LED_bit_CA[2];
    delay(1000);
    PORTD=0xff;
    /*显示十位*/
    PORTC=LED_CA[Temp1];
    PORTD=LED_bit_CA[1];
    delay(1000);
    PORTD=0xff;
    /*显示个位*/
    PORTC=LED_CA[Temp0];
    PORTD=LED_bit_CA[0];
    delay(1000);
    PORTD=0xff;
}
/*蜂鸣器函数定义*/
void Buzzer(unsigned char n)
{
    unsigned char Temp;
    for(Temp=n;n>0;n--)                            //控制蜂鸣器声音长短
    {
        Speaker_0;                                 //蜂鸣器输出'0'
        delay(1176);                               //延时1.25ms(约850Hz)
        Speaker_1;                                 //蜂鸣器输出'1'
        delay(1176);                               //延时1.25ms(约850Hz)
    }
}
```

5．调试分析

运行程序，分别操作+、−、Clr 按键，观察数码管中数值变化情况，是否每次增减都是 100，若不是，则说明键盘去抖延时时间不合适，应反复调整。操作按键时还应有蜂鸣器提示音。

应说明：为了简化仿真原理图，数码管的段端限流电阻、位端扩流驱动在图 3-1 中省略未画，这些元器件或电路在实践中是不能省略的，否则会造成显示异常甚至单片机损坏。

【知识链接】

任务 3.1　键盘

键盘分为编码键盘和非编码键盘，使用编码键盘可输出固定规律的编码，如 BCD 码键盘、ASCII 码键盘等。非编码键盘又分为独立式键盘和矩阵式键盘。典型按键结构如图 3-3 所示，当不按时开关两个触点断开，按下时触点闭合，电路接通。开关 K 闭合产生数字 0，断开时产生数字 1，从而将信息传给计算机。

编码键盘的键值识别通过专用硬件译码电路实现，也可以使用软件识别，而非编码键盘靠软件编程识别键值。

由于所使用的按键为机械弹性开关，因机械触点的弹性作用，一个按键开关在闭合时不会马上稳定地接通，在断开时也不会立即断开，在闭合及断开的瞬间均伴随有一连串的抖动，其电压波形如图 3-4 所示。抖动时间的长短由按键的机械特性决定，约为数毫秒。键盘抖动会引起 CPU 误判，从而导致程序执行错误。

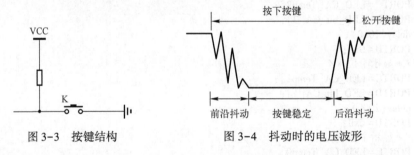

图 3-3　按键结构　　　　图 3-4　抖动时的电压波形

为了保证按下按键一次，CPU 处理一次，要对键盘采取消抖措施。常见的消抖方式有硬件消抖和软件消抖。在单片机系统中，硬件消抖电路复杂，故不常用，实践中多采用软件消抖。软件消抖的思路：如果按键发生状态变化，则延时 10ms，再次读取按键状态，以此为依据进行判定，则抖动消除。

3.1.1　非编码键盘

1．独立式键盘

独立式键盘是最简单的键盘电路，各键互相独立，每个按键独立地与一个单片机的 I/O 端口引脚相连接，如图 3-5 所示。

独立式键盘的各按键电路相互独立，可以灵活设置并对键盘功能进行定义，其软件编程相对简单，但当按键数较多时所需的 I/O 端口较多，浪费系统资源，因此常常用于按键较少的场合。

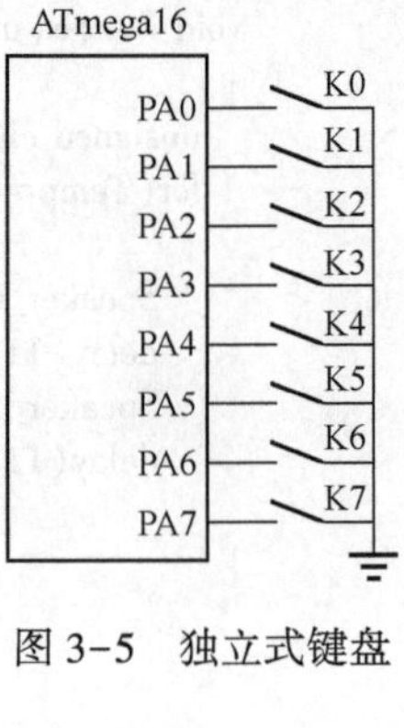

图 3-5　独立式键盘

2. 矩阵式键盘

1) 组成

当键盘上按键的个数比较多的时候，比如有 16 个按键，如果仍旧按独立式键盘的接法，则需要 16 个引脚，显然不合适。为了减少 I/O 连线，通常将按键排成行列矩阵的形式，称为矩阵式键盘，如图 3-6 所示。图中有 4 条行线（L0~L3），4 条列线（R0~R3），正好构成一个 4×4 的矩阵。所有行列线均接至单片机的 I/O 口，在这些行线和列线交叉点上放置按键，当按键按下时，其对应的行线与列线交叉点接通。4 条行线、4 条列线形成的矩阵共有 16 个交叉点，可以放置 16 个按键，显然这比使用独立式键盘节约了相当多的 I/O 资源。这种键盘虽然在硬件上能简化电路结构，节约 I/O 资源，但是其软件编程却比使用独立式键盘复杂。

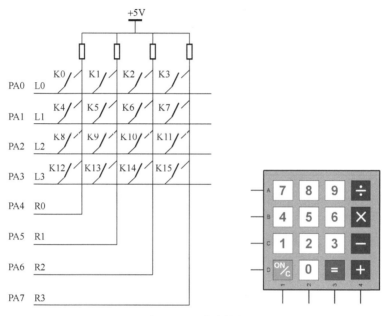

图 3-6　矩阵式键盘

2) 工作原理

读取键值是使用矩阵式键盘的关键步骤。有两种方法可以读取键值，一种是"逐行输出、逐列读入"的扫描法，另一种是速度较快的线反转法。线反转法实现原理：首先将列线全部送 0，读取行线的状态，然后反过来，将行线依次全部送 0，读取列线的状态，将读入的数据组合成一个字节编码，就可以判断是哪个按键被按下了。使用这种方法，实现过程简单，速度快，而扫描法相对烦琐，在实际中应用较少，下面详细介绍线反转法。

以图 3-6 所示 4×4 矩阵键盘为例，图中 L0~L3（PA0~PA3）为行输出线，R0~R3（PA4~PA7）为列读入线。先对行线全部送 0，然后读入列线的数据。若此时无按键按下，由于列线接有上拉电阻，则读取的值为 1111。如果有按键按下，按键对应的行线与列线交叉点短路，对应的行线输出 0 送到列线，列线上有 0 出现，此时读取的列线数据不为"1111"。因此通过判断读入的列线数据是不是"1111"就能快速判断有无按键按下，但具体是哪一个按键按下仍不得而知。

为了判断具体是哪个按键按下，应进一步进行逐行逐列扫描。具体方法是给第 1 行送数字0，其他行送数字1，即L0~L3送0111编码到行线，然后读入列线，如果R0=0说明是K0按下，如果R1=0，说明K1按下……当扫描第1行时逐一对列线进行判零检测，可判断出第1行的K0~K3四个按键有无按下，如果R0~R3均为1，说明第1行无按键按下，继续扫描下一行，行线送出"1011"编码……直到将第4行也扫描完为止。通过这种方法可以将K0~K15按键状态逐一查询一遍，这一过程详见表3-1。

表3-1 矩阵键盘扫描步骤分解

步　　骤	行输出 L3~L0	列读入 R3~R0	键盘动作	PA口矩阵码	
				行	列
1	0000	1111	无按键按下	0000	1111
		非1111	有按键按下	0000	其他
2	1110	1110	K0	0x0e	0xe0
3		1101	K1	0x0e	0xd0
4		1011	K2	0x0e	0xb0
5		0111	K3	0x0e	0x70
6	1101	1110	K4	0x0d	0xe0
7		1101	K5	0x0d	0xd0
8		1011	K6	0x0d	0xb0
9		0111	K7	0x0d	0x70
10	1011	1110	K8	0x0b	0xe0
11		1101	K9	0x0b	0xd0
12		1011	K10	0x0b	0xb0
13		0111	K11	0x0b	0x70
14	0111	1110	K12	0x07	0xe0
15		1101	K13	0x07	0xd0
16		1011	K14	0x07	0xb0
17		0111	K15	0x07	0x70

将表3-1中行、列线编码进行组合就可以得到该键盘的编码，如K6的行列组合编码为0xbd（列在高4位，行在低4位）。大部分时候这种编码与键盘的编号不对应，实际使用时不方便，可进一步进行处理，将键盘的编码表与键盘编号相对应，如K0的编码为0xee，其键盘编号为0。

3）编程应用

要求：根据如图3-6所示4×4矩阵式键盘进行编程，扫描键盘，并返回0~15的键盘编号。

设计思路如下：定义两个数组Row和Line，数组Row中存放行扫描值，数组Line中存放列扫描值，定义变量i、j、k，i、j取值为0~3，分别用于数组Row和Line的检索，k用于返回键盘编号。

从数组Line读取一个数，送PA口，每取一次变量i加1，然后读入PA口数据，屏蔽低四位后逐一和Row中的每一个元素进行比较，每与Row比较一次j加1。扫描完第一行，按同样的方法把余下三行扫描完。显然，键盘编号k与变量i、j的关系为k=i×4+j。例如：

图 3-6 中 K5 位于第 2 行、第 2 列，此时 i=1，j=1，k=5；K11 位于第 3 行、第 4 列；当判断到 K11 时 i=2，j=3，k=11(0x0b)。

【例 3-1】如图 3-7 所示，在 Proteus 中调用 KEYPAD-SMALLCALC 矩阵式键盘，编程驱动该键盘，将键盘编号显示在 PB 口（十六进制）。

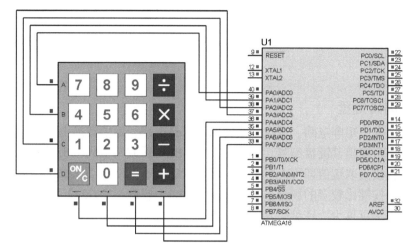

图 3-7　矩阵式键盘应用

解：根据上述原理可直接编写键盘扫描程序。定义函数 Get_key，用于扫描键盘，返回数字 0~15，对应 16 个按键。当没按键按下时返回标志码 0xf0。将键值送 PB 口，在 Proteus 中，红色代表高电平 1，蓝色代表低电平 0。编程如下：

```
#include<iom16v. h>
unsigned char Get_key( void) ;
unsigned char Line[4] = {0xfe,0xfd,0xfb,0xf7} ;
unsigned char Row[4] = {0xe0,0xd0,0xb0,0x70} ;
unsigned char flag;
void main( void)
{
    unsigned char t=0;
    unsigned char tt;
    DDRB=0xff;
    DDRA=0x0f;
    PORTA=0xf0;
    SFIOR&=0xfb;
    while(1)
    {
        PORTB=Get_key( );
    }
}
unsigned char Get_key( void)
{
    unsigned char i,j,k;
    for(i=0;i<=3;i++)
    {
        PORTA=Line[i];
        k=PINA&0xf0;
        for(j=0;j<4;j++)
```

```
            {
                if(k==Row[j])
                {
                    k=i*4+j;
                    i=0x05;
                    break;
                }
            }
        }
    return(k);
    }
```

3.1.2　编码键盘

编码键盘通常由矩阵电路、键盘扫描电路、去抖电路、键值转换电路等集成于一个芯片而成，按下按键可输出其键盘编号，以 ASCII 码、BCD 码或其他码输出，使用时不用编写键盘处理程序，直接读取键值即可。常见的编码键盘芯片有 8279、HD7279、MAX7129 等。编码键盘适合用于按键比较多的场合，如 8279 可接 32 个按键，HD7279 可接 64 个按键。

有一种编码键盘称为旋转编码开关，又叫飞梭开关，其开关手柄可以左右旋转，也可以向下摁，如图 3-8 所示。

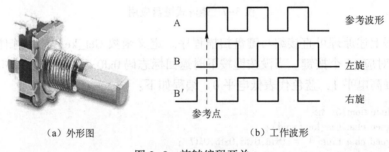

（a）外形图　　　　　　　　　　　（b）工作波形

图 3-8　旋转编码开关

通过左右旋转编码开关可以实现无级调节，使用比较方便。这种旋转编码开关还可应用于智能菜单操作系统，结合显示元器件使用。旋转编码开关的外形类似电位器，有 3 个引脚（带按钮开关的有 5 个），中间为公共端 COM，两边为信号输出端 A、B。使用时公共端 COM 接低电平，信号输出端 A、B 接上拉电阻。旋转编码开关工作时，信号输出端输出两组正交编码脉冲 A、B。若以脉冲 A 为参考，当手柄左旋时 A 波形超前 B 波形，右旋时 A 波形滞后 B 波形，检测脉冲 A 的有无可以判断开关有无动作，检测 A、B 信号的相位关系可以检测其旋转方向，对任意一个脉冲进行计数可以统计开关旋转的次数、位置等，从而实现连续变化量的输入。

任务 3.2　数码管

显示设备是计算机控制系统的重要组成部分，用来显示运行过程和运算结果。在单片机系统中常用 LED 数码管显示器和 LCD 液晶显示器。数码管显示器简称数码管，主要由发光二极管组成，在二极管两端加电压使其导通发光，显示数字，有米字形数码管、LED 点阵显示器等应用形式。液晶显示器的结构和原理相对复杂一点，使用时要编写时序严格的控制程序。液晶显示器分字符型、点阵型和 TFT 真彩显示器。

3.2.1　数码管工作原理

数码管一般指由 8 个发光二极管构成的"8"字形显示器，可以显示 0~F 的数字或符号，7个二极管显示数字笔画，1个二极管显示小数点，根据内部结构不同，分共阳极数码管和共阴极数码管，如图3-9所示。

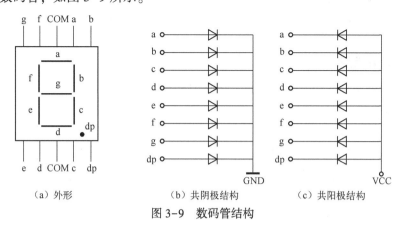

（a）外形　　　　　　　　（b）共阴极结构　　　　　（c）共阳极结构

图3-9　数码管结构

数码管每个笔画段（简称段）均有固定字母名称，用字母a~g表示，用h或dp表示小数点，这些字母也指代图3-9中的二极管的阳极或阴极控制端，给数码管的公共端和段控制端加不同的电平即可组合显示不同数字。显然，共阴极、共阳极数码管的接法和驱动是不同的。

1. 共阴极数码管

共阴极数码管的所有发光二极管的阴极接在一起作为公共端，阳极为段控制端。使用时公共端接地，段控制端加高电平时发光二极管发光点亮，加低电平时不能发光，通过笔画组合显示不同数字。

2. 共阳极数码管

共阳极数码管的所有发光二极管的阳极接在一起作为公共端，阴极为段控制端。使用时公共端接VCC，段控制端加低电平时发光二极管发光点亮，加高电平时不能发光，通过笔画组合显示不同数字。共阴、共阳极数码管显示数字的字型码表见表3-2。

表3-2　数码管字型码表

数字	连 接 方 式								编　码	
	D7	D6	D5	D4	D3	D2	D1	D0	共阴极	共阳极
	h	g	f	e	d	c	b	a		
0	0	0	1	1	1	1	1	1	0x3f	0xc0
1	0	0	0	0	0	1	1	0	0x06	0xf9
2	0	1	0	1	1	0	1	1	0x5b	0xa4
3	0	1	0	0	1	1	1	1	0x4f	0xb0
4	0	1	1	0	0	1	1	0	0x66	0x99
5	0	1	1	0	1	1	0	1	0x6d	0x92
6	0	1	1	1	1	1	0	1	0x7d	0x82
7	0	0	0	0	0	1	1	1	0x07	0xf8
8	0	1	1	1	1	1	1	1	0x7f	0xf0
9	0	1	1	0	1	1	1	1	0x6f	0x90
A	0	1	1	1	0	1	1	1	0x77	0x88
B	0	1	1	1	1	1	0	0	0x7c	0x83
C	0	0	1	1	1	0	0	1	0x39	0xc6
D	0	1	0	1	1	1	1	0	0x5e	0xa1
E	0	1	1	1	1	0	0	1	0x79	0x86
F	0	1	1	1	0	0	0	1	0xe1	0x1e

发光二极管是电流控制元器件，其发光强度由流过二极管的电流控制，通常 5~10mA 的电流可维持发光二极管正常发光。发光二极管导通之后的电压降约为 1.8~2.2V。在工作电压为 5V 的单片机系统中，为不损坏数码管及单片机 I/O 口，每个段应加上 300Ω 左右的限流电阻，避免电流过大损坏元器件。

3.2.2 数码管驱动

数码管有静态显示和动态显示两种工作驱动方式。

1. 静态显示

如图 3-10 所示，静态显示时，数码管公共端（又称位端）接地或接电源，笔画端（段端）接单片机 I/O 口，单片机根据接法（共阴极还是共阳极）输出字型码给数码管段端，控制其显示。每个发光二极管使用独立的位控制和段控制 I/O 口，独立显示，互不影响。采用这种显示方式时显示器的亮度较大，编程简单、使用方便，但是会占用单片机较多 I/O 口资源，因此在显示位数较多时不适用。

2. 动态显示

当显示位数较多时，通常采用动态显示方式，如图 3-11 所示。动态显示时，发光二极管轮流工作，任意时刻只有一个发光二极管在工作。当轮换时间足够短时，由于人眼视觉残留效应，会导致所有发光二极管看起来像是同时在工作，并显示完整的信息。

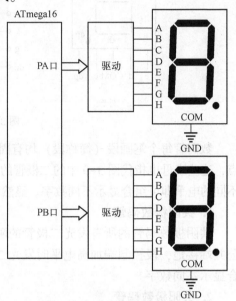

图 3-10　静态显示

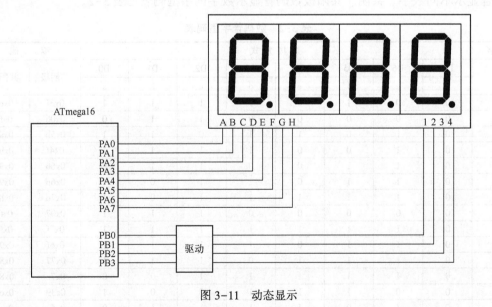

图 3-11　动态显示

动态显示方式下的发光二极管所有段线并联在一起，接单片机的 I/O 口，每个发光二极管位端由独立 I/O 线控制，以便分时选通。图 3-11 中，显示字符的字形码从 PA0~PA7 输出，输出到所有发光二极管 a~h 段线上，再分时控制 PB0~PB3 为高电平（共阴极反相器驱动），其他为低电平，使第一个发光二极管的位端为低电平，显示数字，其他的因为位端为高电平而不能显示。间隔一段时间后，按相同的方式显示下一位数字，如此周而复始，即可看到图 3-11 的 4 个发光二极管"同时"工作显示不同的数字。

数码管内的发光二极管是电流型元器件，其显示亮度取决于流过它的电流。动态显示时，如果显示持续时间过短，会导致发光二极管的平均电流过小，而使显示亮度不足，持续时间过长，会大于人眼视觉残留阈值时间（大约为 0.02s），显示内容会闪烁。使用时应反复调整显示持续时间（延时），既使数码管有足够的亮度，而又不至于使其闪烁，此外还应合理选择数码管端段限流电阻的阻值。

项目 4 电信号显示面板

【工作任务】

1. 任务表

训练项目	设计电信号显示面板：可以在 1602 字符型 LCD 液晶显示面板（以下称 1602 液晶模组）上显示 2 路电压值、1 路电流值、1 路功率值，可用于太阳能电池面板测试、太阳能路灯控制器、数控电源等应用，在 Atmel Studio7.0 中编程实现
学习任务	(1) 1602 液晶模组命令格式。 (2) 1602 液晶模组接口时序。 (3) 1602 液晶模组 8bit 接口模式。 (4) 1602 液晶模组 4bit 接口模式。 (5) ASCII 码转换。 (6) 数据缓存。 (7) 图文点阵液晶显示器操作。 (8) 多个不同 ".C" 文件的模块化编程
学习目标	**知识目标：** (1) 掌握 1602 液晶模组命令格式。 (2) 掌握 1602 液晶模组初始化操作。 (3) 熟悉 1602 液晶模组接口时序。 (4) 掌握 1602 液晶模组 8bit 接口模式显示操作。 (5) 掌握 1602 液晶模组 4bit 接口模式显示操作。 (6) 熟悉对图文点阵液晶显示器的操作。 (7) 掌握 Atmel Studio 7.0 软件使用方法。 **能力目标：** (1) 具有对 1602 液晶模组进行编程的初始化能力。 (2) 具有对 1602 液晶模组进行应用编程的能力。 (3) 具有多个不同 ".C" 文件的模块化编程能力。 (4) 具有应用 Atmel Studio 7.0 软件进行操作和调试的能力
项目拓展	图文点阵液晶显示
参考学时	4

2. 功能要求

在 1602 液晶模组的面板上显示电压变量 Ui、UL，电流变量 IL，以及功率变量 PL，电压显示值范围为 00.0 ~ 99.9V，电流显示值范围为 0.00 ~ 9.99A，功率显示值范围为 000 ~ 999W。待显示的数据分别存于变量 Uin、UL、IL、PL 中，例如给变量 Uin 赋值 250，面板显示 Ui = 25.0V。1602 液晶模组与 CPU 接口模式为 8bit 接口模式。

3. 设计思路

1) 显示缓存

1602 液晶模组可以显示 2 行 ASCII 码字符，每行显示 16 个字符。本例中，给每个显示对象分配 8 个显示字符位置，显示格式为 xx:00.0y，xx 为显示符号，分别为 Ui、UL、IL、PL，y 为显示单位，分别为 V、A、W。分别定义四个数组，数组名为 Aarry_Ui，Aarry_UL，Aarry_IL，Aarry_PL，数组的长度均为 8，符号、数字、等于号、小数点、单位等均一起以字符串的形式存于数组里面，当要更新显示数字时，将上述字符串送至对应显示位置即可直接更新。如显示对象为 Ui，定义 Aarry_Ui[8] = {"Ui = 00.0V"}，给变量赋值 Uin = 650，面

· 94 ·

板即可显示"Ui=65.0V"。

2）数据及转码处理

输入电压值存放于变量 Uin、负载电压值存放于变量 UL、负载电流值存放于变量 IL，这 3 个变量均应为 int 型变量。功率 PL=UL*IL，因此 PL 应为 long 型变量，这样才能正确储存该乘积项。由于 UL、IL 与 PL 变量类型不同，因此应进行强制类型转换操作才能得到正确结果。功率显示范围为 000~999，无小数位，但是负载电压值有 1 位小数（乘以 10 得到 UL），负载电流值有 2 位小数（乘以 100 得到 IL），实际中均人为进行倍数扩大处理，避免出现小数，因此 PL 应缩小 1000 倍才能获得真实功率值。此外，还应避免数据超出有效范围，要对数据进行范围限定，关键程序如下所示：

```
if(Uin>999)Uin=999;              //限定 Uin 输入范围
if(UL>999)UL=999;                //限定 UL 输入范围
if(IL>999)IL=999;                //限定 IL 输入范围
PL=(long)UL*IL;                  //计算 PL 并进行强制类型转换
if(PL>999999)PL=999999;          //限定 PL 输入范围
PL=PL/1000;                      //将 PL 缩小 1000 倍
```

所有待显示的数据都要进行 BCD 码转换，再转换成 ASCII 码。因从数值上看，十六进制数字比其 ASCII 码小 30H，可利用此关系，将转码结果存放到对应的缓存数组中，通过 HEX_BCD_ASCII 函数实现，定义如下：

```
void HEX_BCD_ASCII( unsigned int temp,unsigned char  *p)
```

其中，参数 temp 为待转码变量，p 为存放结果指针，temp 的转码结果存放到 p 指向的地址。由于待显示的 4 个变量的小数点位置不尽相同，通过判断指针 p 当前指向的目标数组来确定数据应存放的位置，比如 IL 数据存放操作如下：

```
if(p= =Aarry_IL)
{
  *(p+3)= t2;//存放 IL 百位
  *(p+5)= t1;//存放 IL 十位
  *(p+6)= t0;//存放 IL 个位
}
```

3）编程

1602 液晶模组有 16 个引脚（8 个数据引脚，3 个控制引脚，4 个电源引脚，1 个背光引脚）；可以采用 8bit 接口模式，也可以采用 4bit 接口模式；有 9 条操作命令，用于完成显示前的初始化操作。如果采用 8bit 接口模式，命令以字节为单位一次传入，如果采用 4bit 接口模式，命令被分成两个 4bit 半字节，分两次传入。

初始化操作中最重要的是设置接口模式、显示使能等操作，完成初始化操作以后，系统即可显示。显示时应先确定显示的行（0~1）、列（0~15）位置，可以单个字节显示（每次指定行列位置进行显示），还可以显示字符串，只要第一次给定字符串的显示起始地址后，液晶模组会自动增加列数以保证正常显示。本例中采用字符串显示方式，分别将 Aarry_Ui、Aarry_UL、Aarry_IL、Aarry_PL 四个数组以字符串形式发送到液晶模组进行显示，它们对应的显示起始位置分别为 (0,0)、(0,8)、(1,0)、(1,8)。

4. 任务实施

根据以上分析思路，绘制仿真图如图 4-1 所示。新建 LCD1602_driver.c 文件，编写液晶显示驱动程序，在 main.c 文件中编写应用程序，此外还要新建一个 LCD1602_driver.h 头文件。

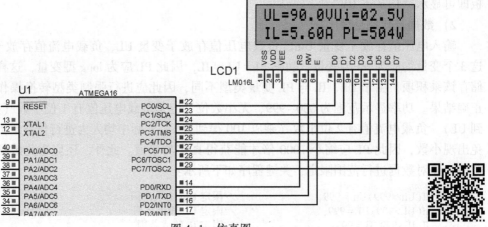

图 4-1 仿真图

1) 源程序

① LCD1602_driver. c 源程序：

```
/ * LCD1602_driver. c
8bit 接口模式
*/
#include<avr/io. h>
#include" LCD1602_driver. h"
void HEX_BCD_ASCII( unsigned int temp, unsigned char * p) ;
unsigned char Aarry_UL[ 8] = { " UL=00. 0V" } ;
unsigned char Aarry_Ui[ 8] = { " Ui=00. 0V" } ;
unsigned char Aarry_IL[ 8] = { " IL=0. 00A" } ;
unsigned char Aarry_PL[ 8] = { " PL=000W" } ;
void main( void)
{
  unsigned int Uin, UL, IL;
  unsigned long PL;
  DDRC = 0xff;
  DDRD = 0x07;
  LCD_init( ) ;
  Uin = 25;
  UL = 900;
  IL = 560;
  while( 1)
  {
    if( Uin>999) Uin = 999;
    if( UL>999) UL = 999;
    if( IL>999) IL = 999;
    PL = ( long) UL * IL;
    if( PL>999999) PL = 999999;
    PL = PL/1000;
    HEX_BCD_ASCII( UL, Aarry_UL) ;
    HEX_BCD_ASCII( Uin, Aarry_Ui) ;
    HEX_BCD_ASCII( IL, Aarry_IL) ;
    HEX_BCD_ASCII( PL, Aarry_PL) ;
    LCD_display_String( 0,0, Aarry_UL) ;
    LCD_display_String( 1,0, Aarry_IL) ;
  }
}
```

```c
void HEX_BCD_ASCII(unsigned int temp,unsigned char *p)
{
    unsigned char t2,t1,t0;
    t2=(temp/100)+0x30;              //HEX 转成 BCD 码再转成 ASCII 码
    t1=(temp%100)/10+0x30;
    t0=temp%100%10+0x30;
    if(p==Aarry_IL)                  //根据小数点位置调整显示数据放置位置
    {
        *(p+3)=t2;
        *(p+5)=t1;
        *(p+6)=t0;
    }
    else if(p==Aarry_PL)
        *(p+4)=t2;
        *(p+5)=t1;
        *(p+6)=t0;
    {
    }
    else
    {
        *(p+3)=t2;
        *(p+4)=t1;
        *(p+6)=t0;

    }
}
```

② LCD1602_driver.h 头文件:

```c
/ * LCD1602_driver.h 头文件 * /
#ifndef _LCD1602_DRIVER_H
#define _LCD1602_DRIVER_H
#define   DAT    PORTC
#define   RS_0   PORTD&=~(1<<PD0)
#define   RS_1   PORTD|=1<<PD0
#define   RW_0   PORTD&=~(1<<PD1)
#define   RW_1   PORTD|=1<<PD1
#define   E_0    PORTD&=~(1<<PD2)
#define   E_1    PORTD|=1<<PD2
void delay(unsigned int t);
void LCD_reset(void);
void LCD_sent_cmd(char cmd);
void LCD_sent_data(unsigned char dat);
void LCD_display_String(unsigned char line,unsigned char row,unsigned char * s);
void LCD_init(void);
#endif
```

③ main.c 文件:

```c
#include<avr/io.h>
#include"LCD1602_driver.h"
void HEX_BCD_ASCII(unsigned int temp,unsigned char * p);
unsigned char Aarry_UL[8]={"UL=00.0V"};
unsigned char Aarry_Ui[8]={"Ui=00.0V"};
unsigned char Aarry_IL[8]={"IL=0.00A"};
unsigned char Aarry_PL[8]={"PL=000W"};
void main(void)
{
```

```
            unsigned int Uin,UL,IL;
            unsigned long PL;
            DDRC = 0xff;
            DDRD = 0x07;
            LCD_init();
            Uin = 25;
            UL = 900;
            IL = 560;
            while(1)
            {
                if(Uin>999)Uin = 999;
                if(UL>999)UL = 999;
                if(IL>999)IL = 999;
                PL = (long)UL * IL;
                if(PL>999999)PL = 999999;
                PL = PL/1000;
                HEX_BCD_ASCII(UL,Aarry_UL);
                HEX_BCD_ASCII(Uin,Aarry_Ui);
                HEX_BCD_ASCII(IL,Aarry_IL);
                HEX_BCD_ASCII(PL,Aarry_PL);
                LCD_display_String(0,0,Aarry_UL);
                LCD_display_String(1,0,Aarry_IL);
            }
        }
        void HEX_BCD_ASCII(unsigned int temp,unsigned char *p)
        {
            unsigned char t2,t1,t0;
            t2 = (temp/100)+0x30;            //HEX 转成 BCD 码再转成 ASCII 码
            t1 = (temp%100)/10+0x30;
            t0 = temp%100%10+0x30;
            if(p == Aarry_IL)                //根据小数点位置调整显示数据放置位置
            {
                *(p+3)= t2;
                *(p+5)= t1;
                *(p+6)= t0;
            }
            else if(p == Aarry_PL)
            {
                *(p+4)= t2;
                *(p+5)= t1;
                *(p+6)= t0;
            }
            else
            {
                *(p+3)= t2;
                *(p+4)= t1;
                *(p+6)= t0;
            }
        }
```

2) 在 Atmel Studio 7.0 中实现

在 Atmel Studio 7.0 中新建项目文件, 名为 LCD1602, 保存于 prj4 文件夹里面, 打开 main. c 文件, 输入上述 "③main. c 文件" 内容。在右边的 Solution Explorer 窗口中以鼠标右键单击 LCD1602 项目文件并选择 Add→New Item 菜单命令, 如图 4-2 (a) 所示, 在弹出的对话框中选择文件类型，在 Name 栏中输入完整文件名，如：LCD1602_driver.h，如图 4-2（b）所示。建好 LCD1602_driver.c、LCD1602_driver.h 文件后，分别输入本例"①LCD1602_driver.c 源程序""②LCD1602_driver.h 头文件"内容，保存。以鼠标右键单击 LCD1602 项目文件并选择 Properties→Tool chain→Optimazation 菜单命令，在 Optimazation Level 中选择 None(-O0)取消优化，关闭该对话框，按 F7 键进行编译。不取消优化的话，该例有可能显示不正常。

（a）添加新文件

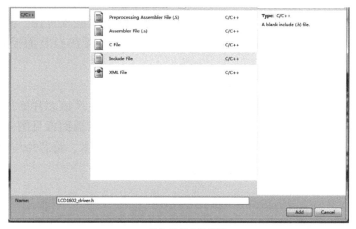

（b）选择文件类型

图 4-2　新建文件

在 Atmel Studio 7.0 中编辑程序时，系统会给出输入提示，如图 4-3 所示，输入 U，系统会自动提示已定义的 Uin、UL 变量名及 unsigned 关键字，按向下箭头选择，按 TAB 或 ENTER 键确认输入。红色波浪下画线为疑似语法错误提示。

图 4-3　输入提示功能

5. 调试分析

本例需要 3 个文件，3 个文件均应放置在与项目文件相同的文件夹里面。按 F7 键编译项目，在 debug 文件夹中找到 HEX 文件，将其导入 Proteus 仿真运行，观察结果。可以在 main.c 文件中修改变量 Uin、IL、UL 的值，重新编译运行，液晶显示面板会更新显示数据。

在 Atmel Studio 7.0 中执行 Add→New Item 菜单命令所生成的文件会自动被添加文件头、尾，如果是从其他文件夹复制过来的文件，应注意该部分内容不要重复；也可以将一个已存在的文件添加到当前项目中，执行菜单命令 Add→Existing Item 即可。

【知识链接】

液晶显示器（Liquid Crystal Display，LCD）采用数字显示技术，可以通过液晶和彩色过滤过滤光源，在平面面板上产生图像。液晶显示器具有结构小巧、造型美观、显示内容丰富等特点，因此应用广泛。

LCD 显示原理：早在 1888 年，人们就发现了液晶这种呈液态的化学物质。当受到外界电场影响时，液晶物质中的分子会形成精确的有序排列。如果对分子的排列加以适当的控制，液晶物质的分子将会允许光线穿越。位于液晶显示器屏幕最后面的一层是由荧光物质组成的可以发射光线的背光层。背光层发出的光线在穿过偏振过滤层之后进入包含大量液晶物质的液晶层。液晶层中的液晶物质都被包含在细小的单元格结构中，一个或多个单元格构成屏幕上的一个像素。当 LCD 中的电极产生电场时，液晶分子就会产生扭曲，从而将穿越其中的光线进行有规则的折射，然后再经过另一层过滤层的过滤，在屏幕上显示出来。

根据结构不同，LCD 分为段式 LCD 和点阵式 LCD。段式 LCD 与数码管类似，可显示简单的数字及符号。点阵式 LCD 通过像素点阵的形式显示内容；而根据显示内容不同，LCD 又分为字符型 LCD、图文型 LCD、TFT 真彩显示器。这三种 LCD 在实际中均有应用。由于使用 LCD 时要求能提供复杂的驱动电平，实际使用的 LCD 均是将其与驱动芯片制成一体的模组。液晶模组由驱动芯片驱动 LCD 面板显示内容，具有可编程特性，使用时通过接口对其进行初始化操作以后，将显示的内容输入到驱动芯片，即可在 LCD 面板显示。

任务 4.1   字符型 LCD

1602 芯片是常见的字符型液晶显示芯片，目前市场上生产该芯片的厂家比较多。1602 模组的显示器能显示 2 行 ASCII 字符，每行显示 16 个，显示器面板见图 4-4。该模组内部采用了 HD44780 及兼容 LCD 驱动芯片，使用 Bonding 封装技术，将芯片与 PCB 集合为一体，能有效降低整个模组功耗，提高其工作稳定性。

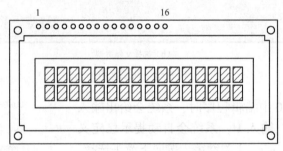

图 4-4   1602 的显示器面板

4.1.1   引脚功能

1602 芯片有 16 个引脚，其中，与控制器相连的引脚有 10 个，每个引脚具体功能见表 4-1，下面对这些引脚功能做详细介绍。

表 4-1   1602 芯片引脚功能表

引脚编号	符　号	引脚功能	引脚编号	符　号	引脚功能
1	VSS	电源地	6	E	使能信号
2	VDD	电源正极	7~14	D0~D7	数据线
3	V0	对比度调节	15	BLA	背光电源正极
4	RS	数据/命令选择端（H/L）	16	BLK	背光电源负极
5	R/W	读/写选择端（H/L）			

VSS：电源地，接地。

VDD：电源正极，电压为 4.5~5.5V。

V0：调整该引脚电压可以调整 LCD 显示对比度。

RS：数据/命令控制引脚。当该引脚为高电平时，写入 LCD 的为显示数据；当该引脚为低电平时，写入 LCD 的为控制命令，读出的为 LCD 状态。

R/W：读/写控制信号。当该引脚为高电平时，读 LCD 的数据和状态，当该引脚为低电平时，将数据或命令写入 LCD。

D0~D7：LCD 的数据线。

BLA：背光电源正极，接电源正极。

BLK：背光电源负极。如果让 LCD 的背光常亮，则直接将该引脚接地即可。如果想让 LCD 的背光受控，比如当键盘无输入操作超过 3 分钟时自动关闭背光，以节约电能，则该引脚接一个三极管，通过 CPU 控制三极管的导通、截止来控制背光亮、灭。

4.1.2　控制命令

市场上常见的 1602 液晶模组大多采用 HD44780 驱动芯片或其兼容芯片。这些芯片对外的指令大多相同。因此，同一个驱动程序，可以驱动不同厂家的此型号液晶显示器，前提是引脚功能定义一样。HD44780 的控制指令见表 4-2。

表 4-2　HD44780 控制指令表

序号	指　令	RS	R/W	D7	D6	D5	D4	D3	D2	D1	D0
1	清除显示	0	0	0	0	0	0	0	0	0	1
2	光标返回	0	0	0	0	0	0	0	0	1	*
3	设置输入模式	0	0	0	0	0	0	0	1	I/D	S
4	显示开/关控制	0	0	0	0	0	0	1	D	C	B
5	光标或字符移位	0	0	0	0	0	1	S/C	R/L	*	*
6	设置功能	0	0	0	0	1	DL	N	F	*	*
7	设置字符发生存储器地址	0	0	0	1	字符发生存储器地址（AGG）					
8	设置数据存储器地址	0	0	1	显示数据存储器地址（ADD）						
9	读"忙标志"或地址	0	1	BF	计数器地址（AC）						
10	写入数据到 CGRAM 或 DDRAM	1	0	要写的数据							
11	从 CGRAM 或 DDRAM 中读取数据	1	1	读出的数据							

I/D：数据读写操作后 AC 地址指针自动增 1，为 1 有效。

S：数据读写操作后画面平移，为 1 有效。

D：显示开关，为 1 有效。

C：显示光标，为 1 有效。

B：光标闪烁，为 1 有效。

S/C：画面/光标平移选择。

R/L：画面/光标平移方向选择。

DL：处理器接口，为 0 表示采用 4bit 接口，为 1 表示采用 8bit 接口。

N：显示行设定，为 1 显示 2 行，为 0 显示 1 行。

F：字符分辨率设定。

（1）清屏指令。当给芯片送 01H 时，显示面板所有内容被清除，内部数据指针清零；当送 02H 时，只使数据指针清零，面板内容不变。

（2）设置光标、画面移动模式，其中：I/D=1，数据读写操作后，AC 自动增 1；I/D=0，数据读写操作后，AC 自动减 1。S=1，数据读写操作后，画面平移；S=0，数据读写操作后，画面不平移。

（3）显示开关控制。设置显示、光标及闪烁的开关状态。其中：

D 表示显示开关：D=1 为开，D=0 为关。

C 表示光标开关：C=1 为开，C=0 为关。

B 表示闪烁开关：B=1 为开，B=0 为关。

（4）光标、画面位移。设置光标、画面移动，不影响 DDRAM。其中：

S/C=1，画面平移一个字符位；S/C=0，光标平移一个字符位。

R/L=1，右移；R/L=0，左移。

（5）功能设置：DL=1，8 位接口模式，DL=0，4 位接口模式。

N=1，2 行显示模式，N=0，1 行显示模式。

F=1，5×10 点阵字符，F=0，5×7 点阵字符。

（6）CGRAM 地址设置：A5~A0 对应 0~3FH。

（7）DDRAM 地址设置：N=0，1 行显示，A6~A0 对应 0~4FH；N=1，2 行显示，首行 A6~A0 对应 00H~2FH，次行 A6~A0 对应 40H~67H。

（8）读 BF 及 AC 的值。功能：读"忙标志"和地址计数器 AC 的值，其中：BF=1 表示系统忙，BF=0 表示系统已准备好，此时 AC 值由最近一次地址设置操作（CGRAM 或 DDRAM）定义。

（9）读写数据操作。根据最近设置的地址性质，数据写入 DDRAM 或 CGRAM，或从 DDRAM 或 CGRAM 读出数据。

4.1.3 应用

1. 8bit 接口模式

8bit 接口模式下，系统有完整的 8bit 数据位宽，命令/数据按字节为单位一次传入显示模组，操作简单，实际中比较常用，但要占用 8 条数据线，所需 I/O 口较多，在单片机 I/O 口够用的前提下可以应用该模式。

【例 4-1】1602 液晶模组数据线接 PA 口，RS 接 PB0，R/W 接 PB1，E 接 PB2，试编程完成对其的命令、数据写入操作。

解：为方便编程，使用 define 预处理指令对端口进行如下宏定义：

```
//定义数据口 PA
#define   DAT    PA
//定义 RS 输出 0(PB0=0)
#define   RS_0    PB&=~(1<<PB0)
//定义 RS 输出 1(PB0=1)
#define   RS_1    PB|=1<<PB0
//定义 RW 输出 0(PB1=0)
#define   RW_0    PB&=~(1<<PB1)
//定义 RW 输出 1(PB1=1)
#define   RW_1    PB|=1<<PB1
//定义 E 输出 0(PB2=0)
#define   E_0    PB&=~(1<<PB2)
//定义 E 输出 1(PB2=1)
#define   E_1    PB|=1<<PB2
```

① 执行写命令操作：E=0→使能 1602 液晶模组，RW=0→写操作，RS=0→通过数据线写入命令字，然后再令 E=0、E=1，产生一个锁存脉冲，将数据存入 1602 液晶模组，写

完后应延时一段时间，等待写操作完成，编程如下：

```
void write_command(unsigned char com)
{
  E=0;
  RS_0;
  RW_0;
  DAT=com;
  E_1;
  E_0;
  delay(1);
}
```

② 执行写数据操作：E=0→使能 1602 液晶模组，RW=0→写操作，RS=1→通过数据线写入数据（ASCII 码），以便显示出来，然后再使 E=1，产生一个锁存脉冲，将数据存入 1602 液晶模组，写完后应延时一段时间，等待写入结束。数据以字节为单位写入 1602 液晶模组内部，编程如下：

```
void write_byte(unsigned char data)
{
  E_0;
  RS_1;
  RW_0;
  DAT=data;
  E_1;
  E_0;
  delay(1000);       //延时 1ms
}
```

【例 4-2】 使用例 4-1 中的程序，按要求完成对 1602 液晶模组的初始化操作，将其初始化为：8 位接口模式，2 行显示，5×7 分辨率，禁止光标，禁止闪烁，不平移，使能显示，显示地址自动增 1。

解：对照表 4-2 分析：第 3 条指令，设置 D1=1→每次操作地址自增 1，S(D0)=0→每次操作画面不平移，写入命令 0x06；第 6 条指令，DL=1→8 位接口模式，N=1→显示 2 行，F=0→设置 5×7 分辨率，因此应写入命令 0x38；第 4 条指令，D=1→打开显示，C=0→关闭光标，B=0→禁止光标闪烁，因此要写入命令 0x0C。首次显示时要使用第 1 条指令清除屏幕内容，因此写入 0x01。将以上 4 条指令通过 write_command 函数写入液晶模组，并将它们发至初始化函数 LCD_init( ) 里面，编程如下：

```
void LCD_init(void)
{
  write_command(0x06);     //地址自增使能
  write_command(0x0C);     //无光标,无闪烁,使能显示
  write_command(0x38);     //8bit 模式,显示 2 行,5×7 分辨率
  write_command(0x01);     //清除显示
  delay(1000);             //延时 1ms
}
```

【例 4-3】 在 1602 液晶模组中第 0 行、第 5 列显示字符 "1"，在第 1 行、第 3 列开始，显示字符串 "ATmega16"。

解：① 显示字符。根据表 4-2 可知，欲显示字符，应先使用第 8 条指令写入显示起始行、列地址，第 0 行的地址范围为 00H~2FH，第 1 行地址范围为 40H~6FH，一个地址对应

一个显示位置，如在第 0 行、第 5 列显示则应写入 0x85，选定第 0 行、第 5 列的 DDRAM 存储单元，然后写入 '1'（取 1 的 ASCII 码操作）。

编程如下：

```
write_command(0x85);        //指定 0 行、5 列地址
write_byte('1');            //显示数字 1
```

② 显示字符串。与显示单个字符操作类似，显示字符串时应开启 AC 地址自增 1 操作，每写入 1 个字符，列地址自动增加 1，行地址不变，这样在每次开始显示时，写入一次起始地址即可，以后即可连续逐个写入字符，直到字符串显示结束。将要显示的字符串存放于数组中，设置好行、列起始地址后，将数组写入 1602 液晶模组，直到结束（检测到地址结束标志或指针空），编程如下：

将字符串存入数组 string1：

```
unsigned char string1[] = {"ATmega16"};
```

定义字符串写入操作函数：

```
void Disp_string(unsigned char line,unsigned char row,unsigned char *s)
{
  unsigned char temp;
  if(line==0) temp=0x80+row;
  else temp=0xc0+row;
  write_command(temp);
  while(*s>0)
  {
    Disp_byte(*s++);
    delay(5000);
  }
}
```

形参 line、row 为行（0~1）、列（0~F）显示位置，s 为指针型变量，指向显示内容的地址。调用该函数后即可完成字符串显示：

```
Disp_string(3,3,string1);    //3 行 3 列，显示 ATmega16
```

2. 4bit 接口模式

采用 4bit 接口模式时，液晶模组与单片机之间只要 4 条数据线即可。该模式下命令/数据以半字节（4bit）为单位，分两次传入 1602 液晶模组，其工作时序如图 4-5 所示。该模式由于只用到 4 个 I/O 口，有效节约了 I/O 资源，在单片机 I/O 资源紧张时，使用此法非常有意义。

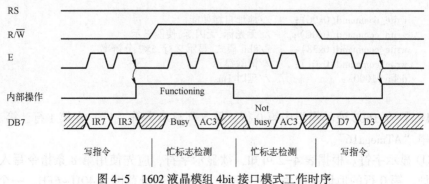

图 4-5　1602 液晶模组 4bit 接口模式工作时序

8bit 接口模式是 1602 液晶模组默认的工作模式，使用此模式时，通电后直接发送配置命令即可，而使用 4bit 接口模式则要先给 1602 液晶模组连续发送 3 次 03H 指令，方能将其切换到 4bit 接口模式，之后按与 8bit 接口模式相同的操作命令给其发送配置命令，操作流程如图 4-6 所示。因数据线字长只有 4bit，故每条 8bit 命令应分 2 次发送。

【例 4-4】1602 液晶模组采用 4bit 接口模式，数据线 D4 ~ D7 接单片机 PC4 ~ PC7，E 接 PC3，RW 接 PC2，RS 接 PC1，分别显示"0123456789ABCDEF"和"→! @ # $ %^ & * ( ) :;'? >"字符串，如图 4-7 所示。

解：① 4bit 数据传输：

命令字同表 4-2，但应将其拆分成两个 4bit（半字节）并分两次传入。E、RS 控制信号与数据线共用 I/O 口，因此操作时整个字节同时传入，即高字节为数据，低字节为控制信号：

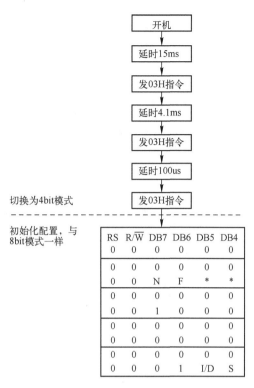

图 4-6　1602 液晶模组 4bit 接口模式初始化流程

```
#define LCD_PORT PORTC
#define LCD_EN 0x08//PC3
#define LCD_RS 0x02//PC1
```

将一个命令字分两次写入的操作：

```
LCD_PORT=(cmd&0xF0)|LCD_EN;        //传入 CMD 命令字高 4 位,同时 EN=1
LCD_PORT=cmd&0xF0;                 //EN=0
LCD_PORT=((cmd<<4)&0xF0)|LCD_EN;   //传入 CMD 命令字低 4 位,同时 EN=1
LCD_PORT=(cmd<<4)&0xF0;            //EN=0
```

图 4-7　1602 液晶模组 4bit 接口模式

② 切换成 4bit 接口模式：

8bit 接口模式为默认工作模式，根据图 4-6 所示步骤可以将其切换为 4bit 接口模式，操作如下：

```
    LCD_PORT=0x30+LCD_EN;
    LCD_PORT=0x30;
    delayms(10);
    LCD_PORT=0x30+LCD_EN;
    LCD_PORT=0x30;
    delayms(1);
    LCD_PORT=0x30+LCD_EN;
    LCD_PORT=0x30;
delayms(1);
```

③ 完整程序：包含 3 个文件：main. c、LCD4bit_driver. c 和 LCD4bit. h。main. c 文件如下：

```c
#include<iom16v. h>
#include" LCD4bit. h"
unsigned char str_1[ ] =" 0123456789ABCDEF";
unsigned char str_2[ ] =" →! @#$%^&*();;? >";
void main(void)
{
    unsigned char i;
    DDRC=0xff;
    LCD_init( );
    while(1)
    {
        LCD_display_String(0,0,str_1);
        LCD_display_String(1,0,str_2);
    }
}
```

LCD4bit_driver. c 文件内容如下：

```c
#include" LCD4bit. h"
void LCD_sent_cmd( char cmd)
{
    LCD_PORT=(cmd&0xF0)|LCD_EN;
    LCD_PORT=cmd&0xF0;
    LCD_PORT=((cmd<<4)&0xF0)|LCD_EN;
    LCD_PORT=cmd<<4)&0xF0;
    delayms(3);
}

void LCD_sent_data(unsigned char dat)
{
    LCD_PORT=((dat&0xF0)|LCD_EN|LCD_RS);
    LCD_PORT=((dat&0xF0)|LCD_RS);
    LCD_PORT=(((dat<<4)&0xF0)|LCD_EN|LCD_RS);
    LCD_PORT=(((dat<<4)&0xF0)|LCD_RS);
    delayms(3);
}

void LCD_display_String(unsigned char line,unsigned char row,unsigned char *s)
{
    unsigned char temp;
    if(line==0)temp=0x80+row;          //在 0 行+row 列显示
    else temp=0xc0+row;                //在 1 行+row 列显示
    LCD_sent_cmd(temp);
    while(*s)
    {
```

```
            LCD_sent_data( * s++);
            delayms(3);
        }
    }

    void LCD_reset(void)
    {
        delayms(20);
        LCD_PORT=0x30+LCD_EN;
        LCD_PORT=0x30;
        delayms(10);
        LCD_PORT=0x30+LCD_EN;
        LCD_PORT=0x30;
        delayms(3);
        LCD_PORT=0x30+LCD_EN;
        LCD_PORT=0x30;
        delayms(3);
        LCD_PORT=0x20+LCD_EN;
        LCD_PORT=0x20;
        delayms(3);
    }

    void LCD_init(void)
    {
        LCD_reset();                        //复位
        LCD_sent_cmd(0x02);
        LCD_sent_cmd(0x28);                 //4bit 接口模式,2 行,5×7 分辨率
        LCD_sent_cmd(0x0C);                 //无光标,无闪烁
        LCD_sent_cmd(0x06);                 //显示地址自增,无移位
    }

    void delayus(unsigned char t)
    {
        unsigned char i;
        for(i=t;i;i--);
    }

    void delayms(unsigned char t)
    {
        unsigned int j;
        unsigned char i;
        for(i=0;i<t;i++)
        for(j=0;j<1140;j++);
    }
```

LCD4bit. h 头文件内容如下:

```
    #ifndef _LCD4BIT_H
    #define _LCD4BIT_H
    #include<iom16v. h>
    #define LCD_PORT PORTC
    #define LCD_EN 0x08//PC3
    #define LCD_RS 0x02//PC1
    void delayus(unsigned char t);
    void delayms(unsigned char t);
    void LCD_reset(void);
    void LCD_sent_cmd(char cmd);
```

```
void LCD_sent_data(unsigned char dat);
void LCD_display_String(unsigned char line,unsigned char row,unsigned char *s);
void LCD_init(void);
#endif
```

任务 4.2　图文型 LCD

字符型 LCD 只能显示数字和字符，显示内容有限。图文型 LCD（又称图文点阵液晶显示器）采用像素点阵，可显示字符、汉字及图像。根据点阵大小有 128×64、320×240 等不同分辨率显示器，有的只可显示黑白图案，有的可显示灰度图案，还有的可显示 RGB 彩色图案。

图文点阵液晶显示器内部集成了驱动芯片，不同厂家生产的液晶模组使用的芯片不尽相同，且不一定兼容，但显示方式和编程原理大同小异。下面以 128×64 图文型 LCD 中常见的黑白图文驱动芯片——EPSON（爱普生）公司的 SED1565（兼容 ST7565）为例，详细介绍其使用。

4.2.1　引脚功能

SED1565 可以通过并口或串口与单片机连接，在 Proteus 中均有其模型，元器件型号为 HDG12864L-6，如图 4-8 所示，其引脚及功能如表 4-3 所示（加#号的表示低电平有效，后同）。

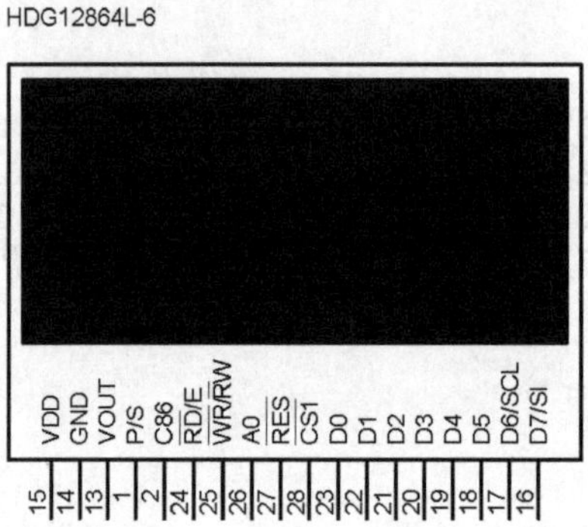

图 4-8　SED1565 引脚图

表 4-3　SED1565 引脚及其功能

引脚编号	符　号	引 脚 功 能
14	VDD	电源，工作电压范围 3~5V
15	GND	电源地
13	VOUT	对比度调节，对地接瓷片电容
27	RES#	复位端
1	P/S#	并口/串口选择（H/L），高电平选择并口，低电平选择串口
26	A0	数据/命令、状态选择端，高电平选择数据，低电平选择命令或状态
2	C86	6800/8600 总线格式选择，高电平选择 6800，低电平选择 8600
25	WR/RW#	6800 总线格式：读/写控制端；8600 总线格式：写控制端
24	RD/E	6800 总线格式：使能端；8600 总线格式：读控制端
28	CS1#	片选端，低电平选中芯片
23~16	D0~D7	数据端。并口模式时传输 8bit 并行数据，串口模式时 D7 作为串行数据输入端，D6 作为串行时钟信号端
见实物	BLA	背光电源正
见实物	BLK	背光电源负

4.2.2 显示原理

LCD 本身不具发光特性，要外接背光电路（LED 发光二极管），这样在光线不好的环境里也能看清其显示内容。实际用 SED1565 制造的液晶模组产品均已含 LED 背光电路，引脚功能定义依据生产厂家不同而不同。

本例只介绍 SED1565 并口模式应用，其在不同并口模式下的引脚功能如表 4-4 所示。

表 4-4　引脚功能

A0	6800 总线 R/W#	8600 总线 RD#	WR#	功　能
1	1	0	1	读显示数据
1	0	1	0	写显示数据
0	1	0	1	读状态
0	0	1	0	写命令

SED1565 内部有 3 种寄存器：命令/状态寄存器、地址寄存器、数据寄存器 RAM。液晶面板共有 128×64 个像素点，每个像素点用一个数字位（bit）控制，为 1 时显示，为 0 时不显示，这样共有 128×64 个数字位，对应 1024B 显存单元，使用时以字节为单位将数据写入 RAM 即可在面板中显示内容。

像素点与 RAM 的映射关系如图 4-9 所示，按列与存储字节映射，即每存放一个字节到显示 RAM，可控制 8 列显示。将显示 RAM 分成 8 页，每页 128 个字节，与屏幕像素点一一对应。一页显示结束后换下一页。字符由 8×8 点阵构成，一行可以显示 16 个字符，共显示 8 行。汉字由 16×16 点阵构成，一页可以显示 8 个汉字，共显示 4 行，换页等同于换行显示。

（a）128×64 矩阵显示屏　　　　　　　　　　　　　（b）显示 RAM

图 4-9　映射关系

命令/状态寄存器控制显示器开关、正常/反白显示、对比度调节等。地址寄存器用来存放页地址和页内列地址。当要在液晶显示器中显示内容时，必须给出页地址，确定显示在哪一行，再给出页的列地址（或列起始地址），即显示在该行的哪一列。

以显示 8×8 格式的数字"1"为例，首先将其分割为 64 个像素点组合，1 表示黑（显示），0 表示白（不显示），如图 4-10 所示；然后再按列进行编码，即代表一列的 8 位二进制数放到一个字节，这样有 0x00、0x00、0x02、0xff、0xff、0x00、0x00、0x00 共 8 个字节，这一过程叫"取模"。确定显示数字"1"的显示位置，故应给出页地址和列地址，将 8 个字节数据依次写入页地址和列地址起始的数据显示 RAM 存储器，发相应的控制命令即可在指定的位置显示数字"1"。

C0	0	0	0	1	1	0	0	0
	0	0	1	1	1	0	0	0
	0	0	0	1	1	0	0	0
	0	0	0	1	1	0	0	0
	0	0	0	1	1	0	0	0
	0	0	0	1	1	0	0	0
	0	0	0	1	1	0	0	0
C7	0	0	0	1	1	0	0	0
	0x00	0x00	0x02	0xff	0xff	0x00	0x00	0x00

图 4-10 "1" 的显示原理

汉字按 16×16 取模，图片按实际显示大小取模，可以通过专用取模软件提取字符、汉字、图片的字模（以字节为单位）。应注意的是，SED1565 是按列进行 RAM 映射的，因此取模时也应选择按列进行。

4.2.3 控制命令

控制命令如表 4-5 所示。

表 4-5 控制命令

(1) 开/关显示。写入 0xaf 开液晶显示，写入 0xae 关液晶显示										
A0	E RD#	R/W# WR#	D7	D6	D5	D4	D3	D2	D1	D0	功能	编码
0	1	0	1	0	1	0	1	1	1	1	开显示	0xaf
			1	0	1	0	1	1	1	0	关显示	0xae

(2) 设置显示行地址。有效行编号为 0~63，写入 0x40 指定第 0 行，写入 0x7f 指定第 63 行										
A0	E RD#	R/W# WR#	D7	D6	D5	D4	D3	D2	D1	D0	行号	编码
0	1	0	0	1	0	0	0	0	0	0	0	0x40
			0	1	0	0	0	0	0	1	1	0x41
					…						…	…
			0	1	1	1	1	1	1	1	63	0x7f

(3) 设定页地址。显示字符、汉字时确定其显示行位置										
A0	E RD#	R/W# WR#	D7	D6	D5	D4	D3	D2	D1	D0	页号	编码
0	1	0	1	0	1	1	0	0	0	0	0	0xb0
			1	0	1	1	0	0	0	1	1	0xb1
					…						…	…
			1	0	1	1	1	0	0	0	8	0xb8

(4) 设定列地址号。列地址分成高 4 位和低 4 位两部分输入到 SED1565，CPU 每访问一次 RAM，列地址自动加 1，以便实现连续读写操作。每页中连续的列地址增量最多不超过 0x83										
A0	E RD#	R/W# WR#	D7	D6	D5	D4	D3	D2	D1	D0	A7~A0	页号	编码
0	1	0	0	0	0	1	A7	A6	A5	A4	0x00	0	0xb0
			0	0	0	0	A3	A2	A0	1	0x1	1	0xb1
					…						…	…	…
			1	0	1	1	1	0	0	0	0x83	131	0xb8

(5) 状态寄存器

A0	E RD#	R/W# WR#	D7	D6	D5	D4	D3	D2	D1	D0
0	0	1	BUSY	ADC	ON/OFF	RESET	0	0	0	0

BUSY：忙状态，为 1 时忙，不能进行数据读写，为 0 时闲，能进行读写操作。

ADC：列驱动线 SEG 与列地址映射。为 1 时列驱动线与列地址映射关系为 131−n＝SEG−n，为 0 时 n＝SEG−n。改变 ADC 可以改变显示极性

(6) 显示数据写。将显示数据写入指定的显示 RAM，列地址具有自增功能，每写一次数据，列地址自动加 1

A0	E RD#	R/W# WR#	D7	D6	D5	D4	D3	D2	D1	D0
1	1	0				写入数据				

(7) 显示数据读。读出指定的显示 RAM 数据，每读一次，列地址自动增 1，故一次可以读出多个字节数。在串行模型下不能进行数据读操作

A0	E RD#	R/W# WR#	D7	D6	D5	D4	D3	D2	D1	D0
1	0	1				读出数据				

(8) ADC 驱动选择。通过该命令可以实现正常显示和反褶显示

A0	E RD#	R/W# WR#	D7	D6	D5	D4	D3	D2	D1	D0	编码	功能
0	1	0	1	0	1	0	0	0	0	0	0xa0	正常显示
			1	0	1	0	0	0	0	1	0xa1	反褶显示

(9) 反白显示。通过该命令可以控制显示内容正常显示和反白显示，实际等同于将 RAM 中的数据进行取反操作，这样原来正常显示的被"掏心"

A0	E RD#	R/W# WR#	D7	D6	D5	D4	D3	D2	D1	D0	编码	功能
0	1	0	1	0	1	0	0	1	1	0	0xa6	正常显示
			1	0	1	0	0	1	1	1	0xa7	反白显示

(10) 全屏显示。通过该命令控制屏幕全白或全黑，生产测试时有用

A0	E RD#	R/W# WR#	D7	D6	D5	D4	D3	D2	D1	D0	编码	功能
0	1	0	1	0	1	0	0	1	0	0	0xa4	正常显示
			1	0	1	0	0	1	0	1	0xa5	全屏显示

(11) 电压设置。设置模组驱动工作电压

A0	E RD#	R/W# WR#	D7	D6	D5	D4	D3	D2	D1	D0	编码	功能
0	1	0	1	0	1	0	0	0	1	0	0xa2	1/9
			1	0	1	0	0	1	1	1	0xa3	1/7

(12) 读/修改/写指令。与"结束"指令配套使用。执行该命令后，读显示 RAM 数据不会改变存储器列地址，写数据命令不受影响。只有写入"结束"命令时才能取消该命令。当写入"结束"命令时，列地址值还原为读/修改/写指令输入时的列地址值。该命令用于执行特定操作时减轻 CPU 负担，如执行光标闪烁

A0	E RD#	R/W# WR#	D7	D6	D5	D4	D3	D2	D1	D0	编码
0	1	0	1	1	1	0	0	0	0	0	0xe0

（13）结束指令。用于结束"读/修改/写"指令，执行"结束"命令时返回读/修改/写前的列地址值，其操作时序如图所示

A0	E RD#	R/W# WR#	D7	D6	D5	D4	D3	D2	D1	D0	编码
0	1	0	1	1	1	0	0	0	0	0	0xe0

（14）复位指令。用于芯片复位

A0	E RD#	R/W# WR#	D7	D6	D5	D4	D3	D2	D1	D0	编码
0	1	0	1	1	1	0	0	0	1	0	0xe2

（15）显示方式选择

A0	E RD#	R/W# WR#	D7	D6	D5	D4	D3	D2	D1	D0	编码	功能
0	1	0	1	1	0	0	0	x	x	x	0xc0	COM0~COM63
			1	1	0	0	1	x	x	x	0xc8	COM63~COM0

（16）电源控制设定

A0	E RD#	R/W# WR#	D7	D6	D5	D4	D3	D2	D1	D0	模式选择
0	1	0	0	0	1	0	1	0			升压电路关
								1			升压电路开
									0		电压调节电路开
									1		电压调节电路关
										0	电压跟随开
										1	电压跟随关

（17）V5电压调节器内部电阻率设置

A0	E RD#	R/W# WR#	D7	D6	D5	D4	D3	D2	D1	D0	Rb/Ra比
0	1	0	0	0	1	0	0	0	0	0	最小
			0	0	1	0	0	0	0	1	
			0	0	1	0	0	0	1	0	
			0	0	1	0	0	0	1	1	
						...					...
			0	0	1	0	0	1	1	1	最大

【项目拓展】

任务4.3 图文液晶显示

1. 任务要求

在SED15651液晶模组上循环显示"我爱实验室"5个汉字及1副128×64点阵图片。

2. 设计思路

汉字通常使用16×16点阵显示，使用软件将要显示的汉字按列进行取模，然后分两页

显示，第1页显示上半截，第2页显示下半截，每页16列，给出汉字起始页、列地址即可在指定位置显示任意汉字或字符。

图片显示稍为简单，使用软件对128×64图片按列取模，然后存于数组中，从第0页、第0列位置开始填充数据，超过128后修改页地址（SED1565可自动改变列地址），写完第8页后图片显示完成。

3. 任务实施

仿真原理图如图4-11（a）所示，定义程序模块如表4-6所示。

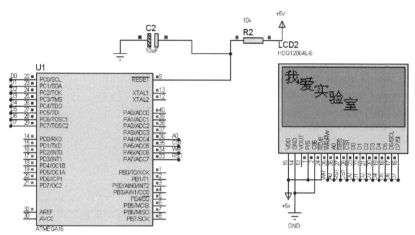

（a）仿真原理图

（b）仿真结果

图4-11　仿真原理图

表4-6　程序模块说明

模　　　块	功　能　说　明
WriteData(INT8U data)	写数据到SED1565
WriteCmd(INT8U Cmd)	写命令到SED1565
ClearScreen( )	清屏
Set_Line(INT8U Line)	设置页地址（0~7）
Set_Column(INT8U Column)	设置行地址（0~127）
SetOnOff(INT8U State)	打开SED1565
Reset( )	复位
Show16x16(INT8U Line, INT8U Column, const INT8U *p)	在x、y指定的页、行地址显示16×16点阵汉字，行字模由p指针指向
Port_Init( )	CPU端口初始化
Sed1565_Init( )	SED1565初始化
Img_Disp(const INT8U *img)	显示128×64点阵图片（1024个字节），由img指向
Test_Hanzi( )	显示测试汉字

编程如下：

```
#include<iom16v.h>
#include" delay.h"
//定义相关数据类型
#define INT8U unsigned char                       //8 位
#define INT16U unsigned int                       //16 位
//SED1565 数据或指令通道
#define A0_H PORTA|=1<<PA4                         //数据
#define A0_L PORTA&=~(1<<PA4)                      //命令
//SED1565 片选信号
#define CS1_H PORTA|=1<<PA5
#define CS1_L PORTA&=~(1<<PA5)
////SED1565 写信号
#define WR_H PORTA|=1<<PA6
#define WR_L PORTA&=~(1<<PA6)
//SED1565 复位信号
#define RST_H PORTA|=1<<PA7
#define RST_L PORTA&=~(1<<PA7)
//数据口
#define DATA_PORT PORTC
//延时
#define _nop_()asm("nop")
//LCD 供电电平选择
#define   LCD_VDD_SET   LCD_SETR_4                 //5.0V 供电时选此二项
#define   LCD_VDD       LCD_BIAS_9                 //...
//#define LCD_VDD_SET   LCD_SETR_7                 //3.3V 供电时选此二项
//#define LCD_VDD       LCD_BIAS_9                 //...
//SED1565 指令
//设置上电控制模式
#define   LCD_POWER_NOR   0x28
#define   LCD_POWER_SY    0x2c
#define   LCD_POWER_SY_DY 0x2e
#define   LCD_POWER_ALL   0x2f
//V5 内部电压调节电阻设置
#define   LCD_SETR_0   0x20
#define   LCD_SETR_1   0x21
#define   LCD_SETR_2   0x22
#define   LCD_SETR_3   0x23
#define   LCD_SETR_4   0x24
#define   LCD_SETR_5   0x25
#define   LCD_SETR_6   0x26
#define   LCD_SETR_7   0x27
#define   LCD_ELE_VOL   0x81                       //电量设置模式(显示亮度)
//偏压设置
#define   LCD_BIAS_9   0xa2                        //5.0V 供电时选此选项设置
#define   LCD_BIAS_7   0xa1                        //3.3V 供电时选此选项设置
//Com 扫描方式设置命令
#define   LCD_COM_NOR   0xc0                       //正常方式
#define   LCD_COM_REV   0xc8                       //反向
//Segment 方向选择--ADC 选择
#define   LCD_SEG_NOR   0xa0                       //正向
#define   LCD_SEG_REV   0xa1                       //反向
//全屏点亮/变暗指令
#define   LCD_ALL_LIGNT   0xa5                     //全屏点亮
#define   LCD_ALL_LOW   0xa4                       //正常显示模式
```

```
//正向反向显示控制指令,RAM 中数据不变
#define   LCD_ALL_NOR   0xa6                //正向
#define   LCD_ALL_   0xa7                    //反向
//静态指示器控制指令
#define   LCD_STATIC_ON 0xad                //ON
#define   LCD_STATIC_OFF 0xac               //OFF
//设置显示起始行对应 RAM 行号
#define   LCD_BEGIN_LINE 0x40               //基数,后面可加的尾数为 0~63
/*定义图库或者字库时,要在前面加上 const,让编译器把数据写在 flash 或者 SDRAM 中,不然会
导致编译错误*/
//字库,定义类型要跟调用的指针一致
const INT8U wo[ ] = {0x20,0x24,0x24,0x24,0xFE,0x23,0x22,0x20,0x20,0xFF,0x20,0x22,0x2C,
0xA0,0x20,0x00,0x00,0x08,0x48,0x84,0x7F,0x02,0x41,0x40,0x20,0x13,0x0C,0x14,0x22,0x41,
0xF8,0x00};
/*"我",其他汉字使用取模软件取模*/
//图库,定义类型要跟调用的指针一致
const INT8U mycar[ ] =
{
      //使用取模软件对一副 128×64 图片按列取模后,将取模的 1024 个字节存于此
};
//函数声明
void WriteData(INT8U data);
void WriteCmd(INT8U Cmd);
void ClearScreen(void);
void Set_Line(INT8U Line);
void Set_Column(INT8U Column);
void SetOnOff(INT8U State);
void Reset(void);
void Show16x16(INT8U Line,INT8U Column,const INT8U *p);
void Port_Init(void);
void Sed1565_Init(void);
void Img_Disp(const INT8U  *img);
void Test_Hanzi(void);
//往 SED1565 写显示数据
void WriteData(INT8U data)
{
  A0_H;                                   //写数据
  CS1_L;
  RST_H;
  WR_L;
  DATA_PORT=data;
  _nop_();
  WR_H;                                   //产生上升沿,数据被写入
  CS1_H;
}
//往 SED1565 写指令
void WriteCmd(INT8U Cmd)
{
  A0_L;                                   //写命令
  CS1_L;
  RST_H;
  WR_L;
  DATA_PORT=Cmd;
  _nop_();
  WR_H;                                   //产生上升沿,数据被写入
  CS1_H;
```

```c
}
//清屏
void ClearScreen(void)
{
    INT16U i,j;
    for(i=0;i<8;i++)                            //8 页
    {
        WriteCmd(0xb0+i);                       //设置页地址
        WriteCmd(0x10);                         //设置列地址高四位
        WriteCmd(0x0);                          //设置列地址低四位
        for(j=0;j<128;j++)                      //128 列
        {
            WriteData(0x00);                    //擦除数据,变空白
        }
    }
}
//设定页地址 x:0~7
void Set_Line(INT8U Line)
{
    Line&=0x07;//0<<Line<<7
    Line|=0xb0;
    WriteCmd(Line);
}
//设定列地址 y:0~127
void Set_Column(INT8U Column)
{
    INT8U Column_H,Column_L;
    Column&=0x7f;//0<<Column<<127
    Column_H=Column&0xf0;                       //列地址高四位
    Column_H=Column>>4;
    Column_L=Column&0x0f;                       //列地址低四位
    Column_H|=0x10;
    Column_L|=0x00;
    WriteCmd(Column_H);
    WriteCmd(Column_L);
}
//液晶开关显示 1:开显示 0:关显示
void SetOnOff(INT8U State)
{
    State|=0xae;
    WriteCmd(State);
}
//复位
void Reset(void)
{
    RST_L;
    delay_nus(200);
    RST_H;
}

//显示一个 16×16 的汉字
//Line:0~7
//Column:0~127
// *pt:显示字的首地址
void Show16x16(INT8U Line,INT8U Column,const INT8U *pt)
//指针形参和实参定义要一致,否则会出现编译错误
```

```
    {
        INT8U i,j,Column_temp;
        WriteCmd(0xa1);                     //反向显示(即从左到右显示)
        Column_temp=Column;                 //暂存列地址数据
        for(j=0;j<2;j++)
        //修改i,j的值可以显示其他大小的汉字(比如8×16,12×12,128×64...)或字符
        {//0<i<128,0<<j<8
            Column=Column_temp;
            Set_Column(Column);             //设置起始列
            Set_Line(Line+j);               //设置页
            for(i=0;i<16;i++)
            {
                WriteData( *pt);            //写显示数据
                *pt++;
                Column++;
            }
        }
    }
}
//显示一个128×64的图片
// *img:显示图片的首地址
void Img_Disp(const INT8U *img)
//指针形参和实参定义要一致,否则会出现编译错误
{
    INT8U i,j,Column_temp;
    INT8U Column=0,Line=0;
    WriteCmd(0xa1);                     //反向显示(即从左到右显示)
    Column_temp=Column;                 //暂存列地址数据
    for(j=0;j<8;j++)
    {
        Column=Column_temp;
        Set_Column(Column);             //设置起始列
        Set_Line(Line+j);               //设置页
        for(i=0;i<128;i++)
        {
            WriteData( *img);           //写显示数据
            *img++;
            Column++;
        }
    }
}
//端口初始化
void Port_Init(void)
{
    DDRA=0XF0;
    PORTA=0XF0;
    DDRC=0XFF;
    DATA_PORT=0X00;
}
//SED1565初始化
void Sed1565_Init(void)
{
    Reset();                            //复位
    SetOnOff(1);                        //显示开
    WriteCmd(LCD_POWER_ALL);            //设置上电控制模式
    WriteCmd(LCD_ELE_VOL);              //电量设置模式(屏幕亮度)//0x81-0xff
    WriteCmd(0x38);                     //指令数据0x0000~0x003f
```

```
    WriteCmd(LCD_VDD_SET);                //内部电压调节电阻设置//0x20-0x27
    WriteCmd(LCD_VDD);                    //偏压设置//1/9 偏压
    WriteCmd(LCD_COM_NOR);                //COM 扫描方式设置(0xc8 反向)//上下翻转
    //WriteCmd(LCD_COM_REV);              //反向~~
    WriteCmd(LCD_SEG_REV);                //segment 反向选择(0xa1 反向)//左右翻转
    //WriteCmd(LCD_SEG_NOR);              /*反向~~//改变这 2 项可改变屏上下的方向,但
    左右会错位 4 列,可修改函数 Write_Dot_LCD 中的 X=X+4 为 X+0 解决*/
    WriteCmd(LCD_ALL_LOW);                //全屏点亮变暗指令,LOW 为正常模式,正常显示
    //WriteCmd(LCD_ALL_LIGNT);            //全屏点亮(所有点都显示)指令
    WriteCmd(LCD_ALL_NOR);                //正向反向显示控制指令
    //WriteCmd(LCD_ALL_);                 //反向~~//改变此项可使液晶反显
    WriteCmd(LCD_STATIC_OFF);             //关闭静态指示器
    WriteCmd(0x00);                       //指令数据
    WriteCmd(LCD_BEGIN_LINE);             //设置显示起始行对应 RAM
    ClearScreen();
}
void Test_Hanzi(void)                     // *-我-*//
{
    Show16x16(0,0,wo);
}
void main(void)
{
    Port_Init();
    Sed1565_Init();
    while(1)
    {
        Test_Hanzi();
        delay_nms(1000);
        ClearScreen();
        Img_Disp(mycar);
        delay_nms(1000);
        ClearScreen();
    }
}
```

4. 调试分析

导入 HEX 文件,运行程序,观察结果。实际使用时可将该程序以 ".C" 文件形式构建,实现模块化编程,方便应用时调用。

【项目总结】

项目 3、项目 4 为典型的输入输出人机交互接口应用。通过键盘给单片机输入命令、数据,让单片机明白操作者意图,并将执行结果通过数码管、LCD 显示出来。1602 液晶模组使用简单、成本低廉,有 8bit 接口和 4bit 接口两种模式,使用 4bit 接口模式时可以节约单片机 I/O 口,简化硬件设计。

128×64 图文点阵液晶模组可显示丰富多变的信息,在门禁、POS 机等产品中广泛应用。本项目所使用的 128×64 点阵液晶显示驱动芯片为 SED1565,可以直接在 Proteus 中仿真。此外,实际中常见的 128×64 点阵液晶显示驱动芯片还有 ST7565、ST7567、ST7920、T6963C、RA6963、SH1106 等,它们显示原理大同小异,内部编程、接口略有不同,使用时读者可自行查阅相关资料。还有一些液晶模组内置了国标汉字库,不用自行取模,显示汉字时操作非常简单。在制造工艺方面,一些液晶模组采用了 COG(Chip On Glass)技术,将驱动芯片直接绑定在玻璃上,体积小、工艺简单、生产加工方便,便于安装。

【项目练习】

1. 简述矩阵式键盘的结构和编程思路。

2. 旋转编码开关有什么特点？如何使用？

3. 编程：在六位一体的共阳极数码管中显示数字 123456。

4. 编程：实现按不同按钮，发出不同声音。PA 口接 4 个按钮 K0~K3，PD0 驱动扬声器。按下 K0 时扬声器发出"嘟"一声，持续时间为 0.5ms，按下 K1 时扬声器发出"嘟嘟"两声，按下 K2 时扬声器发出"嘟嘟嘟"三声，按下 K3 时扬声器发出"嘟嘟嘟嘟"四声。

5. 编程：将项目 4 的 LCD 显示改为用图文点阵液晶显示（4bit 接口模式），在 ICCV7 for AVR 中实现。

6. 编程：编写 SED1565 液晶显示程序，在液晶中显示"单片机编程"，使用取模软件对汉字进行取模。

7. 编程：编写 SED1565 液晶显示程序，在液晶中显示一副 128×64 黑白图像。

8. 编程：在 1602 液晶模组中显示"Hello AVR"，在 Proteus 中仿真，LCD 元器件编码为 LM016L，4bit 接口模式，使用 ATtiny 44 单片机。

9. 编程：在一块 8×8 红色 LED 点阵屏中循环显示数字 1~4，在 Proteus 中仿真，元器件编号为 MATRIX-8X8-RED。

模块 3 中断和定时/计数器

项目 5 过流监控保护装置

【工作任务】

1. 任务表

训练项目	设计过流监控保护装置：实时监测负载电流，当发生过流时，控制继电器立即切断外部电路，电路正常后恢复外部供电。用不同颜色 LED 灯指示电路工作状态
学习任务	(1) 数据传输方式。 (2) 中断的定义与类型。 (3) ATmega 单片机中断系统。 (4) 中断寄存器。 (5) 外部中断触发方式。 (6) 中断操作
学习目标	**知识目标：** (1) 了解数据传输方式。 (2) 掌握中断的定义及其类型。 (3) 了解 ATmega16 单片机的中断系统。 (4) 掌握中断寄存器的操作。 (5) 掌握中断初始化操作。 (6) 掌握中断函数编写方法。 **能力目标：** (1) 应用外部中断的能力。 (2) 电路分析能力。 (3) 编写中断程序的能力。 (4) 针对不同型号的 AVR 单片机的中断编程应用能力。 (5) 在不同 AVR 编译器下进行中断编程的能力。 (6) 复杂程序集成能力
参考学时	4

2. 功能要求

实时检测负载运行状态，当发生过流时立即切断供电，以防止设备损坏，使用单片机的外部中断实现。工作电源为直流+12V，执行元器件为单刀双掷继电器，正常时接常闭触点，用两个功率为 12W 的灯泡 L1、L2 模拟负载运行状态，使用开关 K 模拟负载过流状态。正常时只有 L1 工作，当 K 闭合时 L1、L2 同时工作，电路中电流强度加倍，通过过流检测电路触发单片机外部中断 INT0 并控制继电器吸合，切断外部电路，同时点亮红色 LED 灯（D1）。断开开关 K 后解除电路过流，按下 RES 按键后触发外部中断 INT1，检测到过流消失后，点亮绿色 LED 灯（D2），熄灭红色 LED 灯（D1），控制继电器断开，外部电路恢复供电。CPU 选择 ATmega8 单片机，在 Atmel Studio7 中编程，在 Proteus 中仿真实现。

3. 设计思路

1) 电流检测

根据功能要求可以绘制电路过流监控保护装置的硬件原理图，如图 5-1 所示。电路额定工作电压为 12V，L1、L2 额定功率为 12W，内阻为 12Ω，正常时只有 L1 所在电路中有电流流过，强度为 1A。U1 为 LM258 （"轨到轨"运放），由 U1A 组成的电路负责检测电路中电流，其中 R1 为检流电阻，负载电流在 R1 两端产生压降 UR1 （为与软件自动生成的硬件原理图保持一致，本书以正体且下标平排的方式显示电压等电量的代号）。由于流过 R1 的电流与负载电流方向是相反的，因此在 R1 两端产生的压降为左负、右正，即

$$UR1 = -iL \times R1$$

UR1 经过 U1A 被反向放大 R3/R2 倍，则在数值上存在如下关系：

$$U1A = R3 \times UR1 / R2 = 100 \times UR1 = iL$$

可见，虽然检测到的 UR1 为负极性，但经过 U1A 放大后，UR1 就变成了正极性电压，且通过参数调整使得 iL 在数值上与 U1A 的电压相等，即当负载电流为 1A 时，U1A 电压为 1V，当负载电流为 2A 时，U1A 电压为 2V，这对后续电路参数调整非常方便。

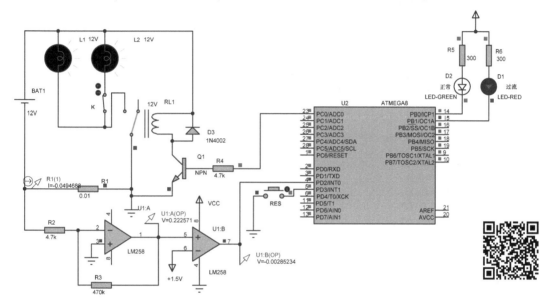

图 5-1　硬件原理图

2）中断触发信号调理

图 5-1 中 U1B 运放作为电压比较器，输出接单片机外部中断 INT0，输入 V- （6 脚）接比较参考电压，输入 V+ （5 脚）接 U1A 输出电压，V+接入的电压值反映了负载电流大小。当 U1B 的 V+引脚电压值小于 V-引脚电压值时输出低电平，反之则输出高电平。根据前面分析可知，负载正常工作时 U1A 输出电压为 1V，负载过流时 U1A 输出电压为 2V，可以设置 V-引脚所接比较参考电压为+1.5V，因此当电路工作正常时 U1B 输出低电平，当电路工作异常时 U1B 输出高电平，U1B 产生的由负到正的上升沿脉冲跳变，将触发 INT0 外部中断。

3）中断触发方式

由以上分析及图 5-1 可知，外部中断 INT0 设置为上升沿触发，外部中断 INT1 设置为下降沿触发。

4. 任务实施

硬件仿真电路见图 5-1。

程序有三个部分：主程序、INT0 中断服务程序（中断函数）、INT1 中断服务程序（中断函数）。为了便于操作，对控制对象进行宏定义，如 ON 操作定义如下：

```
#define Green_LED_ON      PORTB&=~(1<<PB0)
#define RED_LED_ON        PORTB&=~(1<<PB1)
#define Relay_ON          PORTC|=1<<PC0
```

OFF 操作的宏定义方法类似。

应对中断寄存器进行编程，设置外部中断触发方式并使能，开启总中断，操作如下：

```
GICR|=1<<INT1|1<<INT0;                      //打开 INT0 中断
MCUCR=1<<ISC11|1<<ISC01|1<<ISC00;           //设置低电平触发
GIFR|=0xe0;                                 //清除中断标志，避免误中断
sei();                                      //开总中断
```

完整源程序如下：

```
#include<avr/io.h>
#include<avr/interrupt.h>                   //加入中断头文件
#define Green_LED_ON      PORTB&=~(1<<PB0)
#define Green_LED_OFF     PORTB|=1<<PB0
#define RED_LED_ON        PORTB&=~(1<<PB1)
#define RED_LED_OFF       PORTB|=1<<PB1
#define Relay_ON          PORTC|=1<<PC0
#define Relay_OFF         PORTC&=~(1<<PC0)
int main(void)
{
  DDRB=0x03;
  DDRC=0x01;
  DDRD&=0xf3;                               //INT0、INT1
  SFIOR&=0xfb;                              //打开上拉电阻
  PORTD=0x0c;
  Green_LED_ON;
  RED_LED_OFF;
  Relay_OFF;
  GICR|=1<<INT1|1<<INT0;                    //打开 INT0 中断
  MCUCR=1<<ISC11|1<<ISC01|1<<ISC00;         //设置低电平触发
  GIFR|=0xe0;                               //清除中断标志，避免误中断
  sei();                                    //开总中断
  if(PIND&0x04)                             //通电瞬间检测到过流
  {
    Green_LED_OFF;
    RED_LED_ON;
    Relay_ON;
  }
  while(1);
}
SIGNAL(INT0_vect)                           //INT0 中断函数，过流
{
  RED_LED_ON;
  Green_LED_OFF;
  Relay_ON;
}
SIGNAL(INT1_vect)                           //INT1 中断函数，复位
{
  if((PIND&0x04)==0)                        //检测过流是否解除
  {
    Green_LED_ON;
    RED_LED_OFF;
```

```
                Relay_OFF;
        }
    }
```

5. 调试分析

在 Atmel Studio 7 中编辑好程序后按 F7 键进行编译，将 HEX 文件导入 Proteus 中，在确保 K、RES 开关断开的前提下，运行仿真，按如下步骤进行功能测试：

（1）开始时 L1 亮，闭合开关 K，红灯亮，绿灯灭，继电器吸合，L1 灭，按 RES 键无任何反应。

（2）保持开关 K 闭合，红灯亮，绿灯灭，继电器吸合，负载断电，断开开关 K，按下开关 RES，红灯灭、绿灯亮，继电器断开，L1 亮。

（3）停止仿真运行，闭合开关 K，重新运行仿真，红灯亮，绿灯灭，继电器吸合，L1 灭。

步骤（1）是模拟电路发生了过流，系统监测到异常并切断了外部供电，但由于过流没有解除，所以按复位开关 RES 不起任何作用。步骤（2）是模拟电路发生了过流，系统检测到异常并切断了外部供电，排除了故障（断开 K）后，再按 RES，外部电路重新接通。步骤（3）是模拟刚通电系统便检测到有过流发生，相关操作编程见程序注释。

若要改成在 ICCV7 for AVR 编译器中实现上述功能，则改动中断函数及中断向量、总中断使能控制语句即可，读者可自行完成。

【知识链接】

任务 5.1　中断概述

中断是单片机的某个部件突然向 CPU 发起一个执行请求，CPU 暂时停止（中断）当前操作，转而处理该请求，并在执行完该请求后自动返回到先前断点处继续执行被中断的程序的过程。中断是单片机传输数据、处理实时事件的一种常用方式。在单片机中，有如下几种常见的数据传输方式。

5.1.1　数据传输方式

1. 无条件传输

顾名思义，无条件传输指数据传输是无限制条件的，任何时候都可以传输。对寄存器的初始化可以被认为是一种无条件传输。

2. 查询方式传输

单片机不断查询外部条件，只有外部条件满足以后才进行数据传输，执行相应操作。如前述的键盘的读取可以看成是查询方式传输。再如，在 1602 液晶显示模组中，只有 1602 芯片当前不忙时才能发送新的显示数据，可以通过查询 Busy 标志位来判断，这就是查询方式传输。实际中为了方便，过一段时间后可以认为 1602 芯片已"不忙"，直接发送新的数据进去，这就是无条件传输。

3. 中断方式传输

中断方式是"切断"主程序的一种数据传输方式，它会迫使系统暂时中止正在执行的操作，转而去执行另外的操作，当将该操作执行完以后再恢复先前被中止的程序，继续执行。

4. DMA 方式传输

DMA（Direct Memory Access）即存储器直接访问。主机直接访问目的机存储器，而不需要目的机或主机 CPU 的参与，是一种快速数据传输方式。

无条件传输和查询方式传输的实时性不强。使用无条件传输时，如果一个事件发生，则有可能直接错过，导致 CPU 没能处理该事件。使用查询方式时，事件的发生具有随机性和突发性，事件从发生到被 CPU 查询到要经过一段时间，在对实时性要求高的场合会因 CPU 查询不及时而产生错误。

中断方式就不一样。中断的发生具有随机性，只要一发生中断就会触发 CPU 中断系统，迫使系统立即停止正在执行的操作，转而去执行中断所请求的操作。通过中断 CPU 能及时、有效地处理中断事件，所以中断方式是一种可靠的、实时性好的数据传输和处理方法。

DMA 方式适合大批量、高速数据传输，在高档单片机、DSP 系统、ARM 系统中较常见。

5.1.2 中断的特点及类型

触发中断的事件称为中断源，在单片机系统里面，有很多不同事件可以触发中断。

1. 中断特点

（1）通过中断方式增强了**单片机**处理问题的实时性。

（2）实现分时操作，提高了 CPU 的工作效率。

（3）可以进行故障处理，特别是紧急故障处理。

（4）通过中断方式可以实现人机交互。

（5）可以实现待机状态下的唤醒，使系统恢复到正常工作方式。

2. 中断分类

根据中断源不同及中断类型不同，有如下几种中断：

（1）内部中断。中断源在单片机内部，内部相关部件直接向 CPU 申请中断。

（2）外部中断。中断源在单片机外部，外部的中断源通过芯片外部引脚向 CPU 申请中断。

（3）可屏蔽中断。可以通过软件指令打开（使能）和关闭（屏蔽）的中断。

（4）非可屏蔽中断。无法由软件控制的中断，任何时候都有效。

当一个可屏蔽的中断源向 CPU 申请中断时，必须先由指令使能它，否则 CPU 不会响应；而非可屏蔽中断由于无法通过软件控制，只要其发生，就立即被响应。

任务 5.2 ATmega16 的中断系统

ATmega16 单片机共有 21 个中断源，包括 RESET（非可屏蔽中断源，不能通过软件控制）、3 个外部中断源（INT0、INT1、INT2）和 17 个内部中断源，它们的具体意义和使用方法将在后文详细介绍。

5.2.1 中断源、中断向量与中断优先级

RESET 复位中断是一个特殊的中断源，是 AVR 中唯一不可屏蔽的中断源。当 ATmega16 由于各种原因被复位后，系统将跳到复位中断向量处（默认为 0000H）执行程序。

每一个中断源均有其对应的中断服务函数的入口地址，称为中断向量地址。当中断发生以后，CPU 中止当前操作，转而跳转到中断源对应的中断向量地址处执行中断服务函数。除 RESET 中断源外，系统为每一个中断源分配了一个中断向量符号（该符号会随编译器不同而略有不同），所有中断向量地址按其中断向量符号顺序放置于中断向量表（起始位置默认为 0000H）。Atmel Studio 编译器中的中断源与中断向量对应关系如表 5-1 所示。

表 5-1　Atmel Studio 编译器中断源与中断向量关系表

向量号	中断向量符号	中　断　源	中　断　说　明
0		RESET	复位中断,对应外部引脚、看门狗等
1	INT0_vect	INT0	外部中断 0
2	INT1_vect	INT1	外部中断 1
3	TIMER2_COMP_vect	TIMER2COMP	定时器 2 比较匹配中断
4	TIMER2_OVF_vect	TIMER2OVF	定时器 2 溢出中断
5	TIMER1_CAPT_vect	TIMER1CAPT	定时器 1 捕捉中断
6	TIMER1_COMPA_vect	TIMER1COMPA	定时器 1 比较匹配器 A 中断
7	TIMER1_COMPB_vect	TIMER1COMPB	定时器 1 比较匹配器 B 中断
8	TIMER1_OVF_vect	TIMER1OVF	定时器 1 溢出中断
9	TIMER0_OVF_vect	TIMER0OVF	定时器 0 溢出中断
10	SPI_STC_vect	SPISTC	SPI 串行传输结束中断
11	USART_RXC_vect	USARTRXC	USART 串口接收结束中断
12	USART_UDRE_vect	USARTUDRE	USART 串口缓冲空中断
13	USART_TXC_vect	USARTTXC	USART 串口发送结束中断
14	ADC_vect	ADC	A/D 转换结束中断
15	EE_RDY_vect	EE_RDY	EEPROM 就绪
16	ANA_COMP_vect	ANA_COMP	模拟比较器中断
17	TWI_vect	TWI	TWI 串口中断
18	INT2_vect	INT2	外部中断 2
19	TIMER0_COMP_vect	TIMER0_COMP	定时器 0 比较匹配中断
20	SPM_RDY_vect	SPM_RDY	保存程序存储器就绪

当有多个中断源同时向 CPU 请求中断时便会产生中断优先问题,即最先响应哪个中断源。AVR 不支持软件重定义中断源的优先级,其每个中断源的优先级别是固定的,是不可更改的。在表 5-1 中第 1 列数值大小代表了中断源的优先级别,向量号越小的中断源其优先级别越高,反之越低。显然,RESET 优先级最高,SPM_RDY 优先级最低。CPU 在执行中断服务函数中会自动关闭全局中断使能,此时其他中断无法被响应,用户可以在中断服务函数中打开全局中断,以实现中断的嵌套。

5.2.2　中断标志及中断响应

单片机 CPU 在每个时钟周期内均会对中断源的中断请求及其条件进行采样。当有中断产生时,CPU 的中断系统会自动给出相应标志,将寄存器的相关位置"1",以便向 CPU 提出中断请求。

若中断条件满足,CPU 立即响应该中断请求,并将中断标志位清零,再转到中断源对应的中断向量地址处执行中断服务函数,也可以在中断服务函数中向标志寄存器写"1",以手动清除中断标志位。

若中断条件不满足,如全局中断被屏蔽或某中断源被屏蔽时,CPU 不会立即响应该中断,则该中断标志将会一直保持,直到中断条件满足并得到响应为止。

极个别的中断不设中断标志,只要中断条件满足(外部输入低电平)便会一直向 CPU 发出中断申请,而并不产生中断标志。

5.2.3　INTx 外部中断

ATmega16 共有 INT0、INT1 和 INT2 三个外部中断源,分别由芯片外部引脚 PD2、PD3、PB2 连到中断系统,接收外部元器件的中断请求。系统将这三个引脚的电平或状态变化作为中断触发信号,其中INT0和INT1共有4种中断触发方式,INT2只有2种中断触发方式,如表5-2所示。

表5-2　外部中断触发方式

触发方式	中断源			备注
	INT2	INT1	INT0	
上升沿触发	1(异步)	1	1	
下降沿触发	1(异步)	1	1	
上升沿、下降沿均触发	0	1	1	
低电平触发	0	1	1	无中断标志位
说明:(1)"1"表示有该项功能,"0"表示没有;(2)INT2支持异步中断触发				

1. 同步中断

CPU在I/O同步时钟信号控制下每周期采样INT0和INT1对应引脚上的上升沿或下降沿变化,由于需要I/O同步时钟信号,属于同步边沿触发中断。显然,若CPU的主时钟信号源停止工作,上述采样就无法完成了。

2. 异步中断

CPU对INT2对应引脚上的上升沿或下降沿变化或INT0/INT1的低电平状态的采样不用经过I/O同步时钟信号驱动,而通过额外的异步时钟信号来驱动,属于异步中断触发。这类触发类型的中断源可作为外部中断源。

低电平触发不带中断标志,只要PD2或PD3保持低电平,便一直产生中断申请。如果低电平维持时间过长,会导致程序反复中断,直至死机。因此,在中断后,应该有破坏中断条件产生的操作,使外部INT引脚上低电平消失。

低电平中断的重要应用是唤醒处于休眠模式的CPU。当CPU休眠时,其系统时钟信号源往往处于停止工作状态,使用低电平中断可以将CPU唤醒,而这一功能是边沿中断不能代替的,因为边沿信号的检测需要系统时钟信号。

3. 中断寄存器

在ATmega16中,除了寄存器SREG中的全局中断允许标志位I,与外部中断有关的寄存器有4个,共有11个位,其作用为保存外部中断标志、控制中断使能、定义外部中断的触发方式等。

(1)中断控制寄存器MCUCR:

位	7	6	5	4	3	2	1	0	
MCUCR	SM2	SE	SM1	SM0	ISC11	ISC10	ISC01	ISC00	
	R/W	R/W	R/W	R/W	R/W	R/W	R/W	R/W	读/写
	0	0	0	0	0	0	0	0	初始值

MCUCR寄存器的低4位为ISC01、ISC00(INT0)和ISC11、ISC10(INT1),为中断触发类型控制位,中断触发方式如表5-3所示。

表5-3　INT0/INT1中断触发方式

控制INT1		控制INT0		中断触发方式
ISC11	ISC10	ISC01	ISC00	
0	0	0	0	低电平触发
0	1	0	1	下降沿上升沿均触发
1	0	1	0	下降沿触发
1	1	1	1	上升沿触发

（2）控制和状态寄存器 MCUCSR：

位	7	6	5	4	3	2	1	0	
MCUCSR	JTD	ISC2	-	JTRF	WDRF	BORF	EXTRF	PORF	
	R/W	R/W	R/W	R/W	R/W	R/W	R/W	R/W	读/写
	0	0	0			5 个 reset 值			初始值

ISC2：为 0 时 INT2 下降沿产生一个异步中断请求，为 1 时上升沿产生一个中断请求。

（3）通用中断控制寄存器 GICR：

位	7	6	5	4	3	2	1	0	
GICR	INT1	INT0	INT2	-	-	-	IVSEL	IVCE	
	R/W	R/W	R/W	R/W	R/W	R/W	R/W	R/W	读/写
	0	0	0	0	0	0	0	0	初始值

GICR 的高 3 位为 INT0、INT1 和 INT2 的中断允许控制位，只有 SREG 寄存器中的全局中断 I 位为 1，以及 GICR 寄存器中相应的中断允许位被置为 1 时，CPU 才响应外部引脚 INTx 的中断请求。

（4）通用中断标志寄存器 GIFR：

当 INTx 引脚上传来中断请求时，INTFx 位会被置为 1。如果此时 SREG 寄存器中 I=1，以及 GICR 寄存器中的 INTx 被置为 1，CPU 将响应中断请求，同时硬件自动将 INTFx 标志位清零。也可以写 1 到 INTFx，使用指令将标志清零。

位	7	6	5	4	3	2	1	0	
GIFR	INTF1	INTF0	INTF2	-	-	-	-	-	
	R/W	R/W	R/W	R/W	R/W	R/W	R/W	R/W	读/写
	0	0	0	0	0	0	0	0	初始值

当 INT0（INT1）设置为低电平触发方式时，标志位 INTF0（INTF1）始终为 0，这并不意味着不产生中断请求，而是低电平触发方式是不带中断标志类型的中断触发。在低电平触发方式下，中断请求将一直保持到引脚上的低电平消失为止。

任务 5.3 中断函数

5.3.1 中断函数特点

中断是 C 语言函数的一个重要属性。定义函数的中断属性之后，函数便成为中断源的中断服务函数（简称中断函数），当中断源产生中断后，该中断函数被自动执行。中断函数具有以下特点：

（1）中断函数为无参函数，不能使用形式参数传递数据、消息。

（2）中断函数无返回值，不能使用 return 进行数据或消息的传递，但可以使用它结束中断函数的执行。

（3）中断函数不用声明、调用，按编译器规定格式定义好与中断源的关系以后便可以使用。

（4）中断函数与其他函数传递消息、数据可以通过全局变量实现。

5.3.2 中断函数使用

1. ICCV7 for AVR 编译器中的中断函数操作

AVR 单片机中，不同编译器对中断函数操作的定义是不同的，在 ICCV7 for AVR 编译器中，定义中断函数操作方法如下：

```
#pragma interrupt_handler int0_isr:2
void int0_isr(void)
{//在此处编写中断函数语句}
```

#pragma 为编译开关，控制编译器编译方式；interrupt_handler 为函数属性关键字，置于函数名前面；int0_isr 为自定义的函数名，满足一般函数命名规则即可；冒号后面的 2 为中断向量号，代表中断源 INT0，通过该操作将中断函数 int0_isr 与中断源 INT0 对应起来，当 INT0 产生中断时自动执行 int0_isr 函数，ICCV7 for AVR 中各中断源的中断向量号如表 5-4 所示，实际中该表已在元器件对应头文件有定义，可直接打开头文件查看、引用。

表 5-4 ICCV7 for AVR 编译器中断源与中断向量关系表

向量号	中断向量（Flash 地址）	中断　源	中断　说明
1	0000H	RESET	复位中断，对应外部引脚、看门狗等。
2	0002H	INT0	外部中断 0
3	0004H	INT1	外部中断 1
4	0006H	TIMER2COMP	定时器 2 比较匹配中断
5	0008H	TIMER2OVF	定时器 2 溢出中断
6	000AH	TIMER1CAPT	定时器 1 捕捉中断
7	000CH	TIMER1COMPA	定时器 1 比较匹配器 A 中断
8	000EH	TIMER1COMPB	定时器 1 比较匹配器 B 中断
9	0010H	TIMER1OVF	定时器 1 溢出中断
10	0012H	TIMER0OVF	定时器 0 溢出中断
11	0014H	SPISTC	SPI 串行传输结束中断
12	0016H	USARTRXC	USART 串口接收结束中断
13	0018H	USARTUDRE	USART 串口缓冲空中断
14	001AH	USARTTXC	USART 串口发送结束中断
15	001CH	ADC	A/D 转换结束中断
16	001EH	EE_RDY	EEPROM 就绪
17	0020H	ANA_COMP	模拟比较器中断
18	0022H	TWI	TWI 串口中断
19	0024H	INT2	外部中断 2
20	0026H	TIMER0_COMP	定时器 0 比较匹配中断
21	0028H	SPM_RDY	保存程序存储器就绪

在 ICCV7 for AVR 编译器中，打开中断的方法是将 SREG 寄存器的 bit7 位置 1，操作如下：

```
SREG|=0x80;
```

2. Atmel Studio 编译器中的中断函数操作

在 Atmel Studio 编译器中，中断函数操作方法与在 ICCV7 for AVR 编译器中的操作方法截然不同，以 IN0 中断源为例，其操作方法为：

```
SIGNAL(INT0_vect)
{PROTA=0;}
```

SIGNAL 为 interrupt.h 头文件定义的关键字，专门用于中断函数操作，因此使用单片机中断时须先将该头文件添加进来。此外，打开 iom16.h 头文件可以发现 INT0_vect 的定义如下：

```
#define INT0_vect        _VECTOR(1)
```

再结合表 5-1 可知，INT0_vect 指代 INT0 的中断向量号 1，因此可将上述 INT0 中断函数写成：

```
SIGNAL(_VECTOR(1))
{PROTA=0;}
```

在 Atmel Studio 编译器的头文件中，由于没有定义 SREG 寄存器，所以不能直接使用 SREG 寄存器名来设置总中断控制位 I，但它提供总中断操作宏定义，使用方法如下：

```
sei();        //使能总中断,等效于 SREG|=0x80 操作
cli();        //屏蔽所有中断,等效于 SREG&=0x7f 操作
```

任务 5.4 外部中断应用

外部中断常用于故障检测、紧急控制等操作，以下通过几个实例加以说明。

【例 5-1】设置外部中断 INT0 为上升沿触发，外部中断 INT1 为上升沿、下降沿均触发，外部中断 INT2 为异步上升沿触发，完成寄存器初始化操作。

解：对照表 5-3，设置 INT0 为上升沿触发操作如下：

```
MCUCR=1<<ISC01|1<<ISC00;
```

INT1 设置为上升沿、下降沿均触发操作如下：

```
MCUCR=1<<ISC11;
```

二者结合的操作为：

```
MCUCR=1<<ISC11|1<<ISC01|1<<ISC00;
```

这样同时将 INT0 设置为上升沿触发，INT1 设置为上升沿、下降沿均触发。使能 INT0、INT1，GICR 寄存器操作如下：

```
GICR=1<<INT0|1<<INT1|1<<INT2;
```

INT2 中断触发方式在寄存器中设置，INT2 设置为异步上升沿触发的操作如下：

```
MCUSR=1<<ISC2;
```

开总中断操作：

```
SREG|=0x80;   //ICCV7 for AVR 编译器使用
sei()         //Atmel Studio 编译器使用,同时要加载 interrupt.h 头文件
```

【例 5-2】PC 口接 8 个 LED 灯，INT1（PD3）引脚接开关 K 用以产生中断信号。当开关 K 闭合时 LED 灯停止闪烁，K 断开时以流水灯方式运行。编写程序，并在 Proteus 中仿真。

解：LED 灯接在 PC 口，使用移位方式实现流水灯效果较为简单。INT1 外接开关 K 用来产生中断，当开关 K 闭合时产生下降沿，开关 K 断开时产生上升沿，因此设置 INT1 为上升沿、下降沿均产生中断。在中断函数中应判断 PD3 引脚的电平状态以识别当前中断是上升沿触发还是下降沿触发，以便准确控制流水灯状态。由于中断触发方式关系到流水灯运行，因此应通过全局变量将其传递给主函数。本例原理图较为简单，读者自行绘制，应注意 PD3 应设置上拉电阻（启用内置或外接）。程序流程图如图 5-2 所示。

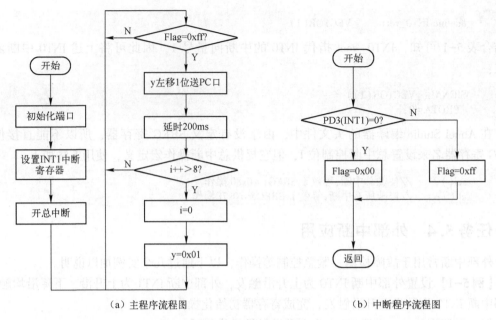

（a）主程序流程图   （b）中断程序流程图

图 5-2　程序流程图

在 Atmel Studio 中编写程序如下：

```c
#include<avr/io. h>
#include<avr/interrupt. h>
#include<avr/delay. h>
unsigned char Flag;
int main( void)
{
    unsigned char i,y;
    DDRC = 0xff;
    DDRD = 0xf7;
    GICR = 1<<INT1;
    MCUCR = 1<<ISC10;
    sei( );
    Flag = 0xff;
    y = 0x01;
    while(1)
    {
        while( Flag)
        {
            PORTC = y;
            _delay_ms(200) ;        //延时 200ms
            y = y<<1;
            if( i++>8)
            {
                y = 0x01;
                i = 0;
            }
        }
    }
    SIGNAL( INT1_vect)
    {
```

```
        if((PIND&0x08)==0)          //如果为下降沿触发
        Flag=0x00;
        else
        Flag=0xff;                  //如果为上升沿触发
    }
```

调试时，按下开关 K 并保持，会发现流水灯停止运行，开关断开后流水灯继续运行。本例加入了 delay.h 头文件，使用了库函数_delay_ms(ms)进行精确延时。由于没有定义 F_CPU，默认使用 1MHz 时钟频率，并采用了 Optimization 优化，因此编译后出现了两个警告，但不影响程序执行结果。

本例中使用了全局变量 Flag 来传递中断触发方式信息，当 Flag=0 时表示发生了一次下降沿触发，当 Flag=0xff 时表示发生了一次上升沿触发。

本例中没有使用 for 循环，而是使用了 while 循环，这是为了增强中断效果及提高中断触发命中概率。

项目6　定时插座

定时操作在单片机中应用较多，在单片机系统中，有三种方式可以实现定时：软件定时、定时芯片定时、可编程的硬件定时。

1. 软件定时

在单片机中，每执行一条指令要消耗一定的时间（机器周期）。AVR 单片机的绝大多数指令为单周期指令，即每一个机器周期可以执行一条指令，机器周期为系统晶振频率的倒数，如时钟频率为 1MHz 的系统，在分频系数 $N=1$ 的前提下，其机器周期为 1μs。软件定时指通过重复执行某些无实质性意义的指令来消耗机器周期从而达到延时之目的，如重复空操作（NOP）指令不会改变 CPU 任何寄存器和存储器内容，执行该条指令仅需 1 个机器周期，重复执行该指令 N 次，则要消耗 N 个机器周期，可以实现 Nμs 的延时（定时）。

软件定时简单、方便，但是延时过程中重复执行指令会影响 CPU 的效率，尤其是长时间定时，因此该方式适用于定时精度要求不高、CPU 负荷不大的场合。

2. 定时芯片定时

通过使用 NE555、CD4060 等定时芯片实现定时。定时芯片外接 RC 元器件，通过 RC 元器件的充放电特性实现延时。改变 RC 元器件的电量指标可以改变定时时间长短。CD4060 本身带计数器，通过改变计数值也可以改变定时时间。使用这种方式定时增加了硬件成本。此外，RC 元器件的非线性及元器件的电量指标误差会导致定时误差较大，在单片机系统中使用此法要慎重。

3. 可编程的硬件定时

在单片机内部有计数器寄存器（简称计数器），可以对 CPU 的机器周期进行计数（计数器值加 1 或减 1），实现硬件定时。如系统时钟为 1MHz（$N=1$），计数器长度为 8 位，采用加计数，计数器从 0 开始计数，当其计到 255 时，如再加 1 则计数溢出，此时正好计了 256 个机器周期，每个机器周期为 1μs，到定时器溢出为止正好定时 256μs。可编程硬件定时精度高（μs 级），在定时期间 CPU 可以执行其他任务，效率高。

有时要统计外部输入脉冲的个数，计数脉冲不再来自系统时钟，而是来自芯片外部引脚输入，外部引脚每输入 1 个脉冲，计数值加 1。由于外部引脚输入的脉冲具有随机性，只要统计其个数即可，这就是计数器应用。

【工作任务】

1. 任务表

训练项目	设计定时插座：使用单片机定时器定时，实现 5~60 分钟定时，使电器工作时间可控
学习任务	(1) 定时/计数概念。 (2) 溢出定时。 (3) 比较匹配定时。 (4) AVR 单片机定时器的特点。 (5) 定时器工作原理。 (6) 定时器初始值计算。 (7) 定时器编程

学习目标	知识目标： （1）了解定时和计数的概念。 （2）掌握溢出定时和比较匹配定时的区别。 （3）了解 AVR 单片机定时器的特点。 （4）熟悉 AVR 单片机定时器工作原理。 （5）熟悉不同定时方式下的初始值计算。 （6）掌握 AVR 单片机定时器的寄存器定义。 （7）掌握系统时钟预分频操作。 （8）掌握定时/计数操作。 能力目标： （1）定时器编程能力。 （2）定时器应用能力。 （3）T0/T2 定时器综合应用能力。 （4）系统仿真分析能力
项目拓展	数字时钟
参考学时	6

2. 任务要求

定时插座要求实现 5~60 分钟定时，定时时间到，自动切断电源，给负载断电，定时时间通过 2 位数码管显示，设有 1 个红色 LED 指示灯，定时期间红色 LED 灯亮，定时时间到，该灯熄灭。通过 3 个按键设置定时时间，其功能分别为加、减、确定。每按一次确定按键就启动一次新的定时，定时期间内，随时可以操作加、减按键，操作完成后按下确认按键，新的设置生效。对负载电源的通断控制通过继电器实现，整机直接从 220V 交流市电取电，无辅助电源。

3. 设计思路

本项目设计思路可以概括为使用定时器进行精确的 1 秒定时，定义 3 个变量：second、minute 和 minute_comp。开始计时后，将 minute_comp 的值赋给 minute，每过 1 秒令 second 自增 1，增到 60 后令 minute 自减 1，minute 减到 0 则定时时间到，将通过继电器切断电源，控制红色 LED 灯熄灭，关闭定时器。任何时候按加、减按键，minute_comp 自增或自减 1，立即结束当前定时，按下确认按键，重新将 minute_comp 的值赋给 minute，数码管显示新的定时初始值，同时接通继电器，LED 灯亮，启动定时器。

CPU 为 ATmega8 单片机，该单片机有 3 个定时器，分别为 T/C0、T/C1、T/C2，除 T/C1 为 16 位定时器以外，其他都是 8 位定时器。本例使用 T/C0 定时器，以溢出中断方式实现，设置 CPU 时钟频率为 1MHz。

4. 任务实施

1）硬件设计

硬件仿真电路如图 6-1 所示。电路中的 R2、C1、C2、C3、C4、D2、U2 等元器件组成电源电路，为继电器、单片机分别提供 12V、5V 电源。电路中 R2、C1 的参数是基于 Proteus 仿真而设置的，若制作实物，则还应参考相关文献另行计算参数，且还要考虑电容器耐压及防浪涌冲击等问题。

在 Proteus 中左键双击 V1 交流电源，设置参数：Amplitude 为 220V，Frequency 为 25Hz（设为 50Hz 时无法看到 LED 点亮效果）。L1 负载代替插座，左键双击 L1，将其参数设为 220V。将按键输入 I/O 口内置的上拉电阻启用。

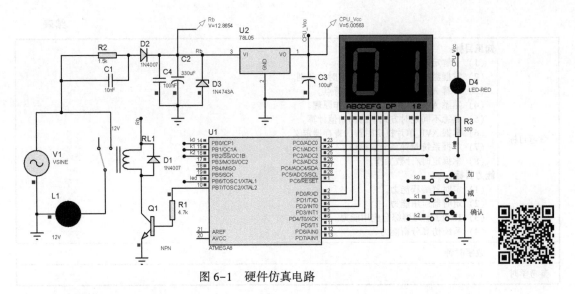

图 6-1　硬件仿真电路

2）软件设计

依据设计思路，绘制程序流程图，如图 6-2 所示。主程序初始化端口、定时器、变量后进入 while 主循环。主循环实现键盘操作和数码管显示。操作加、减按键时关中断，LED 灯灭、继电器断开，按下确认按键后开中断、继电器吸合、LED 灯亮，如图 6-2（a）所示。

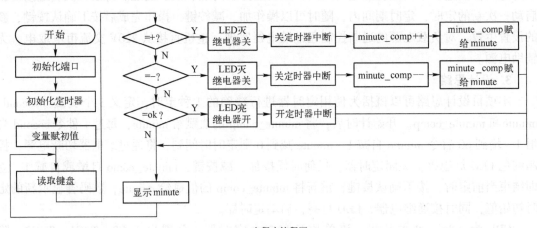

（a）主程序流程图

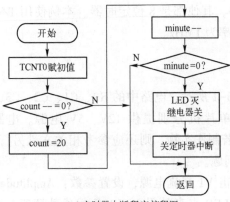

（b）定时器中断程序流程图

图 6-2　程序流程图

定时器采用溢出中断方式，系统时钟频率为1MHz，定时时间为50ms，循环20次实现1秒定时。分频系数设为256，计算出来的定时初始值为60，将其装入 TCNT0 寄存器。每次执行定时器中断程序时，要给 TCNT0 重新装载初始值，中断程序实现定时、倒计时功能，到达设定定时时间后关中断、LED 灯灭，继电器断开，如图6-2（b）所示。

完整源程序如下：

```
#include<iom8v.h>
/* 定义 LED/继电器宏操作 */
#define Relay_OFF        PORTB&=~(1<<PB7)
#define Relay_ON         PORTB｜=1<<PB7
#define Red_LED_OFF    PORTB｜=1<<PB6
#define Red_LED_ON     PORTB&=~(1<<PB6)
/* 定义定时计时变量 */
volatile unsigned char count;
unsigned char second;
unsigned char minute,minute_comp;
unsigned char LED_CC[10]={0x3f,0x06,0x5b,0x4f,0x66,0x6d,0x7d,0x07,0x7f,0x6f};
//共阴数码管段码
/* 声明函数 */
unsigned char get_key(void);
void display_LED(unsigned char temp);
void delay_1ms(void);
void delay_nms(unsigned int n);
/* 主程序 */
void main(void)
{
  unsigned char key;+
  DDRC=0x07;
  DDRD=0xff;
  DDRB=1<<PB6｜1<<PB7;
  SFIOR&=0xfb;
  PORTB=0x07;
  TCCR0=1<<CS02;                //设置 N=256
  //TIMSK=1<<TOIE0;              //打开 T/C0 定时器溢出中断
  TCNT0=60;                     //装载 50ms 定时初始值
  count=20;                     //装载 1 秒循环初始值
  minute_comp=1;                //此值用于程序功能测试
  minute=minute_comp;
  second=58;                    //此值用于程序功能测试
  Red_LED_OFF;
  Relay_OFF;
  SREG｜=0x80;
  while(1)
  {
    key=get_key();              //读取键盘值,存到 key
    if(key==0x06)               //+按键
    {
      if(minute_comp++>=60)minute_comp=1;
      minute=minute_comp;       //更新值
      TIMSK&=~(1<<TOIE0);       //关 T/C0 中断
      Relay_OFF;                //关继电器
        Red_LED_OFF;//LED 灭
    }
    else if(key==0x05)          //-按键
```

```c
            {
                if(minute_comp--<=1)minute_comp=60;
                minute=minute_comp;
                TIMSK&=~(1<<TOIE0);
                Relay_OFF;
                Red_LED_OFF;
            }
        else if(key==0x03)              //OK 按键
            {
                minute=minute_comp;
                Relay_ON;                   //继电器吸合
                Red_LED_ON;                 //LED 灯亮
                TIMSK=1<<TOIE0;             //开 T/C0 定时器溢出中断
            }
        key=0;                          //清除键盘值
        display_LED(minute);
        }
}
unsigned char get_key(void)
{
    unsigned char temp,key;
    temp=PINB&0x07;                 //读键盘
    if(temp!=0x07)                  //去抖
    {
        delay_nms(5);
        key=PINB&0x07;
        while(temp!=0x07)
        temp=PINB&0X07;
    }
    return(key);                    //返回键值
}
void display_LED(unsigned char temp)
{
    PORTD=LED_CC[temp/10];
    PORTC=1<<PC1;
    delay_nms(5);
    PORTC=0x03;

    PORTD=LED_CC[temp%10];
    PORTC=1<<PC0;
    delay_nms(5);
    PORTC=0x03;
}
void delay_1ms(void)                //1ms 延时函数
{
    unsigned int i;
    for(i=0;i<1140;i++);
}
void delay_nms(unsigned int n)      //Nms 延时函数
{
    unsigned int i=0;
    for(i=0;i<n;i++)
    delay_1ms();
}
#pragma interrupt_handler timer0_ov:10
void timer0_ov(void)
```

```
    {
        TCNT0 = 60;
        if( count--==0)              //定时 1 秒到
        {
            count = 20;              //重载 1 秒循环初始值
            second++;                //秒计数
            if( second>59)
            {
                second = 0;
                minute--;            //分倒计数
            }
            if( minute==0)           //定时时间到
            {
                Relay_OFF;           //关继电器
                Red_LED_OFF;         //LED 灭
                TIMSK&=~(1<<TOIE0);  //关 T/C0 中断
            }
        }
    }
}
```

5. 调试分析

再次强调：图 6-1 电路中的 R2、C1 的参数是基于 Proteus 仿真而设置的，若是制作实物，则还应参考相关文献另行计算参数，由于电路直接从 220V 交流电取电，因此一定要做好相关电气安全措施和绝缘设计。

为方便测试，将 second 初始值设为 58（秒），minute、minute_comp 初始值设为 1（分），全速运行程序后不执行任何按键操作，此时 LED 灯灭，继电器不吸合，负载 L1 不通电，数码管显示数字 1，系统处于待机状态。按下确认按键后，继电器吸合，系统启动定时程序，定时时间从 1 分 58 秒开始，LED 灯亮，2 秒钟后定时结束，数码管显示 00，LED 灯灭，负载 L1 不通电。按确认按键后重新开始定时，按加、减按键可在 1~60 之间设置定时时间，设置好定时时间后按确认按键重启定时。当系统正在工作时，按加、减键将立即结束定时，按确认键重新定时。

【知识链接】

任务 6.1 ATmega16 定时器的工作原理

ATmega16 有 3 个定时器，分别为 T/C0、T/C1、T/C2，其中 T/C0、T/C2 为 8 位计数器，T/C1 为 16 位计数器，T/C2 可以工作于异步定时方式。定时器可以用于定时、计数及产生 PWM 脉冲、方波等。使用上以 T/C0 最为简单，T/C1 功能最为强大。ATmega16 的定时器共有 15 种工作模式，可以产生溢出中断、比较匹配中断、捕捉中断等共 8 种中断事件。

6.1.1 定时工作原理

1. 溢出定时

溢出定时如图 6-3 所示，可以通过编程改变 CPU 中的计数初始值（可以从 0 开始计数，也可以从其他数值开始计数），实现精确定时。设计数器字长为 n，计数初始值为 A，定时时间为 T，它

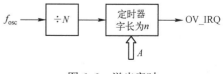

图 6-3 溢出定时

们与系统时钟 f_{osc}、分频系数 N 之间的关系为：

$$T=(2^n-A)\times\frac{f_{osc}}{N}$$ 式 6-1

采用溢出定时方式可以产生定时器溢出中断。在 f_{osc} 不变的前提下，通过编程改变 A 或 N（通常改变 A）可以设定定时时间。

2. 比较匹配定时

比较匹配定时如图 6-4 所示，有一个定时器和一个比较器，它们的寄存器的字长相等，均为 n。比较器里面存放常数，定时器从 0 开始对输入脉冲进行计数，每来 1 个脉冲，定时器中数加 1 或减 1。与此同时，比较器将定时器中的数与比较器中的常数进行比较，如果二者相等将产生比较匹配中断，则定时时间到。

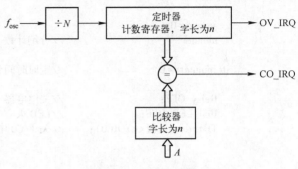

图 6-4 比较匹配定时

设比较器的初始值为 A，定时时间为 T，它们与系统时钟 f_{osc}、分频系数 N 之间的关系为：

$$T=A\times\frac{f_{osc}}{N}$$ 式 6-2

编程改变初始值 A 可以对定时时间进行调整。

6.1.2 波形发生器

ATmega16 内部还有波形发生器，其与定时器、比较器一起工作可以从 I/O 口产生可编程的方波等信号，如图 6-5 所示。

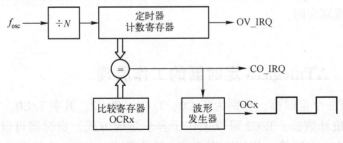

图 6-5 波形发生器

1. 产生方波

定时器的计数寄存器 TCNTx 每检测到 1 个脉冲，其存储值加 1，当加到与比较寄存器 OCRx 中的数相等的时候，输出比较匹配控制信号，控制波形发生器对 OCx 引脚进行取反操作，同时将 TCNTx 的内容清零，在下一个比较匹配周期到来时再次将 OCx 引脚取反，这样就从 OCx 引脚输出周期性方波。改变 OCRx 中的数值可以改变方波的频率。

2. 产生 PWM 方波

PWM（Pulse width modulation）即脉冲宽度调制，是一种常用的调制、控制手段，在检测、控制领域有较广泛的应用，其基本原理如图6-6所示，定义脉冲高电平持续时间为 T_{wi}（又称为脉冲宽度），脉冲周期为 T。脉冲周期 T 不变，脉冲宽度可变。定义脉冲占空比 D 为

$$D=\frac{T_{wi}}{T}\times100\%$$　　　　　　　　式6-3

在图6-5中，TCNTx 为定时器的计数寄存器，OCRx 为比较（参考）寄存器，开始计数时 OCx 引脚输出高电平。每输入1个脉冲，TCNTx 中数值加1，当计数到 TCNTx 与 OCRx 中数据相等时产生比较匹配，波形发生器控制 OCx 引脚输出低电平，当 TCNTx 计数到溢出时，OCx 引脚重新输出高电平，并开始下一个周期，如图6-7（a）所示。

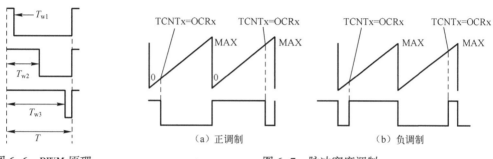

图6-6　PWM原理　　　　　　　　图6-7　脉冲宽度调制

在图6-7（b）中，输出脉冲相位正好与图6-7（a）相反，当计数器计数到 TCNTx 与 OCRx 相等时产生比较匹配，并将中断标志寄存器的 OCx 位置位，波形发生器控制 OCx 引脚输出高电平，当 TCNTx 溢出后，控制 OCx 输出低电平，开始下一个周期。显然，改变 OCRx 中参考数值就可以改变脉冲的宽度，实现 PWM 调制。当发生比较匹配时，根据工作模式不同，TCNT0 可以继续计数直到产生溢出，也可以立即清零。

这种输出 PWM 波形的方式称为快速 PWM 模式，此外，ATmega16 单片机还提供相位修正 PWM、频率修正 PWM、相位—频率修正 PWM 等模式，通过编程可以改变输出 PWM 波形的相位和频率，以满足不同应用场合需要。

任务 6.2　T/C0 定时/计数器

T/C0 为8位定时/计数器，可以工作在定时、计数、快速 PWM、相位修正 PWM 模式，工作在计数模式时外部输入脉冲从 T0 输入，当此引脚作为 T/C0 外部脉冲输入引脚时应当被设置为输入方式。T/C0 定时/计数器有如下特点：

- 单通道计数器。
- 在比较匹配发生时自动对定时器清零。
- 可以输出相位正确的 PWM。
- 可以作为频率发生器。
- 可以作为外部计数器。
- 具有10位的时钟预分频器，使用灵活。
- 具有溢出和比较匹配中断源。

6.2.1 T/C0 定时/计数器工作原理

1. 工作原理

T/C0 的结构如图 6-8 所示，由定时器、比较器、波形发生器及控制逻辑电路等所组成，此外还有 2 个外部引脚：T0 和 OC0。

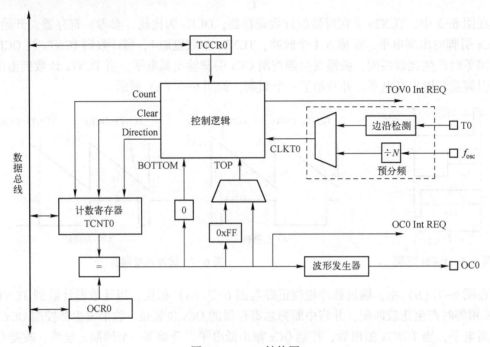

图 6-8 T/C0 结构图

TCNT0 为 8bit 计数寄存器，一般情况下为加法计数器，每来 1 个脉冲（CLK_T0），TCNT0 中的内容自加 1。计数脉冲 CLK_T0 来源有两个，通过多路选择器进行选择。当 T/C0 用于统计外部脉冲个数时选择外部 T0 引脚作为脉冲输入源，T0 引脚每输入 1 个脉冲，TCNT0 的数值加 1，通过读取 TCNT0 的值即可知外部 T0 引脚输入的脉冲的个数；当 T/C0 用于精确定时及其他模式时，以经过预分频后的晶振脉冲作为计数脉冲，定时时间精确到微秒级。

TCNT0 计数到最大值 255 时，如果再输入 1 个脉冲，计数器会溢出，产生计数溢出中断信号 TOV0，并将标志寄存器置位，同时可向 CPU 中断系统申请计数溢出中断。

TCCR0 为控制寄存器，通过编程控制 T/C0 的工作方式、时钟源及时钟分频系数等。在图 6-8 中的各个信号作用如下：

- CLKT0：TNCT0 的输入脉冲，可以通过编程选择采用内部信号还是外部信号。
- Count：TNCT0 的计数脉冲。
- Clear：清零信号，该信号可以令 TCNT0 中的内容立即变成 0。
- Direction：计数方向控制信号，该信号控制 TCNT0 进行减法或加法计数。
- TOP：在 T/C0 中指计数最大值 255。
- BOTTOM：在 T/C0 中指计数最小值 0。

2. T/C0 预分频器

ATmega16 提供一个定时器预分频模块（又称预分频器），此模块由 T/C0 与 T/C1 共用，通过编程可实现各自不同的分频设置，如图 6-9 所示。当内部时钟源 CSn2:0 = 1 时，系统内部时钟不经任何分频，直接作为 T/C 时钟源，这也是 T/Cx 频率最高的时钟源 $f_{\text{CLK\_I/O}}$，与系统时钟频率相同。预分频器可以输出 4 种不同的时钟信号：$f_{\text{CLK\_I/O/8}}$、$f_{\text{CLK\_I/O/64}}$、$f_{\text{CLK\_I/O/256}}$ 和 $f_{\text{CLK\_I/O/1024}}$。

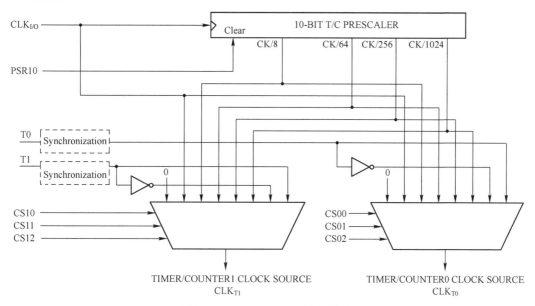

图 6-9　T/C0、T/C1 预分频模块

由 T1/T0 引脚提供的外部时钟源可以作为 T/Cx 的时钟源：CLK_{T1}/CLK_{T0}。

6.2.2　T/C0 定时/计数器工作模式

T/C0 共有 4 种工作模式：普通模式、比较匹配清零（CTC）模式、快速 PWM 模式、相位修正 PWM 模式，具体采用哪种模式可以通过编程设定。

1. 普通模式

普通模式是最常用的一种工作模式，在该模式下，TCNT0 的值从 0 或某一个设定值开始计数，计数到最大值 255 时，如果再有脉冲输入 T/C0，将产生溢出中断，TCNT0 的值变成 0。

此外，在普通模式下，比较器将 TCNT0 与 OCR0 中数值进行比较，一旦二者相等，比较匹配标志位 OCF0 被置位，如果相应的中断被使能，此时可产生比较匹配中断。

普通模式通常用来定时或对外部输入脉冲计数，可以使用溢出方式定时（或计数），也可以使用比较匹配方式定时（或计数）。特别值得注意的是当发生比较匹配时，TCNT0 的值并不受影响，TCNT0 会正常计数直到溢出，因此使用比较匹配方式定时或计数时，切记要在中断程序中将 TCNT0 寄存器清零。

2. 比较匹配清零（CTC）模式

在 CTC 模式下，TCNT0 正常计数，比较器实时将 TCNT0 与 OCR0 的值进行比较，一旦二者相等，立即将 OCF0 比较匹配标志位置位，此时可产生 T/C0 比较匹配中断，同时立即将 TCNT0 清零。若相应中断位被使能，则会产生比较匹配中断，系统执行相应中断程序。中断程序返回时，OCF0 标志位会被自动清零，也可以"写 1"将该位清零。CTC 模式用于定时时比普通模式更简单。CTC 模式还可以用来产生方波信号，方波信号从 OC0 引脚输出。

如图 6-10 所示，在产生比较匹配清零中断时可以改变 OC0 引脚的电平状态，其改变方法受相关寄存器 COM 位取值控制，具体如表 6-1 所示。由表 6-1 可知，当 COM 位设置为 "01" 时，每次产生比较匹配中断并清零时，均将 OC0 引脚电平取反，从而使该引脚输出方波信号，注意应将 OC0 引脚设置为输出状态。输出方波频率 f_{CTC} 可用下式计算：

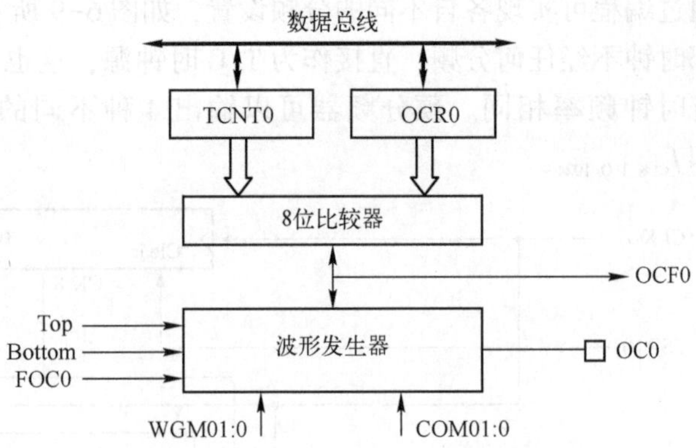

图 6-10　波形产生原理

$$f_{OC0} = \frac{f_{osc}}{2 \times N \times (1 + OCR0)} \quad \text{式 6-4}$$

式中，f_{osc} 为系统时钟晶振频率，N 为预分频器分频系数，可能取值为 1、8、64、1024。

表 6-1　CTC 模式下 OC0 引脚电平状态

COM01	COM00	功　能
0	0	正常 I/O 端口操作，不影响 PB3 引脚
0	1	发生比较匹配时 OC0（Pin4）引脚电平取反
1	0	发生比较匹配时 OC0（Pin4）引脚输出低电平
1	1	发生比较匹配时 OC0（Pin4）引脚输出高电平

在将 T/C0 用于定时时，普通模式与 CTC 模式的不同在于前者发生比较匹配中断时 TCNT0 继续计数，而后者则会将 TCNT0 清零，后者使用更方便。此外，当将 CTC 模式用于定时时应将 COM 设为 "00"，将 OC0 引脚断开，不影响 PB2 引脚的功能。

3. 快速 PWM 模式

在快速 PWM 模式下，TCNT0 的计数是单向的，即 TCNT0 计数到最大值之后又自动从零开始计数，其工作波形是单斜坡的锯齿波，因此这种模式下可以产生频率较高的 PWM 波形。由图 6-7 可知，当 TCNT0 与 OCR0 中数值相等时，OC0 引脚将输出低电平（清零），TCNT0 继续计数，直到溢出后将 OC0 引脚置位成高电平（置位），如图 6-7（a）所示，这种方法称为正调制。若当 TCNT0 与 OCR0 中数值相等时将 OC0 引脚置位成高电平，TCNT0 继续计数，直到溢出后将 OC0 引脚清零为低电平，如图 6-7（b）所示，这种方法称为负调制。具体使用哪种调制方法，可通过对图 6-10 中的 COM0x 位编程设定，编程方法如表 6-2 所示。改变 OCR0 的值可以改变 OC0 引脚输出 PWM 脉冲的宽度。

表 6-2　快速 PWM 模式下 OC0 引脚输出波形

COM01	COM00	功　能
0	0	正常 I/O 端口操作，不影响 PB3 引脚
0	1	保留
1	0	当 TCNT0 与 OCR0 中数值相等时，OC0 清零； TCNT0 计数到 TOP 时，OC0 置位
1	1	当 TCNT0 与 OCR0 中数值相等时，OC0 置位； TCNT0 计数到 TOP 时，OC0 清零

由表 6-2 可知，当 COM = 10 时，OCR0 寄存器中的数越大，OC0 引脚输出的脉冲宽度越宽，而当 COM = 11 时，OCR0 寄存器中的数越大，OC0 引脚输出的脉冲宽度越窄，灵活应用以上特性可大大提高实际编程的灵活性。

在快速 PWM 模式下，OC0 引脚输出 PWM 脉冲的频率 f_{OC0_PWM} 为：

$$f_{OC0\_PWM} = \frac{f_{osc}}{N \times 256} \qquad \text{式 6-5}$$

式中，f_{osc} 为系统时钟晶振频率，N 为分频系数，在 1、8、64、256、1024 之间取值。快速 PWM 模式下 OC0 引脚输出 PWM 的占空比为：

$$D = \frac{OCR0}{255} \times 100\% \qquad \text{式 6-6}$$

4. 相位修正 PWM 模式

顾名思义，相位修正 PWM 模式即可以对 OC0 引脚输出的 PWM 波形的相位进行微调修正，其工作过程为：TCNT0 从 0 开始计数，计到最大值后开始减计数，直到减到 0 为止。显然，从 TCNT0 的计数过程来看，输出波形就像等腰三角形的两腰，称为等腰三角波，如图 6-11 所示。

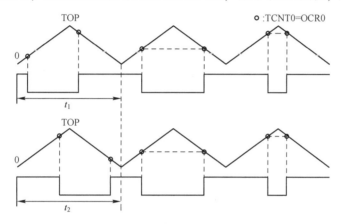

图 6-11　相位修正 PWM 工作原理

由图 6-11 可知，TCNT0 从 0 开始加计数到最大值及从最大值减计数到 0 的过程中，TCNT0 与 OCR0 寄存器中的值发生两次匹配，两次匹配数值可以相同，此时输出的波形具有相位对称的特点，适用于电机驱动等应用。若两次匹配数值不相同，当占空比不变时，可改变等腰三角波前后两次匹配位置，修正 PWM 波形相位。如图 6-11 所示，t_1 与 t_2 占空比一致，但是 t_1 的相位超前 t_2 相位 180°。

参照图 6-11 对 COM 位编程，可以设置 OC0 引脚输出正调制 PWM 波形还是负调制 PWM 波形，如表 6-3 所示，其原理与快速 PWM 模式类似，不再赘述。

表 6-3　相位修正 PWM 模式下的 OC0 引脚输出波形

COM01	COM00	功　　能
0	0	正常 I/O 端口操作，不影响 PB3 引脚
0	1	保留
1	0	升序匹配时 OC0 清零，降序匹配时 OC0 置位
1	1	升序匹配时 OC0 置位，降序匹配时 OC0 清零

相位修正 PWM 模式下的 T/C0 能输出相位对称且可以微调修正的 PWM 波形，但是由于其双斜坡计数特性，其 PWM 最大输出频率只能达到其在快速 PWM 模式下的一半：

$$f_{OC0\_PWM} = \frac{f_{osc}}{N \times 510}$$ 式 6-7

式中，f_{osc} 为系统时钟晶振频率，N 为预分频器分频系数，在 1、8、64、256、1024 之间取值。占空比取决于式 6-6。

6.2.3 T/C0 定时/计数器的寄存器

1. 控制寄存器 TCCR0

位	7	6	5	4	3	2	1	0	
TCCR0	FOC0	WGM00	COM01	COM00	WGM01	CS02	CS01	CS00	
	W	R/W	R/W	R/W	R/W	R/W	R/W	R/W	读/写
	0	0	0	0	0	0	0	0	初始值

TCCR0 主要用于设定 T/C0 的工作模式、计数时钟、波形产生方式等，具体各位定义如下：

FOC0（Bit7）位：强制匹配位，置位时产生一次强制输出比较，但不影响任何寄存器的内容，也不会产生任何中断。

WGM00、WGM01（Bit6、Bit3）位：定时器工作模式设置位，设定 T/C0 定时器工作模式，具体见表 6-4。

表 6-4 T/C0 工作模式设定

模式	WGM01	WGM00	功能说明
0	0	0	普通模式
1	0	1	CTC 模式
2	1	0	快速 PWM 模式
3	1	1	相位修正 PWM 模式

COM01、COM00（Bit5、Bit4）位：OC0 引脚波形输出模式设置位。普通模式下可不对 OC0 引脚进行操作，这两位均为 0（默认状态）。对于 CTC 模式，COM 位的配置见表 6-1，对于快速 PWM 模式，COM 位的配置见表 6-2，对于相位修正 PWM 模式，COM 位的配置见表 6-3。

CS02~CS00（Bit2~Bit0）位：定时时钟选择，可设置上述所有公式中的分频系数，详见表 6-5。

表 6-5 T/C0 定时时钟选择

CS02	CS01	CS00	功能描述
0	0	0	无时钟输入，T/C0 停止计数
0	0	1	$f_{clk}/1$，无分频，f_{osc} 直接输入定时器
0	1	0	$f_{clk}/8$，系统时钟经预分配器 8 分频后输入定时器
0	1	1	$f_{clk}/64$，系统时钟经预分配器 64 分频后输入定时器
1	0	0	$f_{clk}/256$，系统时钟经预分配器 256 分频后输入定时器
1	0	1	$f_{clk}/1024$，系统时钟经预分配器 1024 分频后输入定时器

CS02	CS01	CS00	功 能 描 述
1	1	0	时钟由 T0 引脚输入计数器，上升沿计数
1	1	1	时钟由 T0 引脚输入计数器，下降沿计数

当 CS=000 时，无计数脉冲输入，等同于关闭 T/C0。

当 CS=110 或 111 时，T/C0 工作于计数器状态，TCNT0 对从外部引脚 T0 输入的脉冲进行计数。

CS 取其他值时，T/C0 均工作于定时器方式，在 TCNT0 或 OCR0 初始值相同时，分频不同，则对应的定时时间不同。由公式 6-1 及 6-2 可知，N 值越大，最大定时时间越大，但定时误差越大，反之，最大定时时间短，但定时误差小，实际中应酌情设置。

2. 中断屏蔽寄存器 TIMSK

位	7	6	5	4	3	2	1	0	
TIMSK	OCIE2	TOIE2	TICIE1	OCIE1A	OCIE1B	TOIE1	OCIE0	TOIE0	
	R/W	R/W	R/W	R/W	R/W	R/W	R/W	R/W	读/写
	0	0	0	0	0	0	0	0	初始值

上述各位中与 T/C0 有关的仅有 TOIE0（使能 T/C0 的溢出中断）及 OCIE0 位（使能比较匹配中断）。在全局中断使能的前提下，若 TOIE0 置位则使能 T/C0 溢出中断，当 T/C0 产生溢出时 CPU 响应其中断，执行相应程序，若 OCIE0 置位，则当 T/C0 产生比较匹配时，CPU 响应该中断，执行中断函数。

3. 计数寄存器 TCNT0

TCNT0 为定时器模式下的 8 位寄存器，T/C0 工作在定时器方式时，TCNT0 的初始值按公式 6-1 计算。

4. 比较寄存器 OCR0

OCR0 为比较器模式下的 8 位寄存器。当 T/C0 工作在定时方式（含 CTC 定时）时按式 6-2 计算 OCR0 的初始值；在用于波形发生时，修改 OCR0 的值可以改变输出波形的频率、脉冲宽度及相位。

5. 中断标志寄存器 TIFR

位	7	6	5	4	3	2	1	0	
TIFR	OCF2	TOV2	ICF1	OCF1A	OCF1B	TOV1	OCF0	TOV0	
	R/W	R/W	R/W	R/W	R/W	R/W	R/W	R/W	读/写
	0	0	0	0	0	0	0	0	初始值

T/C0 产生中断时在 TIFR 中相应标志位置位，中断函数执行结束后自动将标志位清零，也可以通过"写 1 操作"手动清零相应标志位。当 T/C0 产生溢出中断时 TOV0 置位，当 T/C0 产生比较匹配中断时 OCF0 置位。

6. 特殊功能 I/O 寄存器

位	7	6	5	4	3	2	1	0	
SFIOR	ADTS2	ADTS1	ADTS0	-	ACME	PUD	PSR2	PSR10	
	R/W	R/W	R/W	R/W	R/W	R/W	R/W	R/W	读/写
	0	0	0		0	0	0	0	初始值

PSR10（Bit0）位：置位时预分频器复位。操作完成后该位由硬件自动清零，如果读取

该位的值，会发现其值一直为 0。

6.2.4 T/C0 的定时/计数应用

【例 6-1】 系统时钟频率 $f_{osc} = 8\text{MHz}$，按要求完成 T/C0 寄存器的初始化操作。

（1）T/C0 工作在普通模式，选择内部时钟源，分频系数 $N = 64$，打开溢出中断，定时时间为 100μs。

解：根据题意，普通模式下的定时器定时，TCCR0 寄存器的 WGM00、WGM01 均设置为 0，$N = 64$ 时 CS01、CS00 均应设为 1，CS02 设为 0，TCCR0 寄存器初始化如下：

```
TCCR0 = 1<<CS01 | 1<<CS00;
```

溢出中断定时，按式 6-1 计算 TCNT0 的初始值 A，有

$$A = 256 - T \times \frac{f_{osc}}{N}$$

当 $T = 100\text{μs}$，$N = 64$，$f_{osc} = 8\text{MHz}$ 时，可以求得初始值 $A = 243$，装入初始值 A：

```
TCNT0 = 243;
```

开全局中断和 T/C0 溢出中断：

```
SREG | = 0x80;
TIMSK = 1<<TOIE0;
```

（2）使用 T/C0 的 CTC 模式从 OC0 引脚输出频率为 4000Hz 的方波，每次产生匹配时 OC0 引脚取反，屏蔽中断。

解：根据题意，将已知条件带入式 6-4：

$$4 = \frac{8000}{2 \times N \times (1 + OCR0)}$$

由上式可知，若先确定 N 取 64，则可以求得 OCR0 应取 16，若 N 取 256，则可以求得 OCR0 应取 4。设定 T/C0 为 CTC 模式、$N = 64$、OC0 引脚取反，对 TCCR0 寄存器编程如下：

```
TCCR0 = 1<<WGM01 | 1<<CS00 | 1<<CS01 | 1<<COM00;
```

设置 OC0 引脚为输出状态：

```
DDRB | = 1<<PB3;
```

装 OCR0 初始值：

```
OCR0 = 62;
```

（3）使用快速 PWM 模式，从 OC0 引脚输出占空比为 30% 的方波，设分频系数为 256，正向调制，屏蔽中断。

解：根据题意，$N = 256$：CS02 置 1；快速 PWM 模式：WGM01、WGM00 均置 1；正向调制：COM01 = 1；初始化 TCCR0：

```
TCCR0 = 1<<CS02 | 1<<WGM01 | 1<<WGM00 | 1<<COM01;
```

根据式 6-6，设置占空比：

```
OCR0 = (255/100) * 30;
```

PB3 配置为输出模式：

```
      DDRB │ =1<<PB3;
```

根据式 6-5 可知,OC0 引脚输出的 PWM 波形频率为 122Hz。

【例 6-2】系统时钟频率为 1MHz,使用定时器 T/C0 定时并从 PA1 产生周期为 100ms 的方波,分别使用溢出中断和比较匹配中断实现。

定时器编程步骤如下:

(1)确定 T/C0 工作模式。

(2)根据定时时间长短,确定分频系数。

(3)选定定时器中断方式(溢出/比较匹配)。

(4)根据溢出或比较匹配中断方式设定定时器初始值。

(5)编程:设置寄存器参数。

(6)编写中断函数,在中断函数里面完成任务操作。

解:(1)溢出中断方式。欲从 PA1 输出周期为 100ms 的方波,定时器定时 50ms,定时时间到后将 PA1 与 "1" 进行异或运算,当 PA1=0 时异或结果为 1,PA1=1 时异或结果为 0,可见,通过这种操作可以实现对 PA1 电平的取反操作。

根据定时时间计算初始值,确定合适的 N 值。由公式

$$A = 256 - T \times \frac{f_{osc}}{N}$$

可知,N 取 256,定时时间可达到 50ms,计算出初始值 $A=60$,按要求初始化端口、T/C0 的寄存器、中断寄存器等,编写中断函数,完整程序如下:

```
#include<iom16v.h>
void main( void)
{
    DDRA │ =1<<PA1;
    TCCR0=1<<CS02;
    TIMSK=1<<TOIE0;
    TCNT0=60;
    SREG │ =0x80;
    while(1);
}
#pragma interrupt_handler timer0_ov:10
void timer0_ov(void)
{
    TCNT0=60;
    PORTA^=0x02;
}
```

(2)比较匹配中断方式。基本设计思路同上,仅初始值计算不同,系统时钟频率为 1MHz,$N=256$,将式 6-2 变形如下:

$$A = T \times \frac{f_{osc}}{N}$$

可计算出初始值 $A=195$,装入 OCR0,编程如下:

```
#include<iom16v.h>
void main( void)
{
    DDRA │ =1<<PA1;
```

```
            TCCR0 = 1<<CS02;
            TIMSK = 1<<OCIE0;
            OCR0 = 195;
            SREG | = 0x80;
            while(1);
    }
#pragma interrupt_handler timer0_co:20
void timer0_co(void)
{
    TCNT0 = 0;
    PORTA^= 0x02;
}
```

在这个例子中使用了两种方法来实现定时，其设计思路基本一致，值得注意的是两种方法初始值计算公式不同，计算出来的初始值及其所装载的寄存器亦不同。溢出定时方式下，初始值装载到 TCNT0 寄存器，比较匹配定时方式下，初始值装载到 OCR0 寄存器。此外，在中断函数中对两个寄存器的操作亦不同，溢出定时方式下，须重新给 TCNT0 装载初始值，比较匹配定时方式下，中断时须将 TCNT0 清零（CTC 模式则不需要）。此外，AVR 单片机没有位取反操作指令，但使用异或运算可以起到相同的效果。

任务 6.3　T/C2 定时/计数器

ATmega16 的 T/C2 是一个 8 位单通道定时/计数器，其基本功能与 T/C0 相同，具有普通计数、比较匹配清零（CTC）、快速 PWM、相位修正 PWM 等工作模式。但是 T/C2 有个重要特点：它支持异步时钟计数模式，可用于将处理器从休眠模式中唤醒。T/C2 主要特点如下：

- 产生比较匹配时自动清零定时器（自动重载）。
- 可作为相位正确的脉宽调制器（PWM）。
- 可作为频率发生器。
- 有 10bit 时钟预分频器。
- 有溢出与比较匹配中断源（TOV2 与 OCF2）。
- 允许使用外部 32KHz 手表晶振作为独立 I/O 时钟源。

6.3.1　T/C2 工作原理

1. 工作原理

T/C2 的定时/计数寄存器 TCNT2、输出比较寄存器 OCR2 为 8 位寄存器，其基本工作原理与 T/C0 类似。T/C2 内部结构如图 6-12 所示，有普通计数、CTC、快速 PWM、相位修正 PWM 四种基本工作模式。T/C2 可以工作在同步定时模式和异步定时模式，当时钟源为内部预分频器输出时钟时 T/C2 为同步定时模式，如图 6-13（b）所示，当 TOSC1:2 接入异步时钟源时 T/C2 工作在异步定时模式，如图 6-13（a）所示。工作于同步还是异步定时模式由异步状态寄存器 ASSR 控制。在没有选择时钟源时 T/C2 处于停止状态。

如图 6-12 所示，双缓冲输出比较寄存器 OCR2 实时与 TCNT2 数值进行比较。波形发生器利用比较结果产生 PWM 波形，或在比较输出引脚 OC2 输出可变频率的信号。比较匹配结果还会置位比较匹配标志 OCF2，用来产生比较中断请求。

同步定时模式下 T/C2 与 CPU 共用同一时钟源，异步模式下 T/C2 采用与 CPU 分离的独

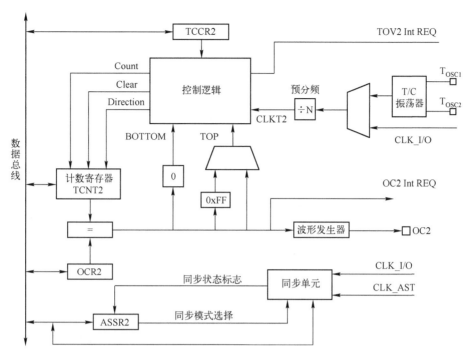

图 6-12 T/C2 内部结构图

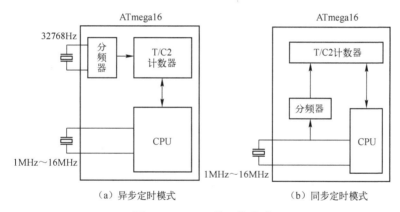

（a）异步定时模式 　　　　　　　　（b）同步定时模式

图 6-13 T/C2 的工作模式

立的时钟源，通常使用 32768Hz 手表晶振，用于产生高精度的时钟信号。

2. 工作模式

T/C2 有普通计数、CTC、快速 PWM、相位修正 PWM 四种基本工作模式。使用 CTC 模式时 OC2 引脚输出波形频率由下式定义：

$$f_{CTC} = \frac{f_{osc}}{2 \times N \times (1 + OCR2)} \tag{6-8}$$

使用快速 PWM 模式时 OC2 引脚输出波形的频率由下式定义：

$$f_{OC2\_PWM} = \frac{f_{osc}}{N \times 256} \tag{6-9}$$

占空比由下式定义：

$$D = \frac{OCR2}{255} \times 100\% \qquad (6-10)$$

使用相位修正 PWM 模式时，输出频率由下式定义：

$$f_{OC2\_PWM} = \frac{f_{osc}}{N \times 510} \qquad (6-11)$$

其中，N 为分频因子（1、8、32、64、128、256 或 1024）。

3. 预分频器

T/C2 预分频器的时钟输入与系统主时钟源 CLK_I/O 连接，如图 6-14 所示。若置位 ASSR 的 AS2 位，T/C2 工作在异步定时方式，将由 TOSC1 引脚提供异步时钟信号，此时 T/C2 可以用作实时时钟（RTC），TOSC1、TOSC2 与 PC 口脱离，可外接一个时钟晶振，不建议从 TOSC1 引脚直接输入时钟信号（有源晶振）。

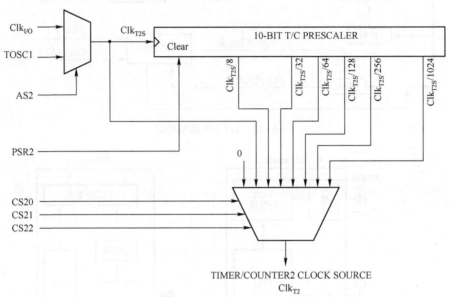

图 6-14　T/C2 预分频器

T/C2 提供的分频系数有 8、32、64、128、256、1024。若选择分频系数为 0 则 T/C2 停止工作。置位 SFIOR 中 PSR2 位可将预分频器复位，使其根据设定的分频系数开始工作。

6.3.2　T/C2 的寄存器

1. 控制寄存器 TCCR2

位	7	6	5	4	3	2	1	0	
TCCR2	FOC2	WGM20	COM21	COM20	WGM21	CS22	CS21	CS20	
	W	R/W	R/W	R/W	R/W	R/W	R/W	R/W	读/写
	0	0	0	0	0	0	0	0	初始值

FOC2（Bit7）：强制输出比较。

WGM21、WGM20（Bit3、Bit6）：工作模式选择，如表 6-6 所示。

表 6-6　T/C2 工作模式选择

模式	WGM21	WGM20	功 能 说 明
0	0	0	普通模式

模式	WGM21	WGM20	功能说明
1	1	0	CTC 模式
2	1	1	快速 PWM 模式
3	0	1	相位修正 PWM 模式

COM21、COM20（Bit5、Bit4）：设置 OC2 引脚输出波形。T/C2 工作于不同模式时，OC2 引脚输出波形或状态由表 6-7~表 6-9 设定。

表 6-7　CTC 模式下 OC2 引脚输出波形

COM21	COM20	功　能
0	0	正常 I/O 端口操作，不影响 PD7
0	1	发生比较匹配时 OC2（Pin21）脚取反
1	0	发生比较匹配时 OC2（Pin21）脚清零
1	1	发生比较匹配时 OC2（Pin21）脚置位

表 6-8　快速 PWM 模式下 OC2 引脚输出波形

COM21	COM20	功　能
0	0	正常 I/O 端口操作，不影响 PD7
0	1	保留
1	0	发生比较匹配时 OC2 清零，TCNT2 计数到 TOP 时置位
1	1	发生比较匹配时 OC2 置位，TCNT2 计数到 TOP 时清零

表 6-9　相位修正 PWM 模式下 OC2 引脚输出波形

COM21	COM20	功　能
0	0	正常 I/O 端口操作，不影响 PD7
0	1	保留
1	0	发生升序匹配时 OC2 清零，发生降序匹配时 OC2 置位
1	1	发生升序匹配时 OC2 置位，发生降序匹配时 OC2 清零

CS22~CS20（Bit2~Bit0）：时钟源选择，选择分频系数，如表 6-10 所示。

表 6-10　T/C2 定时器计数时钟源选择

CS22	CS21	CS20	功能描述
0	0	0	无时钟输入，T/C2 停止计数
0	0	1	$f_{clk}/1$，无分频，f_{osc} 直接输入计数器
0	1	0	$f_{clk}/8$，系统时钟经预分配器 8 分频后输入定时器
0	1	1	$f_{clk}/32$，系统时钟经预分配器 32 分频后输入定时器
1	0	0	$f_{clk}/64$，系统时钟经预分配器 64 分频后输入定时器
1	0	1	$f_{clk}/128$，系统时钟经预分配器 128 分频后输入定时器

CS22	CS21	CS20	功 能 描 述
1	1	0	f_{clk}/256，系统时钟经预分配器 256 分频后输入定时器
1	1	1	f_{clk}/1024，系统时钟经预分配器 1024 分频后输入定时器

当 CS＝000 时，定时器无计数脉冲输入，等同于关闭定时器。应注意的是 T/C2 无外部脉冲输入引脚，不可用于外部脉冲计数。

2. 异步状态寄存器 ASSR

位	7	6	5	4	3	2	1	0	
ASSR	—	—	—	—	AS2	TCN2UB	OCR2UB	TCR2UB	
	R	R	R	R	R/W	R	R	R	读/写
	0	0	0	0	0	0	0	0	初始值

AS2（Bit3）：同步/异步选择。当 AS2＝0，T/C2 工作于系统同步（时钟驱动）模式（1MHz～16MHz）；当 AS2＝1，T/C2 工作于由 TOSC1 引脚输入的异步（时钟驱动）模式（32768Hz）。

TCN2UB（Bit2）：异步模式下寄存器数据更新标志。当 T/C2 工作于异步模式时，若 TCN2UB＝0，则表示 TCNT2 数据更新已完成，否则说明 TCNT2 正在更新数据，禁止读取 TCNT2。

OCR2UB（Bit1）：异步模式下输出比较寄存器 OCR2 更新标志。OCR2UB＝0，OCR2 数据更新已完成，可以读写 OCR2；OCR2UB＝1，OCR2 正在更新数据，禁止读取 OCR2 寄存器。T/C2 工作于异步模式时，对 OCR2 进行写入将引起 OCR2UB 置位。

TCR2UB（Bit0）：异步模式下控制寄存器 TCCR2 更新标志，TCR2UB＝0 时 TCCR2 更新数据已完成，新数据写入成功。

3. 中断屏蔽寄存器 TIMSK

位	7	6	5	4	3	2	1	0	
TIMSK	OCIE2	TOIE2	TICIE1	OCIE1A	OCIE1B	TOIE1	OCIE0	TOIE0	
	R/W	R/W	R/W	R/W	R/W	R/W	R/W	R/W	读/写
	0	0	0	0	0	0	0	0	初始值

OCIE2（Bit7）：T/C2 输出比较匹配中断使能，当该位及 SREG 的 I 位置位时，使能该中断。

TOIE2（Bit6）：T/C2 溢出中断使能，当该位及 SREG 的 I 位置位时，使能该中断。

4. 中断标志寄存器 TIFR

位	7	6	5	4	3	2	1	0	
TIFR	OCF2	TOV2	ICF1	OCF1A	OCF1B	TOV1	OFC0	TOV0	
	R/W	R/W	R/W	R/W	R/W	R/W	R/W	R/W	读/写
	0	0	0	0	0	0	0	0	初始值

OCF2（Bit7）：T/C2 比较匹配中断标志位。当 TCNT2 计数值与 OCR2 寄存器中数值相等时产生比较匹配中断，并将 OCF2 置位，在中断条件满足后，CPU 响应该中断并将该标志位清零，也可通过"写1操作"将该标志位清零。

TOV2（Bit6）：T/C2 溢出中断标志位。当 TCNT2 计数到溢出后产生中断并将 TOV2 置位，在中断条件满足后，CPU 响应该中断并将该标志位清零，也可通过"写 1 操作"将该标志位清零。

5. 特殊功能 I/O 寄存器

位	7	6	5	4	3	2	1	0	
SFIOR	ADTS2	ADTS1	ADTS0	-	ACME	PUD	PSR2	PSR10	
	R/W	R/W	R/W	R/W	R/W	R/W	R/W	R/W	读/写
	0	0	0	0	0	0	0	0	初始值

PSR2（Bit1）：T/C2 预分频复位标志位，置 1 时复位，操作完成后该位由硬件自动清零，读取时其值一直为 0。

6. 定时/计数寄存器 TCNT2

位	7	6	5	4	3	2	1	0	
TCNT2				TCNT2[7:2]					
	R/W	R/W	R/W	R/W	R/W	R/W	R/W	R/W	读/写
	0	0	0	0	0	0	0	0	初始值

7. 比较匹配寄存器 OCR2

位	7	6	5	4	3	2	1	0	
OCR2				OCR2[7:2]					
	R/W	R/W	R/W	R/W	R/W	R/W	R/W	R/W	读/写
	0	0	0	0	0	0	0	0	初始值

6.3.3 T/C2 的应用

T/C2 定时/计数器可以用于定时及波形产生，但不可用于外部脉冲计数。在用于定时时，先要确定系统工作时钟频率 f_{osc}、分频系数 N、寄存器初始值等。根据前述工作原理可知，普通模式下的定时方式属于溢出定时，初始值与定时时间关系由式 6-12 定义：

$$T = (2^8 - TCNT2) \times \frac{f_{osc}}{N} \qquad (6-12)$$

使用 CTC 模式定时，其定时时间与初始值之间关系由式 6-13 定义：

$$T = OCR2 \times \frac{f_{osc}}{N} \qquad (6-13)$$

在 CTC 模式下，T/C2 可以从 OC2 引脚产生波形信号，通过设定 COM21、COM20 位来选择 OC2 引脚波形输出方式，输出波形频率由式 6-8 定义；工作于快速 PWM 模式、相位修正 PWM 模式时，其输出波形及输出脉冲占空比见前述公式。

异步定时方式通常用于某些有特殊要求的场合，如使用 32768Hz 晶振产生秒信号，或将 CPU 从休眠模式下唤醒。使用异步定时方式比使用同步定时方式烦琐，为保证异步定时方式下数据传输及寄存器的可靠设定，应注意以下方面：

（1）选 32768Hz 手表晶振，系统时钟频率应达此数值的 4 倍及以上。

（2）写入 TCNT2、OCR2 和 TCCR2 时，数据首先被送入暂存器。

（3）在使用省电模式、Standby 模式时，TCNT2、OCR2A 和 TCCR2A 须在进入休眠模式前完成更新，否则 CPU 将永远无法被唤醒。

（4）若选择异步工作模式，32768Hz 手表晶振将一直工作，除非进入省电模式或 Standby 模式。

（5）由于启动过程中时钟具有不稳定性，唤醒时所有 T/C2 寄存器的内容都可能不正确，应重新给这些寄存器赋值。

T/C2 工作于异步定时方式时，安全可靠的操作步骤为：

（1）屏蔽 T/C2 中断。

（2）设置 AS2 选择时钟源，选定异步/同步定时方式。

（3）给 TCNT2、OCR2 和 TCCR2 写入新数据。

（4）选择异步定时方式时，须查询 TCN2UB、OCR2UB、TCR2UB 状态，均为 0 时方可继续操作。

（5）清除 T/C2 中断标志。

（6）设置相关中断。

【例 6-3】 RTC 异步时钟频率为 32768Hz，T/C2 工作于异步普通定时模式，定时 1s，从 PA2 输出周期为 2s 的方波。

解：异步时钟频率为 32768Hz，分频系数 $N = 256$，算得 1 秒钟 CTC 模式下的初始值为 128，编程如下所示，仿真结果如图 6-15 所示。

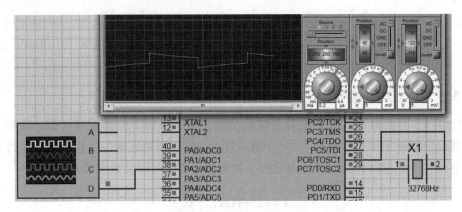

图 6-15　例 6-3 仿真结果

```
/*T/C2 异步方式定时 1sPA2 输出 2s*/
#include<iom16v.h>
unsigned char i=0;
unsigned char temp=1;
void main(void)
{
    //SREG&=0x7f;                        //关闭中断
    ASSR=1<<AS2;                          //选择异步定时
    TCCR2=(1<<CS21)|(1<<CS22);            //N=256;
    OCR2=128;                            //T=1s
    TCNT2=0;
    while(ASSR&0x07);                    //等待寄存器更新数据完成
    TIMSK=1<<OCIE2;                      //使能 T/C2 中断
    SREG|=0x80;                          //使能总中断
    DDRA=(1<<PA2);
    while(1);                            //等待中断
```

```
    }
    #pragma interrupt_handler timer2_oc:4
    void timer2_oc(void)
    {
      TCNT2=0;
      while(ASSR&0x04);                //等待寄存器完成更新
      PORTA^=1<<PA2;                   //PA2输出方波
    }
```

【项目拓展】

任务 6.4 数字时钟

1. 项目要求

设计一个数字时钟，显示"时""分""秒"，其中"时""分"分别用两位数码管显示，"秒"用一个发光二极管指示，每秒发光二极管闪烁一次，同时时钟还应具有校时调整功能。为实现这一功能，定义 4 个按键 k0~k3，每个按键的功能定义如下：

k0：调整。

k1：分钟增加。

k2：时钟增加。

k3：确认。

操作方法：当按下 k0 时，时钟源停止工作，进入调整模式，此时按 k1、k2 可以分别调整"分"和"时"。校时完成后按 k3 重启时钟。

2. 项目分析

根据项目要求可知，要实现数字时钟功能，应使用定时器定时 1 秒钟，以获得最基本的计时信号，再定义 H、M、S 三个变量，用来计时。当 1 秒定时时间到，让 S 自增 1，增到 60 后让 M 自增 1（同时 S 清零），M 增到 60 后让 H 自增 1（同时 M 清零），H 增到 12 或 24 后时钟归零。将 M、H 变量显示在 2 位数码管中，以 S 变量驱动发光二极管，即可实现基本的时钟功能。

为实现时钟的校时调整，读取并判断键值。当判断到 k0 被按下时，使定时器停止工作，时钟停止计时，如果继续判断到有按键被按下，如果为 k1 则让 M 自增 1，如果为 k2 则让 H 自增 1，如果为 k3 则重启定时器。

3. 项目实现

根据对项目的分析，该项目主要由 3 个模块组成，分别为定时计时模块、显示模块、校时模块，绘制流程图如图 6-16 所示，绘制 Proteus 仿真原理图如 6-17 所示。

编写源程序如下：

```
//具有校时功能的时钟
#include<iom16v.h>
const unsigned char
LED[10]={0xc0,0xf9,0xa4,0xb0,0x99,0x92,0x82,0xf8,0x80,0x90};
unsigned char flag=1;
unsigned char Cnt;
unsigned char H,M,S;
void delay(unsigned char t);
```

```c
get_key(void);
void disp(void);
void main(void)
{
    DDRC = 0xff;
    DDRD = 0xff;
    DDRA = 0x00;
    SFIOR& = 0xfb;
    PORTA = 0x0f;
    TCCR0 = 1<<2;
    OCR0 = 156;//5ms
    REG | = 0x80;
    TIMSK | = 1<<1;
    while(1)
    {
        get_key();
        disp();
    }
}
void delay(unsigned char t)
{
    unsigned char i,j,k;
    for(i=0;i<60;i++)
    for(j=0;j<10;j++)
    for(k=0;k<t;k++);
}
#pragma interrupt_handler timer0_sev:20
void timer0_sev(void)
{
    TCNT0=0;
    if(Cnt++>=100)
    {
        PORTD | =1<<7;
        if(Cnt>=200)
        {
            Cnt=0;
            if(S++>59)
            {
                S=0;
                if(M++>59)
                {
                    M=0;
                    if(H++>12)H=0;
                }
            }
        }
    }
    elsePORTD& = ~(1<<7);
}
get_key(void)
{
    unsigned char key;
    key=PINA&0x0f;
    switch(key)
    {
```

```
        case 0x0e:TCCR0 = 0;break;
        case 0x0d:if(M++>59)M = 0;break;
        case 0x0b:if(H++>12)H = 0;break;
        case 0x07:TCCR0 = 1<<2;break;
        default:break;
    }
}
void disp(void)
{
        PORTC = LED[H/10];
        PORTD = 1;
        delay(50);
        PORTC = LED[H%10];
        PORTD = 2;
        delay(50);
        PORTC = 0xff;
        PORTC = LED[M/10];
        PORTD = 4;
        delay(50);
        PORTC = 0xff;
        PORTC = LED[M%10];
        PORTD = 8;
        delay(50);
        PORTC = 0xff;
}
```

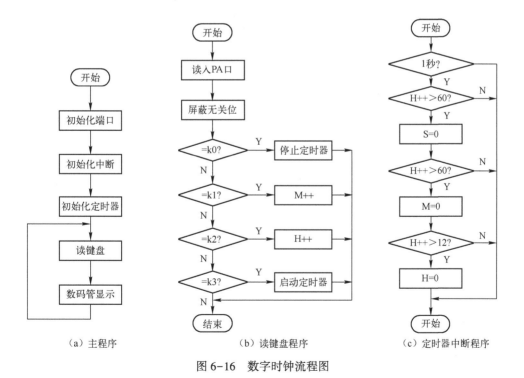

（a）主程序　　　　（b）读键盘程序　　　　（c）定时器中断程序

图6-16　数字时钟流程图

4. 项目调试

运行程序，操作 k0~k4，观察程序运行结果。思考：如何提高时钟计时精度？

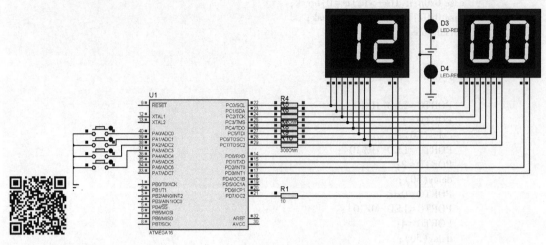

图 6-17 仿真原理图

项目 7 　自动避障小车

【工作要求】

1. 任务表

训练项目	设计自动避障小车，以 3 轮或 4 轮小车为载体（2 个动力轮），由 2 个直流电机提供动力，使用 PWM 方式驱动直流电机，可实现差速转向，并具有加速逃离功能
学习任务	（1）T/C1 工作原理。 （2）T/C1 的寄存器。 （3）T/C1 的定时/计数器。 （4）T/C1 的捕捉器。 （5）T/C1 的 PWM 控制。 （6）模拟比较器
学习目标	**知识目标** （1）了解 T/C1 特点及工作原理。 （2）熟悉 T/C1 寄存器操作。 （3）了解 T/C1 捕捉器工作原理。 （4）掌握使用 T/C1 定时、计数的方法。 （5）掌握 T/C1 捕捉器的使用方法。 （6）掌握模拟比较器的使用方法。 **能力目标** （1）具有对 T/C1 进行应用编程的能力。 （2）具有对定时、计数、PWM 控制的综合应用能力。 （3）具有对定时器、比较器的中断的综合应用能力。 （4）具有对直流电机进行调速控制的应用能力
项目拓展	数字频率计
参考学时	4

2. 任务要求

在 Proteus 软件中实现智能小车仿真，小车前后设有 4 个传感器输入端子（外接开关模拟输入，低电平有效），4 个指示灯，两个动力轮由直流电机驱动。小车依据传感器探测信号实现前进、后退、转弯、加/减速，具有 PWM 调速功能，初始速度设为最高速的 30%。小车底部安装异物探测传感器（外接开关模拟输入），当探测到异物时小车不断加速躲避（每次加速，速度提高幅度为最高速的 10%），直至全速。直流电机使用 L298 专用芯片驱动。CPU 使用 ATmega16，工作频率设为 1MHz。

3. 设计思路

T/C1 为 16 位定时/计数器，带捕捉器功能，定义了 15 种不同的工作模式，本项目中使用工作模式 8（PWM 波形输出），从 OC1A、OC1B 引脚输出两路频率约为 500Hz，占空比可独立调节的 PWM 波形，用于两个直流电机调速控制，直流电机的功率驱动则由 L298 双 H 桥专用芯片实现。小车前后 4 个探测传感器输入端子接单片机 I/O 口，小车底部异物探测传感器接单片机模拟比较器的 AIN1 引脚，AIN0 引脚外接比较参考电压，调节 AIN0 电压可以设定异物传感器探测灵敏度。

4. 任务实施

1）L298 驱动芯片

L298 为高电压、大电流功率驱动芯片，其内部集成有两路结构相同的 H 桥：A 和 B，能驱动继电器、电磁阀、电机等感性负载，内部结构如图 7-1 所示。L298 的驱动电源和工作电源各自独立，可以外接检流电阻以便实现对负载工作电流的监测。

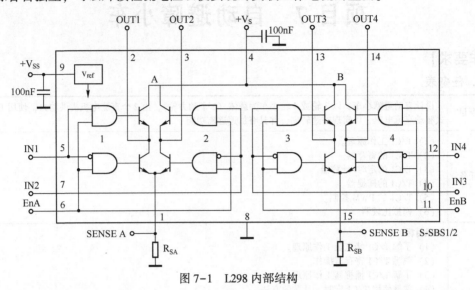

图 7-1 L298 内部结构

由图 7-1 可知，通过控制 IN1、IN2、EnA（控制 A 桥）及 IN4、IN3、EnB（控制 B 桥）端可以实现对负载的调节与控制。INx 端加高、低电平可实现正转、反转、停止控制，Enx端加入 PWM 波形可以实现电机调速，如表 7-1 所示。

表 7-1 L298 功能控制逻辑

A 桥			B 桥			功　能
IN1	IN2	EnA	IN4	IN3	EnB	
x	x	0	x	x	0	停止
0	0	1	0	0	1	停止
0	1	1	0	1	1	反转
1	0	1	1	0	1	正转
1	1	1	1	1	1	刹车

2）硬件设计

在 Proteus 软件中进行仿真的原理图如图 7-2 所示。ML、FL、RL 分别为小车左侧电机和左侧前后的传感器信号接口模拟开关，MR、FR、RR 分别为小车右侧电机和右侧前后的传感器信号接口模拟开关，Bm 为小车底部的传感器信号接口模拟开关。L1~L4 分别为碰撞指示灯。OC1A 输出 PWM 信号驱动 ML 电机，OC1B 输出 PWM 信号驱动 MR 电机，通过示波器可以观察波形。

3）软件设计

编程思路为定义 state 变量保存小车转弯与否状态标志，定义 Dir 变量保存小车前进后退状态，确保小车转弯后不会搞错方向，定义函数 Car_Control，将小车状态（转弯）和行车方向（进退）传入该函数，根据传感器信息调整控制小车。T/C1 工作在模式 8，输出两路频率为 500Hz 的 PWM 方波，开模拟比较器中断，下降沿触发，每触发 1 次中断，小车加速1 次（最高速的 10%）。程序流程图如图 7-3 所示。完整源程序如下：

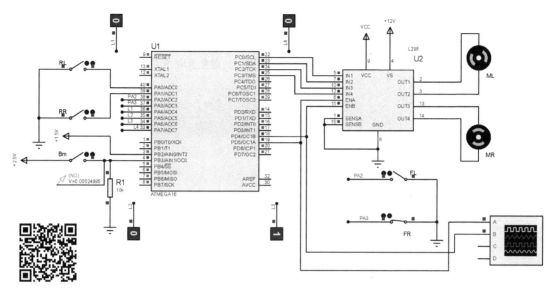

图 7-2 仿真原理图

```
/ * ICCV7 for AVR8.28 * /
#include<iom16v.h>
#define Forward      0x05                    //直行
#define Backward     0x0a                    //后退
#define Turnleft     0x10                    //左转
#define Turnright    0x11                    //右转
#define Brake        0x0f                    //刹车
#define Stop         0x00                    //停止
#define Turning      0x12                    //正在转弯
#define unTurning    0x13                    //没有转弯
volatile unsigned int speed;                 //PWM 速度值
void Car_Control(unsigned char Modle,unsigned char DIRtemp);
void main(void)
{
    unsigned char key,Dir;
    unsigned char state;
    / * 初始化 T/C1,模式 8 * /
    TCCR1A | = 1<<COM1B1 | 1<<COM1A1;
    TCCR1B | = 1<<WGM13 | 1<<CS10;
    DDRD | = 1<<PD4 | 1<<PD5;
    ICR1 = 999;
    speed = 500;
    OCR1A = speed;
    OCR1B = speed;
    / * 初始化端口 * /
    DDRC = 0x1f;
    DDRA = 0xf0;
    SFIOR& = 0xfb;
    PORTA = 0x0f;
```

```
/*初始模拟比较器:开中断,下降沿触发*/
ACSR = 1<<ACIE │ 1<<ACIS1;
ACSR │ = 1<<ACI;                    //清除中断标志,避免上电误中断
SREG │ = 0x80;
/*上电前进*/
Dir = Forward;
while(1)
{
    key = PINA&0x0f;
    if(key = = 0x0e)
    {
        PORTA = 0x1f;
        state = Turning;
        Car_Control(Turnleft, Dir);    //后左碰撞,左转
    }
    else if(key = = 0x0b)
    {
        PORTA = 0x8f;
        state = Turning;
        Car_Control(Turnright, Dir);    //前左碰撞,右转
    }
    else if(key = = 0x07)
    {
        PORTA = 0x4f;
        state = Turning;
        Car_Control(Turnleft, Dir);    //前右碰撞,左转
    }
    else if(key = = 0x0d)
    {
        PORTA = 0x2f;
        state = Turning;
        Car_Control(Turnright, Dir);    //后右碰撞,右转
    }
    else if(key = = 0x03)
    {
        PORTA = 0xcf;
        Dir = Backward;                //前面双碰撞置标志
        state = unTurning;             //置不转弯标志
    }
    else if(key = = 0x0c)
    {
        PORTA = 0x3f;
        Dir = Forward;                 //后面双碰撞置标志
        state = unTurning;             //置不转弯标志
    }
    else
    {
```

```c
        PORTA = 0x0f;
        state = unTurning;                  //无传感器则置空闲标志
      }
      if( state == unTurning )
      {
        if( Dir == Forward )
        Car_Control( Forward, Dir );        //前面双碰撞后退
        else if( Dir == Backward )
        Car_Control( Backward, Dir );
      }
    }
}
void Car_Control( unsigned char Modle, unsigned char DIRtemp )
{
    if( Modle == Forward )
    {
      PORTC = DIRtemp;                      //正转
      OCR1A = speed;
      OCR1B = speed;
    }
    else if( Modle == Backward )
    {
      PORTC = DIRtemp;                      //反转
      OCR1A = speed;
      OCR1B = speed;
    }
    else if( Modle == Turnleft )
    {
      PORTC = DIRtemp;                      //正转
      OCR1A = 300;
      OCR1B = speed;
    }
    else if( Modle == Turnright )
    {
      PORTC = DIRtemp;                      //右转
      OCR1A = speed;
      OCR1B = 300;
    }
}
#pragma interrupt_handler PWM_ISR:17
void PWM_ISR( void )
{
    speed += 100;
    OCR1A = speed;
    OCR1B = speed;
    if( speed >= 999 ) speed = 999;
}
```

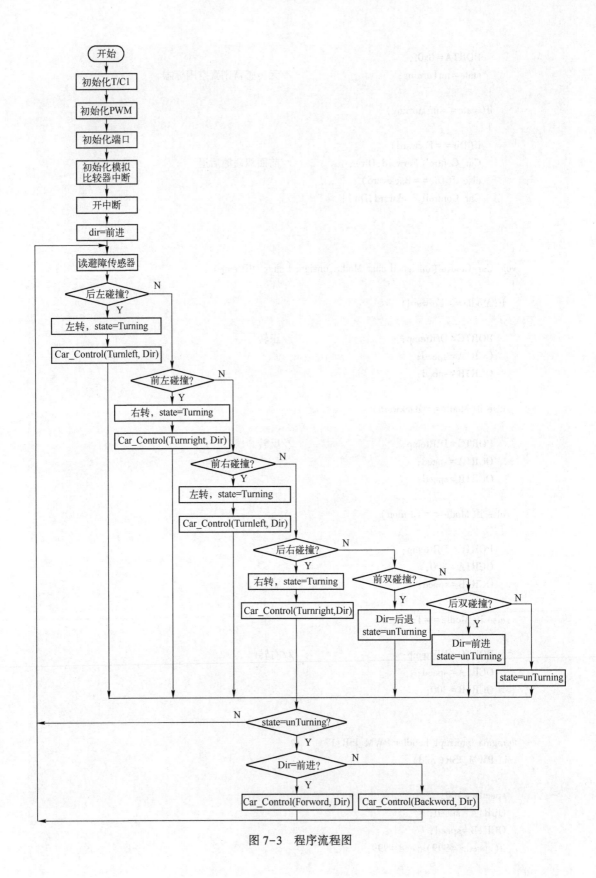

图 7-3　程序流程图

5. 调试分析

确保所有开关处于断开状态，运行仿真，打开示波器，当分别单独将 FL、FR、RL、RR 开关闭合时，可以看到示波器输出的两路波形有差异（差速转弯），如图 7-4 (a) 所示，开关断开后两路波形恢复相同（走直线）。同时将 FL/FR 或 RL/RR 开关闭合，模拟小车已碰撞墙壁，小车会自动切换方向。

模拟比较器 AIN0 (+端) 接 1.5V 参考电压，AIN1 (−端) 接传感器输出电压 (设为 2.5V)，当开关闭合时模拟比较器产生下降沿，触发模拟比较器中断，每闭合 1 次开关，小车加速 1 次，直至占空比为 100%，如图 7-4 (b) 所示。

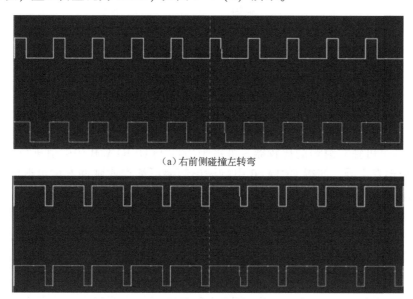

（a）右前侧碰撞左转弯

（b）检测到异物时的加速波形

图 7-4　仿真调试 PWM 输出波形

【知识链接】

任务 7.1　T/C1 定时/计数器结构及原理

7.1.1　结构组成

ATmega16 内部集成的 T/C1 为真正的 16bit 定时/计数器，它由 2 个独立的输出比较单元、1 个输入捕捉单元、双缓冲输出比较寄存器、输入捕捉噪声抑制器等构成，如图 7-5 所示。T/C1 可工作于相位修正及周期修正的 PWM 模式，可输出周期及相位可变的 PWM 信号，可作为频率发生器、外部事件计数器。T/C1 有 4 个独立的中断源：TOV1、OCF1A、OCF1B 及 ICF1。发生比较匹配时，T/C1 可自动清除寄存器中的内容。

T/C1 中的 TCNT1 (定时/计数寄存器)、OCR1A/B (输出比较寄存器)、ICR1 (捕捉器) 均为 16 位寄存器，TCCR1A/B (控制寄存器) 为 8 位寄存器。有输入脉冲时 TCNT1 进行加法或减法计数，当计数溢出时会产生 TOV1 溢出中断请求，中断请求标志保存于 TIFR1 寄存器。T/C1 计数脉冲可采用内部时钟脉冲或由 T1 引脚输入，当没有选择时钟源时 T/C1 处于停止状态，具体由时钟选择逻辑模块控制。

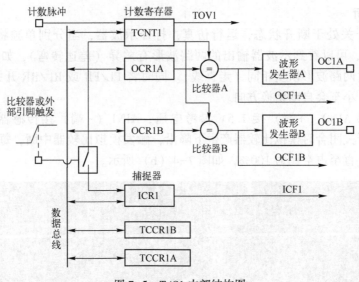

图 7-5 T/C1 内部结构图

T/C1 有两个可独立编程的比较器，可将 TCNT1 与 OCR1A/B 中的值进行比较，根据比较结果控制波形发生器，使得 OC1A/B 引脚输出频率可编程或脉冲宽度可调的 PWM 波形。发生比较匹配时还将置位比较匹配标志 OCF1A/B，可用来产生比较中断请求。

T/C1 有多种工作模式。TOP、BOTTOM、MAX 定义了不同的计数范围，在不同模式下它们的数值范围不同，如表 7-2 所示。TOP 值可由 OCR1A、ICR1 寄存器或用固定数值来定义，具体取决于 T/C1 的工作模式。

表 7-2　计数符号定义

符　　　号	符　号　说　明
BOTTOM	计数到 0x0000 时即达到 BOTTOM
MAX	计数到 0xFFFF 时即达到 MAX
TOP	计数到计数序列最大值时即达到 TOP。TOP 值可以为 0x00FF、0x01FF、0x03FF 等，也可由 OCR1A 或 ICR1 寄存器中的数值定义，具体情况跟工作模式有关

7.1.2　T/C1 的捕捉器

T/C1 的捕捉器可用来捕获外部输入信号事件，并为其赋予"时间标记"以说明事件发生的"时刻"。捕捉器的捕捉触发信号可由 ICP1 引脚输入，也可通过模拟比较器触发，具体通过编程选择。捕捉到的事件的"时间标记"可以用于计算频率、占空比及信号的其他特征，或为捕捉事件创建日志。

捕捉器内部结构如图 7-6 所示，当 ICP1 引脚或模拟比较器的输出（ACO）发生逻辑电平变化时，此变化将被边沿检测器检测到，从而触发捕捉，捕捉器将 TCNT1 中的 16 位数据复制到输入捕捉寄存器 ICR1，并将 ICF1 置位。当中断条件满足时可产生捕捉中断请求（ICIE1=1），中断被响应后 ICF1 将自动清零，也可通过"写 1 操作"将其清零。应注意的是改变触发源有可能造成一次输入捕捉，因此在改变触发源后必须对输入捕捉标志执行一次清零操作。

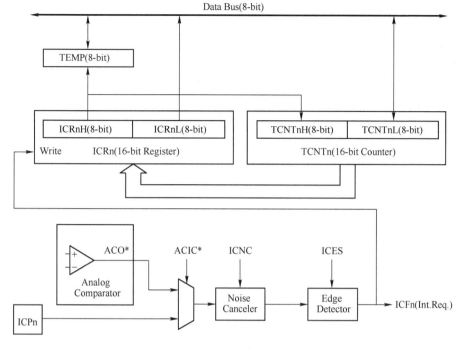

图 7-6 捕捉器结构图

7.1.3 模拟比较器

模拟比较器将正极引脚 AIN0 与负极引脚 AIN1 输入的模拟电压进行比较，当 AIN0 引脚电压大于 AIN1 引脚电压时，模拟比较器将 ACO 置位，在中断使能时产生模拟比较中断，其结构如图 7-7 所示。

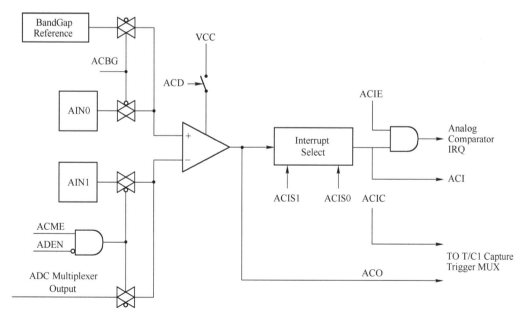

图 7-7 模拟比较器结构

7.1.4 T/C1 定时/计数器工作模式

1. 普通模式

普通模式为最简单的工作模式。在此模式下，计数器不停地进行累加计数，计到 16bit 的最大值后（TOP=0xFFFF）发生溢出，之后，计数器从最小值 0x0000 重新开始计数。普通模式下 T/C1 溢出后，溢出标志 TOV1 置位。

普通模式下可以选择 TCNT1 的计数时钟源，可以来自预分频的输出脉冲或来自 T1（PB1）引脚输入脉冲，通常用于"定时"或对外部脉冲"计数"，但是该模式不用于输出比较器产生波形，因为会耗费 CPU 太多时间。

2. 比较匹配清零（CTC）模式

比较匹配清零模式又称 CTC 模式，其工作原理与 T/C0 的同一模式类似：TCNT1 计数到与 OCR1A 或 ICR1 寄存器值相等时，TCNT1 计数器清零。在 OCR1A 或 ICR1 寄存器中定义了计数器的 TOP 值，该值决定了计数器的分辨率。

CTC 模式可以用于定时，也可以在 OC1 引脚产生频率可编程的方波。为了在 CTC 模式下得到输出，可以设置 OC1x 在每次比较匹配发生时改变逻辑电平，通过设置寄存器的 COM 位完成。在使 OC1x 输出波形之前，应先将 I/O 端口设置为输出状态。波形发生器输出频率由下式确定：

$$f_{OC1} = \frac{f_{osc}}{2 \times N \times (1+OCR1A)}$$ 式 7-1

3. 快速 PWM 模式

快速 PWM 模式可用来产生较高频率的 PWM 信号波形。快速 PWM 模式为单边斜坡工作方式，TCNT1 计数器从 BOTTOM 计数到 TOP，然后立即回到 BOTTOM 重新开始计数。在计数到 TOP 的过程中，TCNT1 中的值必定与比较寄存器 OCR1A/B 中值发生匹配，在发生比较匹配时改变输出引脚 OC1A/B 的电平即可在 OC1A/B 引脚获得波形，改变 OCR1A/B 寄存器的值可改变在单边斜坡上的匹配位置，从而改变 OCR1A/B 引脚输出波形的脉宽，实现脉冲的 PWM 调制。

T/C1 工作于快速 PWM 模式时，PWM 分辨率可通过对 8、9、10 位进行编程而设定，也可由 ICR1 或 OCR1A 定义。最小分辨率为 2bit（ICR1 或 OCR1A 设为 0x0003），最大分辨率为 16bit（ICR1 或 OCR1A 设为 MAX）。输出的 PWM 频率由下式定义：

$$f_{OC1-PWM} = \frac{f_{osc}}{N \times (1+TOP)}$$ 式 7-2

4. 相位修正 PWM 模式

相位修正 PWM 模式用于产生高精度、相位准确的 PWM 波形，此模式为双斜坡工作方式。TCNT1 重复地从 BOTTOM 加计数到 TOP，然后再从 TOP 减计数到 BOTTOM，在加计数及减计数过程中分别发生 1 次匹配，当进行加计数时，若发生匹配，OC1A/B 将清零为低电平；而在减计数时，若发生匹配，OC1A/B 将置位为高电平，工作于反向比较输出方式时，情况正好相反。

与单斜坡工作方式相比，双斜坡工作方式可获得的最大频率要小，但其对称特性十分适合于电机控制。PWM 分辨率可通过对 8、9、10 位进行编程而设定，或由 ICR1 或 OCR1A 设定。最小分辨率为 2bit（ICR1 或 OCR1A 设为 0x0003），最大分辨率为 16 bit（ICR1 或

OCR1A 设为 MAX）。相位修正 PWM 模式下的信号波形输出频率由下式定义

$$f_{\text{OC1-PWM}} = \frac{f_{\text{osc}}}{2 \times N \times \text{TOP}}$$ 式 7-3

5. 相位—频率修正 PWM 模式

在相位—频率修正 PWM 模式下，T/C1 的输出信号相位、频率均可精确控制，这种模式非常适合用于变频、光伏逆变等应用场合。

与相位修正 PWM 模式类似，相位—频率修正 PWM 模式也是双斜坡工作方式。TCNT1 重复地从 BOTTOM 计数到 TOP，然后又从 TOP 逆计数到 BOTTOM。

在一般的比较输出模式下，TCNT1 往 TOP 计数时若发生匹配，OC1A/B 置为低电平，而在往 BOTTOM 计数时，若发生匹配，OC1A/B 将置为高电平，工作于反向比较输出方式时，情况正好相反。

相位—频率修正 PWM 模式为单比较器工作模式，OCR1A 或 OCR1B 与 TCNT1 中数值进行比较。可以使用 ICR1 或者 OCR1A 存放 TOP 值，而通过设定 OCR1B 寄存器值来调整占空比，占空比由下式定义：

$$D = \frac{\text{OCR1B}}{\text{TOP}} \times 100\%$$ 式 7-4

输出 PWM 脉冲频率由下式定义：

$$f_{\text{OC1-PWM}} = \frac{f_{\text{osc}}}{2 \times N \times \text{TOP}}$$ 式 7-5

若 TOP 值存放在 ICR1 中，比较器 A 开始工作，改变 OCR1A 寄存器的值可以调节从 OC1A（PD5）输出 PWM 波形的占空比，调整 ICR1 可以控制输出频率，取值范围为 0～65535，此方式具有极高的频率分辨率。

若 TOP 值存放在 OCR1A 中，比较器 B 开始工作，改变 OCR1A 寄存器的值可以调节从 OC1B（PD4）输出的 PWM 波形的频率，取值范围为 0～65535。调整 OCR1B 可以改变占空比，最大可存放数值为 65535。

任务 7.2　相关寄存器

7.2.1　T/C1 的寄存器

1. 控制寄存器 TCCR1A

位	7	6	5	4	3	2	1	0	
TCCR1A	COM1A1	COM1A0	COM1B1	COM1B0	FOC1A	FOC1B	WGM11	WGM10	
	W	R/W	R/W	R/W	W	W	R/W	R/W	读/写
	0	0	0	0	0	0	0	0	初始值

COM1A1、COM1A0（Bit7、Bit6）：控制比较器通道 A 的比较输出模式。

COM1B1、COM1B0（Bit5、Bit4）：控制比较器通道 B 的比较输出模式，如表 7-3 所示。

表 7-3　比较输出模式

COM1A1/COM1B1	COM1A0/COM1B0	功　能
0	0	正常 I/O 端口操作

COM1A1/COM1B1	COM1A0/COM1B0	功　　能
0	1	发生比较匹配时 OC1A/B 引脚取反
1	0	发生比较匹配时 OC1A/B 清零（输出低电平）
1	1	发生比较匹配时 OC1A/B 置位（输出高电平）

FOC1A、FOC1B（Bit3、Bit2）：强制比较，置位时发生一次强制比较匹配。

WGM13~WGM10：设定 T/C1 工作模式。T/C1 共定义了 15 种工作模式，如表 7-4 所示。由表 7-4 可知，模式 0~7 及模式 12 与 T/C0、T/C2 的工作模式一致，PWM 的分辨率相对固定。而模式 8~11 及模式 14~15 为相位分辨率或频率分辨率可修正的 PWM 模式，在使用上较固定分辨率模式要复杂。

注：WGM13、WGM12 位于 TCCR1B 寄存器。

表 7-4　T/C1 定时/计数器工作模式

模式	WGM13	WGM12	WGM11	WGM10	工作模式	TOP	OCR1A/B 更新时刻
0	0	0	0	0	普通	0xFFFF	立即
1	0	0	0	1	8 位相位修正 PWM	0x00FF	TOP
2	0	0	1	0	9 位相位修正 PWM	0x01FF	TOP
3	0	0	1	1	10 位相位修正 PWM	0x03FF	TOP
4	0	1	0	0	CTC	OCR1A	立即
5	0	1	0	1	8 位快速 PWM	0x00FF	TOP
6	0	1	1	0	9 位快速 PWM	0x01FF	TOP
7	0	1	1	1	10 位快速 PWM	0x03FF	TOP
8	1	0	0	0	相位—频率修正 PWM	ICR1	BOTTOM
9	1	0	0	1	相位—频率修正 PWM	OCR1A	BOTTOM
10	1	0	1	0	相位修正 PWM	ICR1	TOP
11	1	0	1	1	相位修正 PWM	OCR1A	TOP
12	1	1	0	0	CTC	ICR1	立即
13	1	1	0	1	保留	—	—
14	1	1	1	0	快速 PWM	ICR1	TOP
15	1	1	1	1	快速 PWM	OCR1A	TOP

2. 控制寄存器 TCCR1B

位	7	6	5	4	3	2	1	0	
TCCR1B	ICNC	ICES	—	WGM13	WGM12	CS12	CS11	CS10	
	R/W	R/W	R	R/W	R/W	R/W	R/W	R/W	读/写
	0	0	0	0	0	0	0	0	初始值

ICNC（Bit7）：为 1 时使能输入捕捉噪声抑制器。

ICES（Bit6）：输入捕捉触发沿选择。该位为"0"时下降沿触发输入捕捉，为"1"时上升沿触发输入捕捉。

Bit5：该位保留，始终要求写入"0"。

WGM13、WGM12（Bit4、Bit3）：设定 T/C1 工作模式。

CS12~CS10（Bit2~Bit0）：时钟源选择，如表 7-5 所示。

表 7-5　T/C1 时钟源选择

CS12	CS11	CS10	功　能　描　述
0	0	0	无时钟信号输入，T/C1 停止计数
0	0	1	无分频，f_{osc} 直接输入计数器
0	1	0	$f_{clk}/8$，系统时钟经预分配器 8 分频后输入定时器
0	1	1	$f_{clk}/64$，系统时钟经预分配器 64 分频后输入定时器
1	0	0	$f_{clk}/256$，系统时钟经预分配器 256 分频后输入定时器
1	0	1	$f_{clk}/1024$，系统时钟经预分配器 1024 分频后输入定时器
1	1	0	时钟由 T0 引脚输入，上升沿计数
1	1	1	时钟由 T0 引脚输入，下降沿计数

当 CS=000 时，T/C1 无计数脉冲输入，等同于关闭定时器。

3. 计数寄存器 TCNT1

位	7	6	5	4	3	2	1	0	
TCNT1H				TCNT1[15:8]					
TCNT1L				TCNT1[7:0]					
	R/W	R/W	R/W	R/W	R/W	R/W	R/W	R/W	读/写
	0	0	0	0	0	0	0	0	初始值

4. 输出比较寄存器 OCR1A

位	7	6	5	4	3	2	1	0	
OCR1AH				OCR1A[15:8]					
OCR1AL				OCR1A[7:0]					
	R/W	R/W	R/W	R/W	R/W	R/W	R/W	R/W	读/写
	0	0	0	0	0	0	0	0	初始值

5. 输出比较寄存器 OCR1B

位	7	6	5	4	3	2	1	0	
OCR1BH				OCR1B[15:8]					
OCR1BL				OCR1B[7:0]					
	R/W	R/W	R/W	R/W	R/W	R/W	R/W	R/W	读/写
	0	0	0	0	0	0	0	0	初始值

6. 中断屏蔽寄存器 TIMSK

位	7	6	5	4	3	2	1	0	
TIMSK	OCIE2	TOIE2	TICIE1	OCIE1A	OCIE1B	TOIE1	OCIE0	TOIE0	
	R/W	R/W	R/W	R/W	R/W	R/W	R/W	R/W	读/写
	0	0	0	0	0	0	0	0	初始值

TICIE1（Bit5）：T/C1 输入捕捉中断使能，置 1 有效。

OCIE1A（Bit4）：T/C1 输出比较 A 匹配中断使能，置 1 有效。

OCIE1B（Bit3）：T/C1 输出比较 B 匹配中断使能，置 1 有效。

TOIE1（Bit2）：T/C1 溢出中断使能，置 1 有效。

7. 中断标志寄存器 TIFR

位	7	6	5	4	3	2	1	0	
TIFR	OCF2	TOV2	ICF1	OCF1A	OCF1B	TOV1	OFC0	TOV0	
	R/W	R/W	R/W	R/W	R/W	R/W	R/W	R/W	读/写
	0	0	0	0	0	0	0	0	初始值

ICF1（Bit5）：T/C1 输入捕捉标志位，ICF1 置位时，CPU 立即响应捕捉中断。

OCF1A（Bit4）：T/C1 输出比较 A 匹配标志位，OCF1A 置位时，CPU 立即响应比较 A 的匹配中断。

OCF1B（Bit3）：T/C1 输出比较 B 匹配标志位，OCF1B 置位时，CPU 立即响应比较 B 的匹配中断。

TOV1（Bit2）：T/C1 溢出标志。TOV1 置位时，CPU 立即响应 T/C1 溢出中断。

7.2.2 捕捉器的寄存器

1. 控制位

与捕捉器有关的控制位有 3 个，分别为输入捕捉噪声抑制器使能位 ICNC、输入捕捉触发沿选择位 ICES 和模拟比较输入捕捉使能控制位 ACIC。ICNC 和 ICES 位于 TCCR1B 的 Bit7 和 Bit6 位，ACIC 位于 ACSR 寄存器的 Bit2 位。

2. 输入捕捉寄存器 ICR1

位	7	6	5	4	3	2	1	0	
ICR1H				ICR1[15:8]					
ICR1L				ICR1[7:0]					
	R/W	R/W	R/W	R/W	R/W	R/W	R/W	R/W	读/写
	0	0	0	0	0	0	0	0	初始值

捕捉结果存于 ICR1 寄存器中，即将 TCNTH 值赋给 ICRH，将 TCNTL 值赋给 ICRL。

7.2.3 模拟比较器的寄存器

1. SFIOR 的 I/O 寄存器

位	7	6	5	4	3	2	1	0	
SFIOR	ADTS2	ADTS1	ADTS0	ADHSM	ACME	PUD	PSR2	PSR10	
	R/W	R/W	R/W	R/W	R/W	R/W	R/W	R/W	读/写
	0	0	0	0	0	0	0	0	初始值

ACME（Bit3）：模拟比较器多路选择使能位，该位置 1 时 ADC（模数转换器）关闭，模拟比较器多路选择功能可设置模拟比较器 AIN1 引脚，该位置 0 时 AIN1 用作比较器负极性输入引脚。

2. ACSR 控制状态寄存器

位	7	6	5	4	3	2	1	0	
ACSR	ACD	ACBG	ACO	ACI	ACIE	ACIC	ACIS1	ACIS0	
	R/W	R/W	R	R/W	R/W	R/W	R/W	R/W	读/写
	0	0	N/A	0	0	0	0	0	初始值

ACD（Bit7）：模拟比较器开关位，此位为 1 时，关闭模拟比较器，有利于降低功耗。配置 ACD 位时，必须清零 ACSR 中的 ACIE 位，以禁止模拟比较器中断，避免意外触发中断。

ACBG（Bit6）：参考电压选择，此位为 1 时，AIN0 接内部 1.23V 固定参考电压；此位为 0 时，AIN0 作为模拟比较器的正极性输入引脚。

ACO（Bit5）：模拟比较器输出。模拟比较器的输出经过同步后直接连接到 ACO，并插入 1~2 个时钟周期的延迟。

ACI（Bit4）：模拟比较器中断标志。当触发比较器中断时，该位由硬件置 1，比较器中断得到响应后，该位自动清零。

ACIE（Bit3）：模拟比较器中断使能，置 1 有效。

ACIC（Bit2）：模拟比较输入捕捉使能控制，写入 1 时将由模拟比较器触发 T/C1 的捕捉功能，比较器的输出直接接捕捉器前端逻辑电路，消噪电路可消除干扰，边沿选择可设置触发边沿。写入逻辑 0 时，不使用输入捕捉功能。

ACIS1、ACIS0（Bit1、Bit0）：模拟比较器中断触发模式选择，如表 7-6 所示，改变这些位的状态须在禁止模拟比较中断的情况下操作。

表 7-6　模拟比较器中断触发模式

ACIS1	ACIS0	中断触发模式
0	0	输出上升沿、下降沿都触发
0	1	保留
1	0	输出下降沿触发
1	1	输出上升沿触发

3. 模拟比较器多路选择输入

可以选择 ADC7~ADC0 中的任何引脚来替换模拟比较器的 AIN1 负输入。ADC 多路复用器用于选择此输入，因此必须关闭 ADC 才能使用此功能，如表 7-7 所示。

表 7-7　模拟比较器 AIN1 引脚输入源选择

ACME	ADEN	MUX2~MUX0	模拟比较器 AIN1 引脚输入源
0	x	xxx	AIN1
1	1	xxx	AIN1
1	0	000	ADC0
1	0	001	ADC1
1	0	010	ADC2
1	0	011	ADC3
1	0	100	ADC4
1	0	101	ADC5
1	0	110	ADC6
1	0	111	ADC7

任务 7.3　T/C1 定时/计数器应用

T/C1 的工作模式可粗略分为普通模式、CTC 模式、快速 PWM 模式、相位修正 PWM 模式、相位—频率修正 PWM 模式，根据 TOP 值不同具体可分为 15 种工作模式，详见表 7-4 所列。以下给出几种比较典型的 T/C1 应用。

7.3.1 用于定时

【例7-1】模式4应用（定时）：该模式可以用作定时器产生定时时间，仅比较器A工作，比较器B停止工作，但比较匹配A（向量号7）及比较匹配B（向量号8）中断源均可触发该中断。定时时间由下式决定：

$$T=A\times\frac{1}{f_{osc}}\times N \qquad \text{式 7-6}$$

其中：T——定时时间；

$\qquad f_{osc}$——系统时钟频率；

$\qquad N$——分频系数，取1、8、64、256、1024；

$\qquad A$——OCR1A 寄存器中定时初始值。

若 $A=500$，$f_{osc}=1$MHz，$N=1$，定时时间为 0.5ms，PA、PB 口输出波形周期为 1ms。编写程序如下：

```
#include<iom16v.h>
void main(void)
{
    TCCR1B│=1<<WGM12│1<<CS10;
    OCR1A=500;
    OCR1B=100;
    DDRA=0xff;
    DDRB=0xff;
    SREG│=0x80;
    TIMSK=1<<OCIE1A│1<<OCIE1B;
    TIFR=1<<OCF1A│1<<OCF1B;
    PORTA=0x07;
    while(1);
}
#pragma interrupt_handler timer1_coa:7
void timer1_coa(void)
{
    PORTB=~PORTB;
}
#pragma interrupt_handler timer1_cob:8
void timer1_cob(void)
{
    PORTA=~PORTA;
}
```

7.3.2 用于输出波形

【例7-2】模式4应用（输出波形）：CTC模式下，TCNT1一直加计数，当其与OCR1A中的数值发生匹配时，TCNT1寄存器清零，在产生匹配时可以改变OC1A及OC1B引脚电平状态（取反、置位、清零等）。使用该模式可以从OC1A及OC1B引脚获得方波信号，方波频率由下式决定：

$$f_{CTC}=\frac{f_{osc}}{2\times N\times(1+ICR1)} \qquad \text{式 7-7}$$

其中 N 可取 1、8、64、256、1024。

系统时钟频率为 1MHz，$N=1$，输出信号频率为 1000Hz。在该模式下，OCR1B 中数值不能大于 OCR1A 中的数，否则，OC1B 引脚无波形输出。编写程序如下：

```
#include<iom16v.h>
void main(void)
{
    TCCR1A │ =1<<COM1A0 │ 1<<COM1B0;
    TCCR1B │ =1<<WGM12 │ 1<<CS10;
    DDRD │ =1<<PD4 │ 1<<PD5;
    OCR1A=499;
    while(1);
}
```

该模式下 OC1A、OC1B 引脚输出两路同频反相的方波信号。

【例 7-3】模式 8 应用：OC1A、OC1B 引脚输出频率、相位可修正的方波。TOP 值存放于 ICR1 寄存器中，占空比分别放在 OCR1A、OCR1B 寄存器中，PWM 输出信号的频率由下式决定：

$$f_{PWM} = \frac{f_{osc}}{2 \times N \times (1 + ICR1)} \qquad 式 7-8$$

其中 N 取 1、8、64、256、1024。

OC1A 输出 PWM 信号的占空比由下式决定：

$$D_{PWMA} = \frac{OCR1A}{ICR1} \times 100\% \qquad 式 7-9$$

OC1B 输出 PWM 信号的占空比由下式决定：

$$D_{PWMB} = \frac{OCR1B}{ICR1} \times 100\% \qquad 式 7-10$$

设系统时钟频率为 1MHz，$N=1$，输出信号频率为 500Hz，占空分别为 25%、50%，编程如下：

```
#include<iom16v.h>
void main(void)
{
    TCCR1A │ =1<<COM1B1 │ 1<<COM1A1;
    TCCR1B │ =1<<WGM13 │ 1<<CS10;
    DDRD │ =1<<PD4 │ 1<<PD5;
    ICR1=999;
    OCR1A=250;
    OCR1B=500;
    while(1);
}
```

该例从 OC1A、OC1B 引脚分别输出占空比为 25%、50% 的方波。

【例 7-4】模式 9 应用：OC1B 引脚输出频率、相位可修正的方波。TOP 值放在 OCR1A 寄存器中，占空比数值放在 OCR1B 寄存器中，PWM 输出信号的频率由式 7-8 决定，占空比由下式决定：

$$D_{PWMB} = \frac{OCR1B}{OCR1A} \times 100\% \qquad 式 7-11$$

若系统时钟频率为 1MHz，$N=1$，输出信号频率为 500Hz，占空比为 50%，编程如下：

```
#include<iom16v.h>
void main(void)
```

```
    TCCR1A │ =1<<COM1B1│1<<COM1A1;
    TCCR1A │ =1<<WGM10;
    TCCR1B │ =1<<WGM13│1<<CS10;
    DDRD │ =1<<PD4;
    OCR1A=999;
    OCR1B=500;
    while(1);
}
```

该例从 OC1B 引脚输出占空比为 50%的方波。

【例 7-5】模式 10 应用：OC1A、OC1B 引脚输出频率、相位可修正的方波。TOP 值放在 ICR1 寄存器中，占空比数值分别放在 OCR1A、OCR1B 寄存器中，PWM 输出信号的频率由式 7-8 决定，占空比分别由式 7-9、7-10 决定。

若系统时钟频率为 1MHz，$N=1$，输出信号频率为 500Hz，占空比分别为 50%、25%，编写程序如下：

```
    #include<iom16v.h>
    void main(void)
    {
      TCCR1A │ =1<<COM1B1│1<<COM1A1;
      TCCR1A │ =1<<WGM11;
      TCCR1B │ =1<<WGM13│1<<CS10;
      DDRD │ =1<<PD4│1<<PD5;
      ICR1=999;
      OCR1A=500;
      OCR1B=250;
      while(1);
    }
```

该例从 OC1A、OC1B 引脚输出占空比为 50%、25%的方波。

【例 7-6】模式 11 应用：OC1B 引脚输出频率、相位可修正的方波。TOP 值放在 OCR1A 寄存器中，占空比放在 OCR1B 寄存器中，PWM 输出信号的频率由下式决定：

$$f_{PWM} = \frac{f_{osc}}{2 \times N \times (1+OCR1A)}$$
式 7-12

其中 N 取 1、8、64、256、1024。PWM 输出信号的占空比由式 7-11 决定。

若系统时钟频率为 1MHz，$N=1$，输出信号频率为 500Hz，占空比为 25%，编写程序如下：

```
    #include<iom16v.h>
    void main(void)
    {
      TCCR1A │ =1<<COM1B1│1<<COM1A1;
      TCCR1A │ =1<<WGM11│1<<WGM10;
      TCCR1B │ =1<<WGM13│1<<CS10;
      DDRD │ =1<<PD4;
      OCR1A=999;
      OCR1B=250;
      while(1);
    }
```

该例从 OC1B 引脚输出占空比为 25% 的方波，OCR1A 停止工作，OC1A 引脚无波形输出。

【例 7-7】模式 12 应用：CTC（比较匹配清零）模式，TCNT1 一直加计数，当其与 ICR1 寄存器中的数值发生匹配时，TCNT1 寄存器清零，在产生比较匹配时可以改变 OC1A 及 OC1B 引脚电平状态，可以对这两个引脚取反、置位、清零等。使用该模式可以从 OC1A 及 OC1B 引脚获得方波，方波频率由式 7-7 决定。

若系统时钟频率为 1MHz，$N=1$，$f_{CTC}=1$kHz，编程如下：

```
#include<iom16v.h>
void main(void)
{
    TCCR1A |=1<<COM1B0|1<<COM1A0;
    TCCR1B |=1<<WGM12|1<<WGM13|1<<CS10;
    DDRD |=1<<PD4|1<<PD5;
    ICR1=499;
    while(1);
}
```

该例从 OC1A、OC1B 引脚输出两路频率为 1kHz 同频方波。注意，OC1A、OC1B 引脚输出时要同时改变频率，不能分开设定。该模式用于定时时可参考模式 4 应用。

【例 7-8】模式 14 应用：OC1A、OC1B 引脚输出频率、占空比可修正的方波。TOP 值放在 ICR1 寄存器中，占空比分别放在 OCR1A、OCR1B 寄存器中，PWM 输出信号的频率由下式决定：

$$f_{PWM}=\frac{f_{osc}}{N\times(1+ICR1)}$$
式 7-13

其中 N 取 1、8、64、256、1024。OC1A、OC1B 引脚输出 PWM 信号的占空比分别由式 7-9、7-10 决定。

若系统时钟为 1MHz，$N=1$，输出频率为 1000Hz，OC1A、OC1B 占空比为分别为 80%、20%，编写程序如下：

```
#include<iom16v.h>
void main(void)
{
    TCCR1A |=1<<COM1A1|1<<COM1B1;
    TCCR1A |=1<<WGM11;
    TCCR1B |=1<<WGM12|1<<WGM13|1<<CS10;
    DDRD |=1<<PD4|1<<PD5;
    ICR1=999;
    OCR1A=800;
    OCR1B=200;
    while(1);
}
```

该例将从 OC1A、OC1B 引脚分别输出占空比为 80%、20% 的方波。

【例 7-9】模式 15 应用：仅从 OC1B 引脚输出频率、占空比修正的方波，比较器 A 停止工作。TOP 值放在 OCR1A 寄存器中，占空比放在 OCR1B 寄存器中，PWM 输出信号的频率由下式决定：

$$f_{PWM}=\frac{f_{osc}}{N\times(1+OC1A)}$$
式 7-14

PWM 输出信号的占空比由式 7-11 决定。若系统时钟频率为 1MHz，$N=1$，输出频率为

1000Hz，占空比为50%，编程如下：

```c
#include<iom16v.h>
void main(void)
{
    TCCR1A | = 1<<COM1B1;
    TCCR1A | = 1<<WGM11 | 1<<WGM10;
    TCCR1B | = 1<<WGM12 | 1<<WGM13 | 1<<CS10;
    DDRD | = 1<<PD4;
    OCR1A = 999;
    OCR1B = 500;
    while(1);
}
```

该例从OC1B引脚输出占空比为50%的方波，OC1A引脚无波形输出。

【例7-10】从OC1A、OC1B引脚输出两路同频PWM信号，通过键盘K0、K1调节脉冲信号的脉宽，按K0使脉宽增加50‰，按K1使脉宽减少50‰。

解：根据题意，选择10bit快速PWM模式，TOP值固定为1024，脉宽调节参数分别放在OCR1A、OCR1B寄存器中，每按一下键盘，OCR1A、OCR1B中数字增加50即可满足题目要求。编写程序如下：

```c
#include<iom16v.h>
void main(void)
{
    unsigned int Pwm = 50;
    unsigned char key;
    TCCR1A | = 1<<COM1B1 | 1<<COM1B0 | 1<<COM1A1;
    TCCR1A | = 1<<WGM10 | 1<<WGM11;        //10bit fast PWM mode;
    TCCR1B | = 1<<WGM12;                    //10bit fast PWM mode;
    TCCR1B | = 1<<CS11;
    DDRD | = 1<<PD5 | 1<<PD4;
    DDRA& = 0xfc;
    SFIOR& = 0xfb;
    PORTA = 0x03;
    OCR1A = Pwm;
    OCR1B = Pwm;
    while(1)
    {
        key = PINA&0x03;
        if(key = = 0x02)                    //k0 = on
        {
            do
            key = PINA&0x03;
            while(key = = 0x02);
            Pwm = Pwm+50;
            if(Pwm> = 1000)Pwm = 50;
            OCR1A = Pwm;
            OCR1B = Pwm;
        }
        if(key = = 0x01)//k1 = on
        {
            do
            key = PINA&0x03;
```

```
        while(key==0x01);
        Pwm=Pwm-50;
        if(Pwm<50)Pwm=950;
        OCR1A=Pwm;
        OCR1B=Pwm;
      }
    }
  }
```

该例输出信号的频率与系统时钟及分频系数 N 有关。本例 $N=8$，若系统时钟频率为 $1MHz$，则输出 PWM 脉冲频率约为 $125Hz$。

【项目拓展】

任务 7.4 数字频率计

1. 项目要求

设计一个简易频率计，显示频率范围为 $0\sim10000Hz$，被测信号从 T1 引脚（PB1）输入，频率测量结果在数码管中显示。

2. 项目分析

所谓频率，就是周期性信号在单位时间（1s）内变化的次数。若在一定时间间隔 T 内测得这个周期性信号的重复变化次数为 N，则其频率可表示为

$$f=N/T \tag{式 7-15}$$

其中：f——信号频率；

N——重复变化次数；

T——信号观察时间（闸门时间），通常取 1s。

图 7-8 是数字频率计的测量原理图。被测信号经放大整形电路后变成脉冲信号 I，其频率与被测信号的频率相同。时基电路提供标准时间基准信号 II，其高电平持续时间 $t_1=1s$，当 1s 信号来到时，闸门开通，被测信号通过闸门输入计数器，计数器开始计数，直到 1s 信号结束（同时闸门关闭），停止计数。设闸门时间（1s）内计数器计得的脉冲个数为 N，则被测信号频率 $f=N$。闸门时间结束后计数器清零。

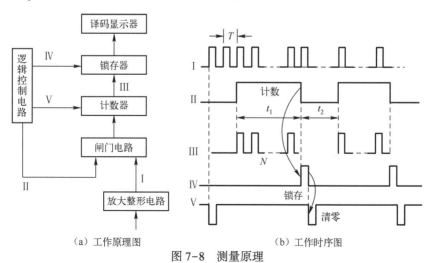

（a）工作原理图　　　　　　（b）工作时序图

图 7-8　测量原理

如图 7-8 所示的频率计是完全以数字电路硬件实现的，如改为使用单片机实现，可使用定时/计数器 T/C1 作为计数器，对 T1 引脚输入的脉冲进行计数，T/C2 定时器的定时闸门时间为 1s。当启动 T/C2 开始定时时，亦启动 T/C1 开始计数，当 T/C2 定时完成及闸门时间（1s）到以后，T/C1 停止计数，将 T/C1 计数器计数结果存入某变量并将 T/C1 计数器清零，将该变量进行 BCD 码转换并显示，变量中所保存就是输入脉冲信号的频率值。

3. 项目实现

通过对项目分析，绘制仿真原理图如图 7-9 所示，编写程序如下。

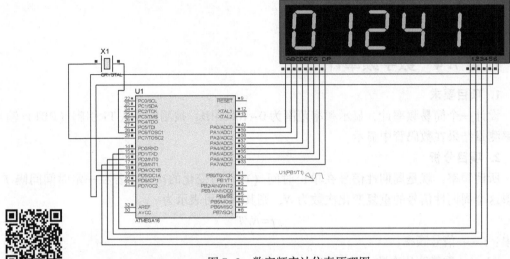

图 7-9　数字频率计仿真原理图

```c
#include<iom16v.h>
unsigned int Fry;
unsigned char temp;
unsigned char LED[10] = {0x40,0x79,0x24,0x30,0x19,0x12,0x02,0x78,0x00,0x10};
void delay(unsigned char t)
{
    unsigned char i,j,k;
    for(i=0;i<10;i++)
    for(j=0;j<10;j++)
    for(k=0;k<t;k++);
}
void main(void)
{
    SREG&=0x7f;
    TCCR1B=1<<CS11 | 1<<CS12;//T1fall
    TCNT1=0;
    TCNT2=0;
    OCR2=156;
    TCCR2 |=1<<CS21 | 1<<CS22;//N=256
    TIMSK=1<<OCIE2;
    SREG |=0x80;
    DDRA=0xff;
    DDRD=0xff;
    DDRB&=~(1<<PB1);
    SFIOR&=0Xfb;
```

```
      PORTB │ =1<<PB1;
      Fry=0;
      while(1)
      {
        PORTA=LED[Fry/10000] │0x80;
        PORTD=1<<PD0;
        delay(1);
        PORTD=0;
        PORTA=LED[Fry%10000/1000] │0x80;;
        PORTD=1<<PD1;
        delay(1);
        PORTD=0;
        PORTA=LED[Fry%10000%1000/100] │0x80;;
        PORTD=1<<PD2;
        delay(1);
        PORTD=0;
        PORTA=LED[Fry%10000%1000%100/10] │0x80;;
        PORTD=1<<PD3;
        delay(1);
        PORTD=0;
        PORTA=LED[Fry%10000%1000%100%10] │0x80;;
        PORTD=1<<PD4;
        delay(1);
        PORTD=0;
      }
    }
    #pragma interrupt_handler timer2_oc:4
    void timer2_oc(void)
    {
      TCNT2=0;
      temp++;
      if(temp>=200)
      {
        temp=0;
        Fry=TCNT1;
        TCNT1=0;
      }
    }
```

4. 项目调试

在 Proteus 中，以鼠标左键双击脉冲信号源 ↖⊓，设置脉冲信号频率：
◆ Frequency (Hz): `1.2345k` ⬦，设置信号幅度：Pulsed (High) Voltage: `5` ⬦。全速运行程序，观察结果。

【项目总结】

中断、定时/计数是单片机的重要概念。ATmega16 有 3 个外部中断，分别为 INT0、INT1、INT2；有 3 个定时器，分别为 T/C0、T/C1、T/C2，其中 T/C0、T/C2 是 8 位定时器，T/C1 是 16 位定时器。T/C0 可以工作于普通模式、比较匹配清零（CTC）模式、快速 PWM 模式、相位修正 PWM 模式（这 4 种模式称为基本模式），T/C2 除了可以工作于上述基本模式外，还可工作于异步时钟模式，用于为系统提供一个实时时钟（RTC），或用于将系统从休眠状态唤醒。T/C1 除了能工作于上述基本模式外，还可以工作于频率—相位修正模式，且相位、频率的分辨率均可编程调整，如果根据具体的条件再进行细分，则 T/C1 有多达 15

种不同的工作模式，使用最为灵活。所有定时器的输入时钟信号均可通过预分频器分频后提供，T/C0、T/C1 还可以接收外部的时钟信号用于计数。

【项目练习】

1. 简述定时/计数器工作原理。

2. PWM 调制有何用途?

3. 系统时钟频率为 1MHz，使用定时器 T/C0 定时 100ms，使用示波器通过 PC1 查看定时时间，分别使用溢出和比较匹配中断实现。

4. 系统时钟频率为 8MHz，使用定时器 T/C2 定时 150ms，控制 PC 口 8 个发光二极管实现流水灯的效果，分别使用溢出和比较匹配中断实现。

5. 系统时钟频率为 8MHz，使 T/C1 工作于 CTC 模式，从 OC0 引脚分别输出频率为 100kHz、150kHz，40kHz、200Hz 的方波，并用示波器查看。

6. 系统时钟频率为 8MHz，使 T/C0 工作于快速 PWM 模式，从 OC0 引脚输出一个占空比可调的方波，并试着将占空比设置为 10%、40%、75%，使用示波器查看输出波形结果（控制 f_{PWM} 在 1000~5000Hz 之间）。

7. 系统时钟频率为 8MHz，T/C2 工作于相位修正 PWM 模式，设分频系数 $N = 256$，正向调制，设占空比为 67%，关中断，完成寄存器初始化并求 PWM 输出频率。

8. 系统时钟频率为 1MHz，T/C0 工作于 CTC 模式，定时 100ms，完成寄存器初始化并配置比较匹配中断。

9. 系统内部时钟频率为 1MHz，T/C0 工作于普通计数模式，T/C2 工作于异步定时模式。T/C2 开始工作前，启动 T/C0 开始计数；T/C2 定时 1s 后，停止 T/C0 计数；读取 T/C0 结果，从 T0 端输入脉冲信号。

10. 使 T/C0 工作于比较匹配清零模式，实现简易电子琴的设计。

11. 使 T/C2 工作于 CTC 模式，定时 5ms，实现 4×4 矩阵键盘扫描，并完成去抖。

12. 系统时钟频率设为 2MHz，使用 T/C1 的捕捉器捕捉输入脉冲宽度，输入脉冲频率设为 1kHz，占空比设为 34%，将捕捉结果显示在 4 位数码管中，单位为 μs。

模块4 信号转换

自然环境中的绝大部分信号都是以模拟信号形式存在的，如温度、大气压强等。单片机等数字系统只能识别和处理离散的数字信号（如0、1），不能识别和处理连续变化的模拟信号。实际中，我们通过传感器将非电信号转换成电信号，然后再换成单片机系统能够识别的数字信号。同理，在单片机内部处理完成的数字信号不能直接作用到负载，须将这些数字信号转变成模拟信号后，再输出给负载，这个过程为：

传感器→放大电路→转换器→单片机→转换器→驱动放大→负载

将模拟信号转变成数字信号的元器件称为模拟—数字信号转换器（Analog to Digital Converter），简称A/D转换器或ADC；将数字信号转换成模拟信号的元器件称为数字—模拟信号转换器（Digital to Analog Converter），简称D/A转换器或DAC。

无论是将模拟信号转换成数字信号，还是将数字信号转换成模拟信号，均是有损转换，转换之后的信号与原信号存在误差。为了保证数据处理结果的准确性，A/D转换器和D/A转换器必须有足够的转换精度。同时，为了满足快速处理的需要，A/D转换器和D/A转换器还必须有足够快的转换速度。转换精度和转换速度是衡量A/D转换器和D/A转换器的两个重要参数。

项目8 波形发生器

【工作任务】

1. 任务表

训练项目	设计波形发生器，要求能产生三角波、锯齿波、馒头波信号
学习任务	（1）D/A转换器的工作原理。 （2）D/A转换器的性能参数。 （3）D/A转换器型号的选择。 （4）D/A转换器的使用方法。 （5）数字量与模拟量之间的关系
学习目标	**知识目标：** （1）了解D/A转换器的工作原理。 （2）了解D/A转换器的性能参数。 （3）熟悉常见的D/A转换器型号。 （4）掌握D/A转换器编程应用。 （5）理解D/A转换关系式。 **能力目标：** （1）具有基于波形发生器进行编程的能力。 （2）具有D/A转换器性能参数分析及选型能力
建议学时	4

2. 功能要求

通过 D/A 转换器输出三角波、锯齿波、馒头波信号，在 Proteus 中仿真实现。

3. 设计思路

本项目要输出的波形如图 8-1 所示，定义变量 wave，当产生锯齿波时令 wave 从 0 自增到 255，再直接回到 0，每次自增后将结果送入 D/A 转换器，将其转换成模拟信号并输出；同理，当要求产生三角波时令 wave 从 0 自增到 255，再从 255 自减到 0，每次 wave 变化后将结果送入 D/A 转换器，将其转换成模拟信号并输出。

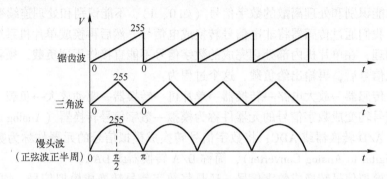

图 8-1 信号发生器输出波形

馒头波为正弦波信号正半周，产生馒头波的过程相对稍微复杂一些，要调用 math.h 的 sin 库函数对正弦函数进行离散化处理。由于 sin 函数返回的结果为浮点型数据，须将结果转换成单片机能处理的整数（0~255）。

4. 任务实施

1）原理图

原理图如图 8-2 所示，D/A 转换器使用 DAC0808 集成芯片。Proteus7.10 中仿真元器件 DAC0808 的数字量引脚序号与实物正好相反，须将 A1 接单片机输出数据最高位，A8 接单片机输出数据最低位，且图中 14 脚和 15 脚接的电阻阻值要相等，才能保证转换误差最小。4 脚外接的运算放大器将输出电流信号转换成电压信号。

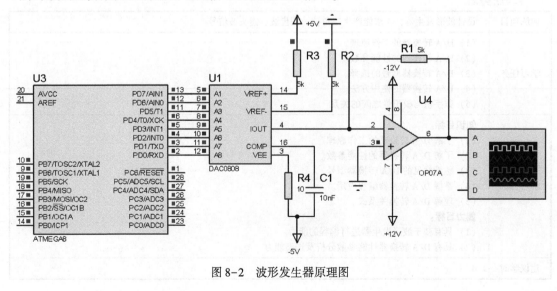

图 8-2 波形发生器原理图

2）产生波形

① 产生锯齿波。定义变量 wave，令 wave 从 0 增加到 255，然后直接回到 0，依次循环，编程如下：

```
while(1)
{
    if( wave = = 255) wave = 0;
    PORTD = wave++;
}
```

② 产生三角波。定义变量 wave，令 wave 从 0 增加到 255，然后再从 255 减少到 0，不断循环，编程如下：

```
while(1)
{
    for( wave = 0; wave<255; wave++)
    PORTD = wave;
    for( wave = 255; wave! = 0; wave--)
    PORTD = wave;
}
```

③ 产生馒头波。由前述分析可知，欲输出馒头波，应使用 sin 函数对连续正弦函数正半周（$0 \sim \pi$）进行离散采样，将采样结果存于数组，并将数组中数据元素逐一送入 DAC0808。具体方法：设正弦信号 sin（x）的周期 $T = 1$（单位周期正弦波），用周期 $T_d = 1/N$ 的抽样脉冲对 sin（x）进行抽样，在 n 点处的离散正弦信号序列可表示为

$$\sin(nx) = \sin(\pi \times n \times T_d) = \sin(\pi \times n/N) \qquad (8-1)$$

用程序表示如下：

```
Sin_tab[ n] = sin(( M_PI * n)/N) * 255;
```

其中，sin 函数为调用自 math. h 头文件的库函数，返回结果为 float 类型，M_PI 已在 math. h 头文件中进行宏定义（在 ICCV7 for AVR 编译器中宏定义为"_PI"），其值为 3. 14159265358979323846。将离散抽样结果乘以 255 后可以将其规范化成 8 位定点整数，这样 Sin_tab 数组中便存储正弦波正半周的 N 点采样值，将数据元素逐一发送到 DAC0808 即可输出馒头波。

定义变量 Sel_wave 用以选择输出波形类型，Sel_ wave = 1 时输出锯齿波，Sel_wave = 2 时输出三角波，Sel_wave = 3 时输出馒头波，Sel_wave = 0 时无输出，在 Atmel Studio 中编写的完整程序如下：

```
#include<avr/io. h>
#include<math. h>
unsigned char Sin_tab[ 32];
int main( void)
{
    unsigned char n;
    unsigned char Sel_wave;
    unsigned char wave;
    Sel_wave = 3;
    DDRD = 0xff;
    for( n = 0; n<32; n++)
```

```
            Sin_tab[n]=sin((M_PI*n)/32)*255;
            while(1)
            {
                if(Sel_wave==1)//产生锯齿波
                {
                    while(Sel_wave)
                    {
                        if(wave==255)wave=0;
                        PORTD=wave++;
                    }
                }
                else if(Sel_wave==2)//产生三角波
                {
                    while(Sel_wave)
                    {
                        for(wave=0;wave<255;wave++)
                        PORTD=wave;
                        for(wave=255;wave!=0;wave--)
                        PORTD=wave;
                    }
                }
                else if(Sel_wave==3)//产生馒头波
                {
                    while(Sel_wave)
                    {
                        for(n=0;n<32;n++)
                        PORTD=Sin_tab[n];
                    }
                }
            }
        }
```

仿真结果如图 8-3 所示。

5. 调试分析

给 Sel_wave 赋值为 1、2、3 可以分别
输出锯齿波、三角波、馒头波信号,每次改
变Sel_wave值要重新编译程序,停止仿真运

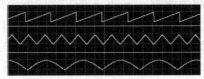

图 8-3　仿真结果

行后重新启动即可在示波器上观察到新的输出。当 Sel_wave=0 时无任何波形输出。

输出馒头波时,只采样了 32 个正弦波离散值,如果增加采样点数,输出波形将会
变得更平滑,但运行时会占用较多的 RAM 空间。若在 ICCV7 for AVR 中编译,π 须写
为 "_PI"。

【知识链接】

任务8.1　D/A 转换器工作原理

根据工作原理不同,D/A 转换器可分为权电阻网络型、倒 T 形电阻网络型、权电流型、
开关树型等,根据与处理器接口形式不同,A/D 及 D/A 转换器又可分为并口和串口两种
类型。

8.1.1 权电阻网络型 D/A 转换器工作原理

D/A 转换器有很多种类型，下面以一种简单的 D/A 转换器介绍其工作原理。一个由二进制数字组成的数字信号，其每位所代表的权值不同，以 4 位二进制数为例：$D_n = d_3 d_2 d_1 d_0$，每位数字的权值可以依次写成 2^3、2^2、2^1、2^0。图 8-4 是 4 位权电阻网络型 D/A 转换器的原理图，它主要由权电阻网络、4 个电子开关及求和电路组成。

权电阻网络比值满足 $2^3 : 2^2 : 2^1 : 2^0$ 的关系。开关 $S_3 \sim S_0$ 是 4 个电子开关，它们的状态分别受 $d_3 \sim d_0$ 控制，当相应数字位的值为 0 时，开关接地，为 1 时开关接电压 V_{ref}。由此可见求和运放的输出与 4 路输入电流之间存在如下关系：

$$V_o = -R_F \sum_0^3 i = -R_F(i_3 + i_2 + i_1 + i_0) \quad (8-2)$$

因为在求和电路中存在"虚地"，$V_p = V_n = 0V$，因此：

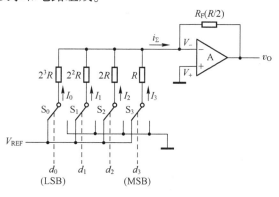

图 8-4 权电阻网络型 D/A 转换器

$$i_3 = \frac{V_{ref}}{R} d_3$$

$$i_2 = \frac{V_{ref}}{R} d_2$$

$$i_1 = \frac{V_{ref}}{R} d_1 \qquad\qquad (8-3)$$

$$i_0 = \frac{V_{ref}}{R} d_0$$

而数字 d_n 只取 0 或 1。当 d_n 取 0 时对应支路的电流等于 0，当 d_n 取 1 时对应支路电流按式（8-3）计算。

为了便于进一步分析，取 $R_F = R/2$，带入式（8-2）后有：

$$V_o = -\frac{V_{ref}}{2^4}(d_3 2^3 + d_2 2^2 + d_1 2^1 + d_0 2^0) \qquad (8-4)$$

由此可见，从 d_n 端输入数字信号，在输出端可以得到相应的模拟信号。图 8-4 是一种结构简单、元器件少的 D/A 转换器，很好地说明了 D/A 转换器的工作原理。实际中，不考虑 D/A 转换器所实现的方法，均可将其工作原理总结成更具一般性的以下形式：

$$V_o = -\frac{V_{ref}}{2^n - 1} d_n \qquad (8-5)$$

式中，d_n 表示输入数字量；

V_{ref} 表示参考电压的大小；

V_o 表示在输入 d_n 数字量的前提下所获得输出模拟电压的值；

n 表示图 8-4 中开关的个数，即输入数字量的位数。

定量分析式（8-5），若 V_{ref} 接 +5V，$n = 8$，即有 8 位数字量。当输入数字量为 00000000（0x00）时，输出模拟电压为 0V，当输入数字量为 11111111（0xff）时，输出的模拟量 $V_o = V_{ref} = +5V$。

当输入最小的数字量 00000001（0x01）时，输出的模拟电压为+5V/255≈0.0191V，也就是说输入数字量每增1，输出模拟电压增加约19mV。这个最小的模拟电压增量称为 D/A 转换器的分辨率。

若取 $n=10$，其他参数不变，分辨率变成了 4.8mV，显然 n 值越大，表示的数字量范围越大，输出模拟电压的分辨率越高。

若取 $V_{ref}=2.5V$，$n=8$，分辨率变为 9.8mV，但是满程时（输入数字量为全1），输出模拟电压最大值 $V_o=V_{ref}=2.5V$。将 V_{ref} 称为满量程电压，其值影响转换器的最大值，也影响分辨率，但在实际中 V_{ref} 确定以后，影响分辨率的就只有 n 了。当要获得负输出电压时可以将 V_{ref} 接负压。在实际中，D/A 转换器的 n 可以取 8、10、16 等。

8.1.2 D/A 转换器性能指标

表征 D/A 转换器性能的指标主要如下。

（1）分辨率。D/A 转换器的位数，转换器位数越高，表示模拟信号的能力越强。

（2）分辨力。分辨模拟量最小值的能力，即 LSB 所代表的模拟电压值。

分辨率和分辨力没有本质区别，都表示位数与最小模拟电压之间的关系，一些场合不将二者进行严格区分。

（3）建立时间。输入数字量到输出端输出模拟信号达到输出值±LSB/2 所需的时间。满量程建立时间指原先输出为零，输入一数字量使输出达到最大输出值±LSB/2 所需的时间。

（4）满量程。D/A 转换器可输出的模拟信号的最大值，通常用 $2^n V_{ref}$ 表示标称满量程。

（5）精度。精度分绝对精度与相对精度，表征由于非线性、零点刻度、满量程刻度及温漂等因素引起的误差，可折合成数字量的位数进行表示。应注意的是，分辨率与精度是不同的概念，不能混淆。一般以满量程相对误差表示 D/A 转换器的精度（其中 ΔU_{max} 为最大绝对值误差）：

$$r=\frac{|U_{max}|}{2^n V_{ref}} \tag{8-6}$$

（6）线性误差。线性误差指输出值对穿过 D/A 转换器转移特性曲线零点和满量程点两端点的直线的最大偏离程度。通常由满量程的百分率或最低位（LSB）的分数来表示，如±LSB/2。

任务 8.2　集成 D/A 转换器

8.2.1 DAC0808 特点

DAC0808 是一个集成的权电流型 D/A 转换元器件，转换深度 8 位，转换时间小于 150ns，其工作原理与前面所述权电阻型 D/A 转换元器件相同，其分析过程、结论同样适用，DAC0808 有如下特点：

（1）最大±0.19% 的相对误差。

（2）满量程电流匹配误差为±1LSB。

（3）转换时间不超过 150ns。

（4）接口电平兼容 TTL/CMOS。

（5）工作电压范围为±4.5V～±18V。

（6）低功耗，电压为 5V 时消耗功率为 33mW。

8.2.2 DAC0808 的使用

DAC0808 内部结构如图 8-5 所示，其内部由模拟电子开关、倒 T 形电阻网络、基准恒流源、偏置电路等组成。DAC0808 共有 16 个引脚，其引脚功能如表 8-1 所示。

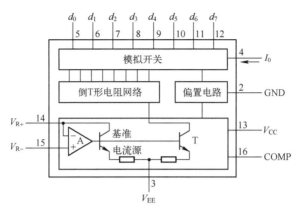

图 8-5　DAC0808 内部结构图

表 8-1　DAC0808 引脚功能

引脚名称	引脚功能	引脚编号	说　明
A1~A8	数字端输入引脚	5~12	A1 为 MSB，A8 为 LSB
V_{CC}	正电源端	13	使用时接+5V 电压
V_{EE}	负电源端	3	使用时接-5~-15V 电压
COMP	电源滤波	16	退耦滤波引脚，外接小电容即可（接电容到地）
V_{R+}	正参考电源	14	当要输出正电压时该引脚通常接到 V_{CC} 端，而输出负电压时该引脚接地
V_{R-}	负参考电源	15	当要输出正电压时该引脚通常接到地，而输出负电压时该引脚接到 $-V_{ref}$ 端
GND	地端	2	
I_o	模拟信号输出	4	输出模拟电流信号，通常要外接运算放大器进行 I/V 变换

项目 9　数字电压表

【任务要求】

1. 任务表

训练项目	设计数字电压表，测量输入电压，并将测量值显示在 4 位数码管中
学习任务	(1) A/D 转换器的工作原理。 (2) A/D 转换器的性能参数。 (3) ATmega 单片机 A/D 转换器的结构。 (4) ATmega 单片机 A/D 转换器的寄存器。 (5) 模拟信号与数字量之间关系表达式。 (6) 电压表的设计原理。 (7) 差分信号转换
学习目标	**知识目标：** (1) 了解 A/D 转换器的工作原理。 (2) 了解 A/D 转换器的性能参数。 (3) 了解 A/D 转换器的类型。 (4) 熟悉 ATmega 单片机 A/D 转换器的工作原理。 (5) 掌握 ATmega 单片机 A/D 转换器的使用方法。 (6) 掌握差分信号转换操作方法。 **能力目标：** (1) 具有基于 A/D 转换器进行编程的能力。 (2) 具有 A/D 转换器应用能力
参考学时	6

2. 功能要求

设计一个电压表，测量电压值为 0~5V 的模拟电压量。模拟电压信号从 ADC0 端输入，当改变输入模拟电压时，数码管显示的数字跟着变化。在电路中放置电压表，对比电压表显示值与数码管显示值，二者误差越小说明设计得越好。显示单位为 V，使用单次触发采样非中断方式实现，选用 ATmega16 单片机。

3. 设计思路

ATmega16 单片机集成了一个 8 位 A/D 转换器（输入模拟信号），其转换结果分辨率为 10bit。A/D 转换器可以工作于自动连续触发采样模式，也可以工作于单次手动采样模式，使用时要进行初始化设置，以确定输入模拟信号通道、参考电压、转换时钟、触发方式等。

A/D 采样转换结束后，数字量结果放在 ADC 寄存器中。ADC 寄存器的长度为 16bit，因此应将该值放在 int 类型的变量中。ADC 采样结果为 10bit 数字量，对单极性信号采样的结果为无符号数，其取值范围为 0000（0x00）~1023（0x3ff），即当输入模拟电压为 0V 时 ADC=0000，当输入的模拟电压为 5V 时 ADC=1023。将 ADC 的值进行 BCD 码转换后的显示范围为 0000~1023，无法与输入模拟电压 0.000~5.000V 对应，结果不直观，为此，将采样得到的数字量带入下式：

$$v_o = -\frac{V_{ref}}{2^n - 1} d_n \tag{9-1}$$

V_{ref}取 5V，式（9-1）结果为 0~5 的整数，3 位小数被丢弃。将 V_{ref} 扩大 1000 倍后上式结果变为 0000~5000 的整数，变成整数后被丢弃的 3 位小数便出现了。为了使显示单位为 V，显示时加上小数点，结果也就可以缩小 1000 倍，正好与 V_{ref} 扩大 1000 倍相抵消，数码管中显示数值为 0.000~5.000，单位为 V，分辨率为 $5/2^{10}$V，数码管显示数值与输入模拟量测量结果相对应。

式（9-1）结果已超过 int 变量所能存放的最大数范围 65535，应将结果置于 long 变量中，也可以使用强制转换将其转换后再代入公式进行乘法计算，否则运算结果不正确。

4. 任务实施

原理图如图 9-1 所示，使用四位一体共阳极数码管，AVCC、AREF 引脚接 V_{CC} 电源。

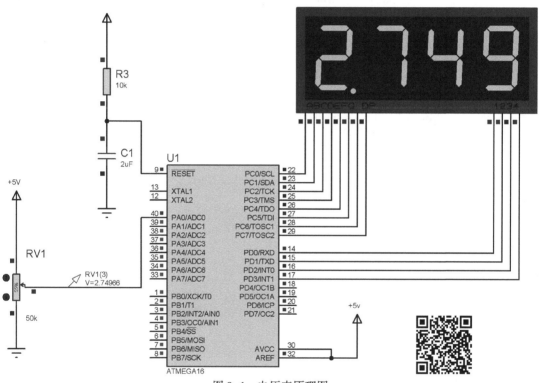

图 9-1　电压表原理图

根据项目设计内容，编写程序如下：

```
#include<iom16v.h>
#define time 2000
char LED[10]={0x3f,0x06,0x5b,0x4f,0x66,0x6d,0x7d,0x07,0x7f,0x6f};
unsigned char Disp_buffer[4]={0,0,0,0};//存放 BCD 结果
unsigned char temp=0x10;
unsigned int result=0;
long temp1=0;
void init_timer(void);
void init_port(void);
void delay(unsigned int t);
```

```c
void display(unsigned char *p);
void main(void)
{
    init_port();
    ADMUX = 1<<REFS0;
    ADCSRA = (1<<ADPS0)|(1<<ADPS2)|(1<<ADEN)|(1<<ADATE);
    ADCSRA |= 1<<ADSC;
    while(1)
    {
        temp = ADCSRA;
        temp = temp&0x10;
        if(temp == 0x10)
        {
            result = ADC;
            ADCSRA |= 1<<ADSC;
            ADCSRA |= 1<<ADIF;
        }
        temp1 = ADC;
        temp1 = (temp1 * 5000)/1024;
        result = temp1;
        Disp_buffer[3] = result/1000;
        Disp_buffer[2] = result%1000/100;
        Disp_buffer[1] = result%1000%100/10;
        Disp_buffer[0] = result%1000%100%10;
        display(Disp_buffer);
    }
}
void init_port(void)
{
    DDRA &= ~(1<<PA0);
    DDRC = 0xff;
    DDRD = 0xff;
}
void delay(unsigned int t)
{
    unsigned int x=t;
    while(x>0)x--;
}
void display(unsigned char *p)
{
    PORTC = LED[ *(p+3) ]|0x80;
    PORTD = 0xfe;
    delay(time);
    PORTD = 0xff;
    PORTC = LED[ *(p+2) ];
    PORTD = 0xfd;
    delay(time);
    PORTD = 0xff;
    PORTC = LED[ *(p+1) ];
    PORTD = 0xfb;
    delay(time);
    PORTD = 0xff;
    PORTC = LED[ *(p+0) ];
    PORTD = 0xf7;
    delay(time);
    PORTD = 0xff;
```

程序中定义一个 4 字节长度的 Disp_buffer 作为显示缓存，存放显示数据的 BCD 码，该数组指针作为实参传给显示函数 display，以增加程序可读性。

5. 调试分析

在 Proteus 软件中，在模拟信号输入端放置电压表，运行程序，调节电位器，观察数码管中的数字，与电压表测得结果进行对比。

【知识链接】

任务9.1　A/D 转换器工作原理

9.1.1　逐次渐进比较式 A/D 转换器

逐次渐进比较式 A/D 转换器主要由内置 DAC、模拟比较器、逐次渐进寄存器、控制逻辑等电路组成，如图 9-2 所示。逐次渐进比较式 A/D 转换器工作时要从外部输入一个脉冲信号。

简单而言，逐次渐进比较式 A/D 转换器的工作过程其实就是使逐次渐进比较寄存器中的数逐渐接近真实值的过程：逐次渐进比较寄存器清零，然后将最高位置 1，引入 DAC 转换输出的模拟信号 v_o。v_o 与输入的模拟信号 v_i 在模拟比较器中进行比较，若 $v_i > v_o$，说明逐次渐进比较寄存器中预置的数值较小，此时最高位的 1 保留，否则说明逐次渐进比较寄存器中预置

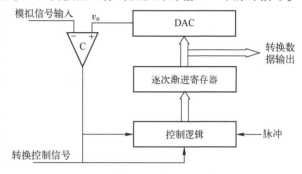

图 9-2　逐次渐进比较式 A/D 转换器

的数值较大，此时最高位的 1 清零，次高位置 1，再次引入 v_o 进行比较，若 $v_i > v_o$，次高位的 1 保留，否则将其清零，将"次次高位"置 1 后继续重复这一过程……直到将最低位置 1 且比较结束为止，此时逐次渐进比较寄存器中的数值就可以代表输入模拟电压 v_i。这一过程如同使用天平称量重量未知的物品，不断的增减已知砝码的数量，当天平平衡时，读取已知砝码的重量就可获知物品的重量。

9.1.2　A/D 转换器的性能参数

式 8-5 变形后有

$$d_n = \frac{v_i}{V_{ref}}(2^n - 1) \tag{9-2}$$

式中：v_i——输入模拟信号；

　　　d_n——输出数字量；

　　　n——数字量二进制结果位数；

　　　V_{ref}——参考电压。

定量分析式 9-2，若 $n=8$，$V_{ref}=5V$，$v_i=0V$ 时，输出数字量 $d_n=00000000$（0x00），当输入 v_i 变为与 V_{ref} 相等时，$d_n=11111111$（0xff）。显然，输入模拟电压在 $0 \sim V_{ref}$ 之间变化，输出数字量在 0x00~0xff 之间变化。也就是说，输入模拟量是连续变化的，但是输出数字量是阶跃变化的，且只有 256 个阶跃值。当 $d_n=00000001$（0x01），即数字量的最小变化量时，对应

的模拟电压的变化值为 $255/V_{ref} \approx 19mV$，换言之，模拟电压每增减约 19mV，数字量增减 1。当模拟电压的变化幅度小于 19mV 时，对应数字量不会有改变，这个"最小变化量"称为 A/D 转换器的分辨率，分辨率和 n 有关。

表示 A/D 转换器性能的参数主要有以下几个。

1. 分辨率（Resolution）

分辨率指数字量发生一个幅度最小的变化时对应的模拟信号变化量，表示 A/D 转换器对微弱信号的敏感程度，定义为满刻度与 2^n 的比值。分辨率通常以数字信号的位数 n 来表示，n 越大，分辨率越高，所能识别的模拟信号强度越小。比如在 5V 参考电压下，$n=8$ 时的分辨率为 $5/255 \approx 19mV$，而当 $n=10$ 时的分辨率为 $5/1024 \approx 5mV$。

2. 转换速率

转换速率指 A/D 转换器完成一次转换所需要的时间的倒数。积分型 ADC 的转换时间一般为毫秒级，属低速 ADC，逐次渐进比较式 ADC 的转换时间为微秒级，属中速 ADC，一些新型高速 ADC 的转换时间可以达纳秒级。

3. 量化误差

量化误差指由于 ADC 的有限分辨率而引起的误差，即有限分辨率的 ADC 阶梯状转移特性曲线与无限分辨率的 ADC（理想 ADC）的转移特性曲线（直线）之间的最大偏差。通常为 1 个或 0.5 个最小数字变化幅度对应的模拟变化量，可用 1LSB、LSB/2 表示。

4. 偏移误差

偏移误差指输入信号为零时输出信号的不为零的值，可外接电位器将其调至最小。

5. 满刻度误差

满刻度误差指满刻度输出时对应的输入信号值与理想输入信号值之差。

6. 线性度

线性度指实际 ADC 的转移函数相对于理想直线的最大偏移量，不包括以上三种误差。

此外，表示 A/D 转换器性能的参数还有绝对精度、相对精度、微分非线性、单调性和无错码、总谐波失真、积分非线性等。

任务 9.2 ATmega16 的集成 A/D 转换器

ATmega16 单片机内部集成一个 10bit 的逐次渐进比较式 A/D 转换器，可以输入 8 路模拟信号，通过编程可以选择其中一路信号进行转换。模拟信号可以是单端信号输入，也可以是差分信号输入。A/D 转换器内部集成了可编程的增益放大器，在差分信号输入时可以通过编程调整放大倍数。这个内部集成的 ADC 具有较高的转换速率和转换精度，此外还有多种工作模式供选择，其特点主要如下。

（1）转换精度：10 位。

（2）非线性度误差：1/2LSB；绝对精度：±2LSB。

（3）转换时间：65~260μs。

（4）分辨率最高时的采样频率：15kHz。

（5）8 路与 I/O 口复用的单端输入通道，7 路差分输入通道。

（6）2 路可选增益为 10×与 200×的差分输入通道。

（7）支持连续转换或单次转换模式。

（8）连续转换模式下可以选择自动触发源启动 A/D 转换。

(9) 转换结束后产生标志位，可以触发 A/D 中断。

9.2.1 A/D 转换器结构

ATmega16 内部集成的为逐次渐进比较式 A/D 转换器，由 10bitDAC、采样保持比较器、通道选择器、单/双极性选择器、采样时钟预分频器、触发源选择电路、寄存器等组成，其内部结构如图 9-2 所示，主要功能部分如下。

ADC0~ADC7：模拟信号输入引脚，可以输入单端信号，也可以输入差分信号。

通道译码：将输入模拟信号通道号解码。

AREF：A/D 转换器外部基准参考电压输入引脚。

AVCC：A/D 转换器工作电源供电引脚，工作时接到 V_{CC}。

X 增益：对差分输入信号进行放大，对单极性信号无放大作用。

10bitD/A 转换器：A/D 转换器的核心部件。

转换控制逻辑：控制、协调 A/D 转换器的工作过程，并输出转换结果。

预分频：产生 A/D 转换器转换时所需的时钟信号。

触发源选择：选择触发 A/D 转换方式的中断源。

ADMUX：通道号选择寄存器。

ADCSRA：状态与控制寄存器。

ADC：转换结果数据寄存器。

9.2.2 A/D 转换器工作原理

1. 模拟输入信号及其极性

A/D 转换器可以接入 8 路模拟信号，如图 9-3 所示的 ADC0~ADC7 为 8 路模拟信号输入引脚。通过编程，选择对其中一路模拟信号进行 A/D 转换。

模拟输入信号可以是单极性信号（直接进入 A/D 转换器进行转换），也可以是双极性差分信号，A/D 转换器对差分信号具有增益放大功能。7 路差分模拟输入通道共享 1 个通用负输入端（ADC1），其他任何 ADC 输入均可作为正输入端。

2. 可编程增益放大器

单极性模拟信号直接送入 A/D 转换器进行转换。对于差分信号，A/D 转换器支持 16 路差分电压输入组合，无增益功能，另有 2 路差分输入（ADC1、ADC0 与 ADC3、ADC2）有可编程增益功能，在 A/D 转换前为差分信号提供 0dB（1×）、20dB（10×）或 46dB（200×）的增益放大。如果使用 1×或 10×增益，可获得 8bit 分辨率，使用 200×增益可获得 7bit 分辨率。

3. 启动转换

图 9-3 中的 ADEN 信号控制 A/D 转换器的启动和停止。当 ADEN 为 1 时 A/D 转换器开始工作，当 ADEN 为 0 时 A/D 转换器停止工作。

4. 触发方式

A/D 转换器根据触发方式不同可以有两种转换模式：单次转换和连续自动转换。

单次转换：触发一次，转换一次，完成转换后元器件停止工作。要进行新的转换须再次进行触发。当图 9-3 中的 ADATE 置 0 时为单次转换模式，每次工作均要将 ADSC 置 1，该位每置 1 一次，ADC 启动一次转换。

连续自动转换：一次转换结束后自动进行下一次转换，只要启动一次即可，以后可以周而复始地自动进行转换。当图 9-3 中的 ADATE 置 1 时为连续自动转换模式。采用连续自动转换时可以选择触发源（如定时中断、外部中断等），也可以不用触发源，自动进行转换。

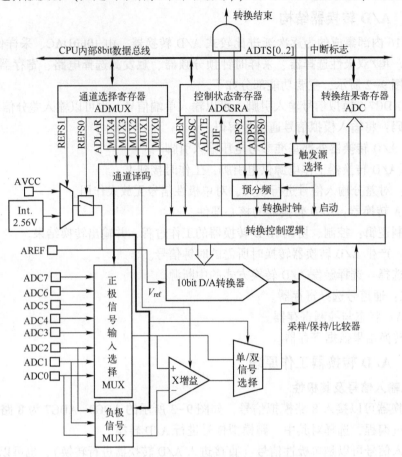

图 9-3 ATmega16 集成的 A/D 转换器

如图 9-4 所示，启动 A/D 转换的触发信号来自或门 A2，其输入信号来自 ADSC、ADATE 与触发源信号的逻辑与运算的结果。当 ADATE 为 0 时，或门 A2 的输出等于 ADSC，每置位一次 ADSC 启动一次 A/D 转换，此即为单次转换模式。

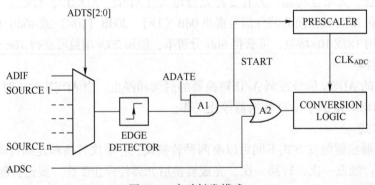

图 9-4 自动触发模式

当 ADATE 为 1 时（ADSC=0），或门 A2 的输出由与门 A1 的另一路信号来决定，这另一路信号则是通过 ADTS 位来选择相应自动触发源的，如选择 T/C0 溢出事件作为 A/D 转换的触发源，T/C0 每溢出一次，触发一次 A/D 转换。

5. 基准参考电压源

A/D 转换器的基准电压可以选择为内部或者外部电源。外部电源由 AREF 引脚提供，A/D 转换器内部集成了 2.56V 基准电压电源，也可以使用 AVCC 作为内部基准电压的来源。AVCC 引脚独立供电，其与 VCC 之间的电压偏差不能超过±0.3V。在 AREF 引脚上外接一个电容进行去耦可以更好地抑制噪声。

A/D 转换器进行转换工作前，可以随时选择输入模拟信号通道及参考电压。一旦 A/D 转换器开始工作，就不允许进行通道号及参考源的选择操作了。

6. 转换时钟

ATmega16 集成的逐次渐进比较式 A/D 转换器需要一个频率为 50k～200kHz 的时钟信号（简称时钟，后同）才能正常工作，并获得最大转换精度。时钟频率的高低与转换精度有密切关系。当输入时钟信号频率高于 200kHz 时转换精度将低于 10bit，但可以获得较高的采样频率。

A/D 转换器时钟产生电路如图 9-5 所示，含一个预分频器，通过 ADCSRA 寄存器的 ADPS 位对分频系数进行设置。系统时钟经过预分频器进行 2/4/16/32/64/128 次分频后送到 A/D 转换器时钟输入端。

A/D 转换器完成一次转换大约需要 13 个时钟周期。为了初始化模拟电路，第一次启动转换大约要经历 25 个 A/D 时钟周期后方可读取转换结果。

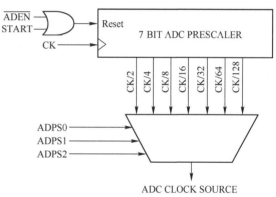

图 9-5　A/D 转换器时钟产生电路

7. 转换结果

A/D 转换器输出 10bit 的转换结果，保存在 ADC 寄存器中，CPU 访问该寄存器即可读取 A/D 转换结果。

对于单极性信号，输入模拟信号与保存在 ADC 寄存器中的数字量之间的关系可以表示为：

$$ADC = \frac{V_{in} \times 2^{10}}{V_{ref}} \tag{9-3}$$

对于双极性差分信号，输入模拟信号与保存在 ADC 寄存器中的数字量之间的关系可以表示为：

$$ADC = \frac{(V_P - V_N) \times GAIN \times 2^9}{V_{ref}} \tag{9-4}$$

式中 V_P 代表正极输入的正电压，V_N 代表负极输入的负电压，GAIN 为选定的增益系数，V_{ref} 为参考电压。

差分转换结果以 2 的补码形式输出，范围为 0x200（-512）～0x1ff（+511）。通过 ADC 的 Bit9（MSB）即可快速检测电压极性，Bit9 位为 1，结果为负，$V_P < V_N$，Bit9 位为 0，结果为正，$V_P > V_N$，如图 9-6 所示。

例如，选定增益系数 GAIN 为 10×，参考电压为 2.56V（2560mV），ADC3 引脚电压为 300mV，ADC2 引脚电压为 500mV，则有 ADC = 512×10×（300-500）/2560 = -400，默认格式下（右对齐）保存在 ADC 寄存器中的补码结果为 0x270。

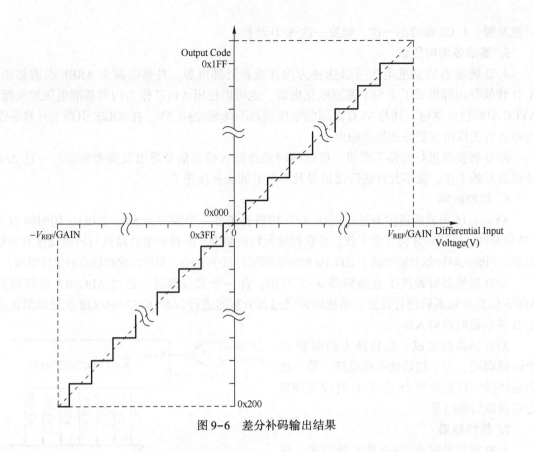

图 9-6　差分补码输出结果

9.2.3　集成 A/D 转换器的寄存器

ATmega16 集成的 A/D 转换器一共有 3 个寄存器，分别为通道选择寄存器 ADMUX、状态与控制寄存器 ADSCRA、数据寄存器 ADC。

1. 通道选择寄存器 ADMUX

通道选择寄存器 ADMUX 主要有 3 个功能：选择通道号、设置结果对齐格式、选择参考电压源。

位	7	6	5	4	3	2	1	0	
ADMUX	REFS1	REFS0	ADLAR	MUX4	MUX3	MUX2	MUX1	MUX0	
	R/W	R/W	R/W	R/W	R/W	R/W	R/W	R/W	读/写
	0	0	0	0	0	0	0	0	初始值

REFS1、REFS0（Bit7、Bit6）位：基准参考电压选择位，可以选择 3 种参考电压模式，如表 9-1 所示。

表 9-1　基准参考电压选择

REFS1	REFS0	参考电压	备　　注
0	0	AREF	AREF 提供电压，内部 VREF 关闭
0	1	AVCC	AVCC 提供电压，内部 VREF 关闭
1	0	保留	不可用
1	1	内部 2.56V	内部提供参考电压

ADLAR（Bit5）位：设置转换结果的数据对齐格式。ADLAR＝1，数据左对齐；ADLAR＝0，数据右对齐。

MUX0~MUX4（Bit0~Bit4）位：选择输入通道的模拟信号（5位二进制）。可以选择单极性信号或差分信号输入及设置差分输入信号的增益系数，如表9-2所示。

表9-2　输入通道及增益系数选择

编号	MUX0~MUX4	单极性信号	差分信号正	差分信号负	增益
0	00000	ADC0			
1	00001	ADC1			
2	00010	ADC2			
3	00011	ADC3	——		
4	00100	ADC4			
5	00101	ADC5			
6	00110	ADC6			
8	00000	ADC7	ADC0	ADC0	10×
9	01001		ADC1	ADC0	10×
10	01010		ADC0	ADC0	200×
11	01011		ADC1	ADC0	200×
12	01100		ADC2	ADC2	10×
13	01101		ADC3	ADC2	10×
14	01110		ADC2	ADC2	200×
15	01111		ADC3	ADC2	200×
16	10000		ADC0	ADC1	1×
17	10001		ADC1	ADC1	1×
18	10010		ADC2	ADC1	1×
19	10011	——	ADC3	ADC1	1×
20	10100		ADC4	ADC1	1×
21	10101		ADC5	ADC1	1×
22	10110		ADC6	ADC1	1×
23	10111		ADC7	ADC1	1×
24	11000		ADC0	ADC2	1×
25	11001		ADC1	ADC2	1×
26	11010		ADC2	ADC2	1×
27	11011		ADC3	ADC2	1×
28	11100		ADC4	ADC2	1×
29	11101		ADC5	ADC2	1×
30	11110	1.22V	用于程序测试与调试		
31	11111	0V			

编号0~7是单极性信号输入模式，从ADC0~ADC7输入单极性信号，无增益系数。

编号8~15是差分信号输入模式，差分信号为ADC0~ADC3引脚输入的不同组合，具有增益放大功能，放大倍数分别为 10 倍和 200 倍。

编号 16~29 亦为差分信号输入模式，差分信号为 ADC0~ADC7 引脚输入的不同组合，放大倍数为 1 倍，即无增益放大功能。

编号 30~31 为 A/D 转换器接固定的 1.22V 和 0V 电平，可用于程序调试或元器件测试。

2. 状态与控制寄存器 ADCSRA

状态与控制寄存器 ADCSRA 的主要作用是控制 A/D 转换器工作及保存其状态，位定义如下所示：

位	7	6	5	4	3	2	1	0	
ADCSRA	ADEN	ADSC	ADATE	ADIF	ADIE	ADPS2	ADPS1	ADPS0	
	R/W	R/W	R/W	R/W	R/W	R/W	R/W	R/W	读/写
	0	0	0	0	0	0	0	0	初始值

ADEN（Bit7）：ADC 使能控制位，ADEN 置位即启动 ADC，否则 ADC 关闭。

ADSC（Bit6）：单次采样触发控制位，在单次转换模式下，将 ADSC 置位一次，将启动一次 A/D 转换器，进行一次模拟信号的采样。A/D 转换结束后，ADSC 变成清零，若要启动下一次转换必须再次将 ADSC 置位。在连续转换模式下，ADSC 置位将启动首次转换。ADSC 清零不产生任何动作。

ADATE（Bit5）：自动采样触发控制位。ADATE 置位将启动 ADC 自动触发功能，此时 A/D 采样不受 ADSC 位的控制，受触发源的控制，在触发信号的上升沿对模拟信号进行采样。自动采样触发信号源可以通过编程选择。

ADIF（Bit4）：A/D 采样结束中断标志位。A/D 转换器每次转换结束时，该位置位。若使能 A/D 采样中断，在结束中断服务程序的同时，系统自动将 ADIF 清零，也可以通过软件方式向此标志写 1 将其清零。

ADIE（Bit3）：A/D 中断使能控制位。该位置 1 可使能 A/D 转换结束中断，若全局中断开启（SREG 的 I 位置位），A/D 采样结束后会产生中断请求。

ADPS2~ADPS0（Bit2~Bit0）：A/D 转换器工作时钟预分频器分频系数选择位。逐次渐进比较式 A/D 转换器工作时需要一个时钟信号才可以工作，该时钟来自系统晶振时钟的分频，对系统时钟的分频可以通过 ADPS2~ADPS0 进行设置，如表 9-3 所示。

表 9-3　A/D 转换器工作时钟分频系数

ADPS2	ADPS1	ADPS0	分频系数
0	0	0	2
0	0	1	2
0	1	0	4
0	1	1	8
1	0	0	16
1	0	1	32
1	1	0	64
1	1	1	128

3. 数据寄存器 ADC

转换结束输出的数字量保存在 ADC 寄存器中。16bit 的 ADC 寄存器由 2 个 8bit 的寄存器

ADCH 和 ADCL 组成。若 A/D 转换器输出 10bit 的结果，在 ADC 寄存器中可以右对齐存储（ADLAR 位 = 0）：

位	15	14	13	12	11	10	9	8
ADCH	—	—	—	—	—	—	ADC9	ADC8
ADCL	ADC7	ADC6	ADC5	ADC4	ADC3	ADC2	ADC1	ADC0
位	7	6	5	4	3	2	1	0

也可以左对齐存储（ADLAR 位 = 1）：

位	15	14	13	12	11	10	9	8
ADCH	ADC9	ADC8	ADC7	ADC6	ADC5	ADC4	ADC3	ADC2
ADCL	ADC1	ADC0	—	—	—	—	—	—
位	7	6	5	4	3	2	1	0

4. 其他寄存器

A/D 转换器工作于连续转换模式时要选择触发源。触发源的选择在 SFIOR 寄存器中的 ADTS 位进行设置：

位	7	6	5	4	3	2	1	0	
SFIOR	ADTS2	ADTS1	ADTS0	—	ACME	PUD	PSR2	PSR10	
	R/W	R/W	R/W	R	R/W	R/W	R/W	R/W	读/写
	0	0	0	0	0	0	0	0	初始值

通过 ADTS 位可以选择的触发源如表 9-4 所示。

表 9-4　连续转换触发源

ADTS2	ADTS1	ADTS0	触发源
0	0	0	连续转换模式
0	0	1	模拟比较器
0	1	0	INT0
0	1	1	T/C0 比较匹配
1	0	0	T/C0 溢出
1	0	1	T/C1 比较匹配 B
1	1	0	T/C1 溢出
1	1	1	T/C1 捕捉

连续转换模式：选择该触发源时，A/D 转换器每完成一次转换后自动进行下一次转换，自动触发，无需其他触发源。

模拟比较器：选择该触发源时，模拟比较器每产生一次电平翻转，均会触发一次 A/D 转换器的采样转换，除此以外 A/D 转换器不工作。

INT0：外部中断 0 触发方式。选择该触发源时，当外部中断触发后，会触发 A/D 转换器进行一次采样转换工作，除此以外 A/D 转换器不工作。

比较匹配：定时器比较匹配触发方式，当定时器计数值与比较器匹配寄存器中的数值相等时产生比较匹配事件，触发一次 A/D 转换，除此以外 A/D 转换器不工作。

溢出：定时器溢出时触发 A/D 转换器开始采样转换，除此以外 A/D 转换器不工作。

捕捉：T/C1 的捕捉器产生捕捉事件时触发 A/D 转换器开始工作。

选择比较匹配或溢出方式触发 A/D 转换器可以设定其采样频率，采样频率为定时器定时时间的倒数。更改 ADTS 值应在连续转换模式下进行，单次转换模式下对 ADTS 编程不影响 A/D 转换器。被选中触发源在中断标志上升沿触发 A/D 转换。

9.2.4 A/D 转换器应用

设系统时钟为 8MHz，按如下要求完成寄存器初始化。

【例 9-1】 ADC 转换时钟频率大于 100kHz，小于 200kHz，单次采样模式，转换结果右对齐，通道号为 ADC3，V_{ref} = AVCC，以查询方式读取转换结果。

解：转换时钟频率在 100k ~ 200kHz 之间，系统时钟频率为 8MHz，设分频系数为 64，则 8000/64 = 125kHz，满足题设要求，打开 A/D 转换器，对 ADCSRA 寄存器设置如下：

```
ADCSRA = 1<<ADEN|1<<ADPS2|1<<ADPS1;
```

选择通道号为 ADC3，则 MUX0、MUX1 设为 1，参考电压为 AREF，将 REFS0 设为 1，对 ADMUX 寄存器设置如下：

```
ADMUX = 1<<MUX0|1<<MUX1|1<<REFS0;
```

设置单次采样模式：

```
ADCSRA | = 1<<ADSC;
```

使用查询标志位方式读取转换结果可以不用设置中断相关位。

【例 9-2】 ADC 转换时钟频率大于 200kHz，小于 1000kHz，采用自动转换模式—连续触发方式，转换结果左对齐，模拟通道为 ADC5，AREF = AVCC，以中断方式读取转换结果。

解：转换时钟频率在 200k ~ 1000kHz 之间，系统时钟频率为 8MHz，设分频系数为 16，则转换时钟频率为 8000/16 = 500kHz，设置自动触发方式，故 ADATE 应置 1，以中断方式读取结果，故 ADIE 应设为 1，对 ADCSRA 寄存器编程如下：

```
ADCSRA = 1<<ADEN|1<<ADATE|1<<ADIE|1<<ADPS0|1<<ADPS2;
```

ADLAR 置位，设置 A/D 转换结果为左对齐，选择 ADC5 模拟输入通道，对 ADMUX 寄存器初始化如下：

```
ADMUX = 1<<MUX0|1<<MUX2|1<<RES0|1<<ADLAR;
```

【例 9-3】 ADC 转换时钟大于 500kHz，小于 1000kHz，采用自动转换模式，模拟通道为 ADC2，V_{ref} = AVCC，使用 T/C0 溢出中断源触发采样，转换结果右对齐，使采样速率为 25kHz，以中断方式读取结果。

解：分频系数设为 16 即可满足转换时钟的要求，设置自动触发方式，以中断方式读取结果，初始化 ADCSRA 寄存器：

```
ADCSRA = 1<<ADEN|1<<ADATE|1<<ADPS2|1<<ADIE;
```

选择模拟输入通道和参考电压：

```
ADMUX = 1<<MUX1|1<<REFS0;
```

自动触发模式下选择 T/C0 溢出触发 A/D 转换采样：

```
SFIOR| = 1<<ADTS2;
```

采样频率为 25kHz，即每秒钟采样 25000 个模拟信号值，则定时器的溢出时间为采样频率的倒数，即 40μs，设置定时器溢出方式的初始值：

```
TCNT0 = 216；
```

对定时器 T/C0 进行初始化：

```
TCCR0 = 1<<CS01；
```

开总中断：

```
SREG| = 0x80；    //ICCV7 for AVR 编译器使用该条
sei( )           //Atmel Studio 编译器用该条
```

应注意的是 ATmega16 集成的 A/D 转换器在连续转换模式下完成一次转换约需要 13 个时钟周期，因此转换时钟频率与采样频率之间应满足这样的关系：采样频率×13<转换时钟频率。本例中采样频率为 25kHz，25×13=325<500 满足要求。

【知识拓展】

任务9.3 差分信号转换

差分信号是两个幅度相等、相位互差 180°的信号，如图 9-7 所示。差分信号的传输需要两条线，且两条线的距离越近越好，这样对共模噪声信号具有较强的抑制作用，抗干扰能力强、相位误差小。差分信号适用于小信号、高精度的测量。

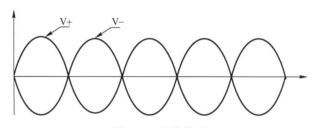

图 9-7 差分信号

AD8138 是高性能的用于差分信号处理的运算放大器，可以用于单端—差分或差分—差分信号系统，实现差分信号的放大或驱动，其引脚排列如图 9-8 所示。AD8138 有 8 个引脚，工作电压范围为+3V～±5V，其中 V_{OCM} 引脚用于调节差分输出引脚的共模电平，调节 V_{OCM} 引脚的电压可以实现输入信号的电平移动，以驱动单电源供电的 A/D 转换器。AD8138 的−3dB 截止频率为 320MHz，其驱动差分信号具有极低的谐波失真。AD8138 具有独特的内部反馈特性，提供平衡输出增益和相位匹配，抑制偶次谐波。内部反馈电路最大限度地减少因外部增益电阻设置不匹配所导致的任何增益误差。AD8138 的差分输出可以帮助 A/D 转换器的输入端实现阻抗平衡，使 A/D 转换器发挥最大性能。AD8138 的典型应用电路如图 9-9 所示，输出电压为 $-V_{OUT}$～$+V_{OUT}$，电压增益为 R_F/R_G。差分信号调理电路如图 9-10 所示。

如图 9-9 所示电路中，$+D_{IN}$ 至 $-D_{IN}$ 之间的有效输入阻抗取决于放大器是驱动单端信号还是差分信号。对于全差分平衡输入，输入端阻抗用下式表示：

$$R_{IN} = 2 \times R_G \tag{9-5}$$

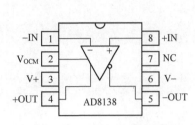

图 9-8　AD8138 差分放大器

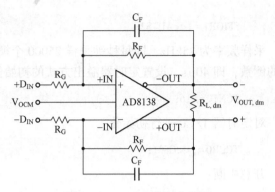

图 9-9　AD8138 典型应用图

对于单端输入如-D_{IN}接地，+D_{IN}接输入，则其输入阻抗用下式表示：

$$R_{IN} = \frac{R_G}{1 - \dfrac{R_F}{2 \times (R_G + R_F)}}$$
(9-6)

ATmega16 集成的 A/D 转换器可以采用全差分信号输入，根据输入通道不同，对输入信号具有不同的放大倍数。式 9-4 说明了输入与输出信号之间的关系：

$$ADC = \frac{(V_P - V_N) \times GAIN \times 2^9}{V_{ref}}$$

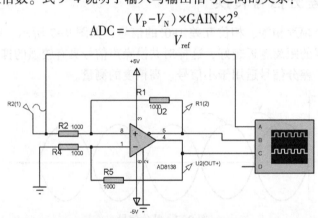

（a）AD8138单端输入—差分输出原理图

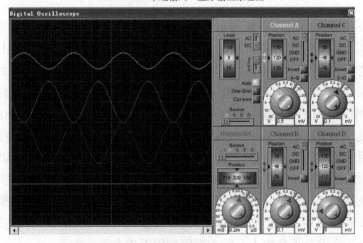

（b）输入输出波形

图 9-10　差分信号调理电路

ADC 的结果为 10 位二进制补码，其最高位为符号位，因 V_P–V_N 的结果可能为正，也可能为负，所以符号位可能为 0 或 1：为 0 表示输入的模拟信号为正，正数的补码与原码相同，可以直接显示；为 1 表示输入模拟信号为负，应将该补码取反加 1 后获得其原码，再进行显示。

差分输入通道中，以数据右对齐为例，若 ADC 寄存器中的内容为 0000001**101101010**（0x036A），斜体部分为 ADC 的有效数字，符号位为 1，说明是负数补码，应将该补码逐位取反，得 1111110**010010110**，在最低位加上 1 得到 1111110**010010111**，将非斜体部分及符号位清零得到 0000000**010010110**（**0x0096**）即为 –150 的原码。

【项目总结】

信号转换在单片机系统中经常要用到。ATmega 单片机集成了 10bit 的 A/D 转换器，可以转换单通道信号，也可以转换差分信号，使用方便。选用 A/D 转换器时要考虑接口方式、分辨率、输出信号类型、转换速率等。

【项目练习】

1. 将模拟信号转换成数字信号有几种方法？

2. A/D 转换器的主要性能指标有哪些？如何提高 A/D 转换器的精度和测量范围？

3. D/A 转换器的主要性能指标有哪些？如何提高 D/A 转换器的分辨率？

4. ATmega16 集成 A/D 转换器有几种转换工作模式？当输入的是负电压信号时该如何进行转换？

5. 通过 ADC0~ADC3 输入 4 组不同的模拟电压，在 PB7 接一个开关 K，每按一次 K 切换一次模拟输入通道，测量选中的模拟输入通道电压大小，并在数码管中显示。在 PB0~PB3 接 4 个发光二极管，用以指示通道号，其中 PB0 对应 ADC0，PB1 对应 ADC1，PB2 对应 ADC2，PB3 对应 ADC3，编程并仿真实现。

6. 使项目 8 最终实现的程序的输出波形幅度可以调整，调整范围为 0~5V。

模块 5 串 行 通 信

外部设备与单片机、单片机与单片机、单片机与计算机之间交换数据，可以将数据位排成一串，逐一传输，通过两条线甚至一条线完成数据的传输与交换，即采用串行方式通信。这种通信方式连线少，通信距离远。

项目 10 串行通信接口虚拟终端调试

【工作任务】

1. 任务表

训练项目	进行串行通信接口（简称串口或串行口）虚拟终端调试：在 Proteus 中调用虚拟终端与单片机进行串行通信，单片机发送信息到虚拟终端显示窗口，可以从显示窗口向单片机输入命令，通过该交互界面调试大型、复杂程序时将变得更有效率
学习任务	（1）串行通信分类。 （2）同步通信与异步通信。 （3）异步串行通信格式。 （4）串行通信接口规范。 （5）AVR 单片机异步串行通信接口结构。 （6）AVR 单片机异步串行通信接口应用
学习目标	**知识目标：** （1）了解串行通信的类型。 （2）了解同步通信与异步通信。 （3）熟悉异步串行通信格式。 （4）了解串行通信接口规范。 （5）熟悉 AVR 单片机异步串行通信接口结构和工作原理。 （6）掌握 AVR 单片机异步串行通信接口的使用方法。 **能力目标：** （1）具有 AVR 单片机异步串行通信接口编程能力。 （2）具有串行通信接口应用能力。 （3）具有通过串行通信交互信息、调试程序的能力
项目拓展	双机串行通信
参考学时	6

2. 任务要求

单片机与虚拟终端之间实现字符串收发。单片机系统时钟频率为 8MHz，通信参数设置：数据位为 8 位，1 个起始位，1 个停止位，无奇偶校验位，波特率设置为 19200bps。虚拟终端向单片机发送字符串，字符串长度在程序中定义。单片机接收完所有字符串之后将其发送给虚拟终端，虚拟终端将收到的字符显示出来。单片机接收到的字符串放在指针 p 所指的起始地址，其长度不定。当接收完所有字符之后单片机启动字符串发送程序，将接收到的字符串发送给虚拟终端。

3. 设计思路

（1）初始化串口，设置控制与状态寄存器 USRCA～USRCC。

（2）计算波特率，将结果存放在 UBRR 寄存器中，波特率不倍增。

（3）设置中断，使能全局中断，使能发送中断和接收中断。

（4）开始接收数据，接收数据长度存放在变量 size 中，每接收到一个数据，将其存放在指针变量 p 所指的地址单元，然后修改指针 p 以存放下一个接收到的数据。当 size 规定长度内的数据接收完成后，接收程序返回指针 p 的首地址。

（5）启动发送程序，将指针 p 所指的 size 长度的字符串发送出去，每发送一个字节均检测字符串结束标志"\0"。

4. 任务实施

绘制原理图，如图 10-1 所示。

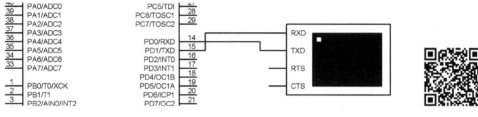

图 10-1　原理图

通过分析设计思路，设计程序流程图，如图 10-2 所示。

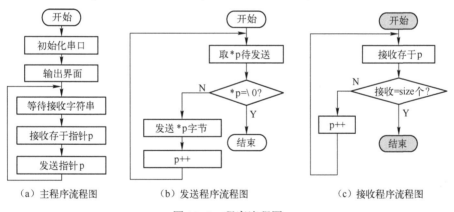

（a）主程序流程图　　　（b）发送程序流程图　　　（c）接收程序流程图

图 10-2　程序流程图

编写程序如下：

```
#include<iom16v. h>
void UART_init( unsigned int baud) ;
void UART_TXD_Byte( unsigned char data) ;
void UART_TXD_String( unsigned char *p) ;
unsigned char UART_RXD_Byte( void) ;
unsigned char *UART_RXD_String( unsigned char *p,unsigned char size) ;
void delay( unsigned char t) ;
void main( void)
{
    unsigned char *p;
    DDRA| = 1<<PA0|1<<PA1;
```

```
      UART_init(25);
      UART_TXD_String("---ATmega16USARTDemo---");//输出界面
      UART_TXD_Byte('\n');      //换行符,下一行
      UART_TXD_Byte('\r');      //回车符,回到行首
      UART_TXD_String("-----Input5char acters:");//输出界面
      UART_TXD_Byte('\n');
      UART_TXD_Byte('\r');
      while(1)
      {
        p=UART_RXD_String(p,5);//输入超过5个字符
        UART_TXD_String(p);
        UART_TXD_Byte('\n');
        UART_TXD_Byte('\r');
      }
  }
  void UART_init(unsigned int baud)
  {
    UCSRB=1<<RXEN|1<<TXEN;
    UCSRC=1<<URSEL|1<<UCSZ0|1<<UCSZ1;
    UBRR=baud;
  }
  void UART_TXD_Byte(unsigned char data)
  {
    while(!(UCSRA&(1<<UDRE)));
    UDR=data;
    while(!(UCSRA&(1<<TXC)));
  }
  void UART_TXD_String(unsigned char *p)
  {
    while(*p!='\0')//检测字符结束标志
    UART_TXD_Byte(*(p++));
  }
  unsigned char UART_RXD_Byte(void)
  {
    while(!(UCSRA&(1<<RXC)));
    return UDR;
  }
  unsigned char *UART_RXD_String(unsigned char *p,unsigned char size)
  {
    unsigned char *p2;
    unsigned char i=0;
    p2=p;
    do
    {
      while(!(UCSRA&(1<<RXC)));
      *p=UDR;
      i++;
      p++;
    }
    while(i<size);//接收字符串长度不超过size
    return p2;
  }
```

5. 调试分析

在程序中设长度 size 为 5。将单片机主频设为 8MHz，双击虚拟终端，按图 10-3 所示设

置串行通信参数，波特率设置成与单片机串口波特率一样，否则将导致无法正常收发数据。运行程序，弹出虚拟终端调试窗口，如图10-4所示。用鼠标左键单击一下虚拟终端显示窗口，将其激活，输入字符串发送给单片机，单片接接收字符串后将其发回虚拟终端并显示，图10-4显示的是虚拟终端接收到的单片机发送的字符串，键盘输入到虚拟终端的字符被自动发送，并不显示在窗口中。当输入超过5个字符时会自动单片机完成一次收、发，并控制虚拟终端换行。读者可以将程序改成通过回车键控制接收停止。

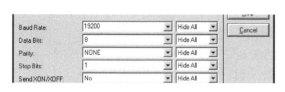

图 10-3　虚拟终端参数设置

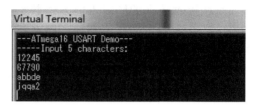

图 10-4　虚拟终端调试窗口

【知识链接】

任务 10.1　串行通信基础

10.1.1　串行通信与并行通信

前面所讨论的 AVR 单片机 I/O 口操作，其数据传输是按字节进行的。一个字节对应 8 个比特位，分别与 8 个 I/O 口的位线连接，数据同时从 8 个 I/O 口输入/输出，每个字节同步传输，这是数据的并行通信，如图 10-5 所示。并行通信具有传输线多、速度快、通信距离短、使用简单的特点。

在串行数据通信中，一个字节的 8 个比特数据排成一串，可以高位（MBS）在前，也可以低位在前（LBS），依次在数据线上进行传输。如果串行通信传输 1bit 数据所需时间与并行通信相等且都为 T，则串行通信中传输完 1 个字节所需时间为 $8T$，传输 n 个比特位则需要 nT 时间，如图 10-6 所示。串行通信具有传输线少、成本低等特点，适合远距离通信。

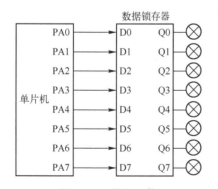

图 10-5　并行通信

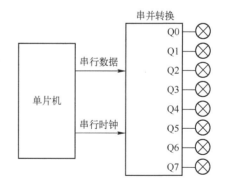

图 10-6　串行通信

10.1.2　串行通信方式

根据串行通信的组成形式和数据传输方向，串行通信有 3 种通信方式，分别为单工、半双工、全双工。

单工通信如图 10-7（a）所示。单工通信只允许数据在一个方向上传输，发送端只能发送数据，接收端只能接收数据。

半双工通信如图 10-7（b）所示。半双工通信允许数据在两个方向上传输，但不能同时进行数据收、发。发送端在发送数据的同时不能接收数据，接收端在接收数据的同时不能发送数据。通过开关切换，可以将收发端功能互换，原来接收端发送数据，原来发送端接收数据。

全双工通信分别有独立的接收线和独立的发送线，数据的收发可以同时进行，且互不影响，如图 10-7（c）所示。

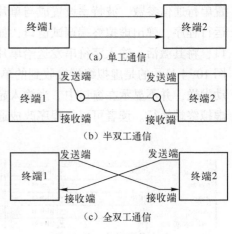

图 10-7　串行通信方式

在单片机系统中，三种串行通信方式都有应用。

10.1.3　同步通信与异步通信

在串行通信中，有两种基本的通信类型，即同步通信与异步通信。

1. 同步通信 SYNC（Synchronous Communication）

同步通信以数据块为传输单元，一个数据块中包含了若干个数据字符（比如数据字节），仅在数据块首部设置有 1~2 个同步字符，用以进行数据通信。一旦建立数据同步，就可以进行数据字符的传输，中间不用再同步，数据块中的数据字符长度可定义，如图 10-8 所示。

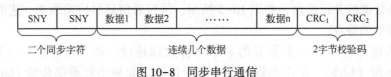

图 10-8　同步串行通信

由于同步通信以数据块为传输单元，冗余数据信息少，因此同步通信的通信速度很高，可达到 Mbps 以上。

在单片机系统中，采用同步串行通信时可以去掉数据块前面的同步字符，用专门的时钟线来传递同步信号，以保证收发端数据的严格同步。因此，在单片机的同步通信中，单工或半双工的通信硬件连接需要两条线，1 条传输数据，1 条传输时钟信号，而在全双工通信中则需要 3 条线，1 条输入数据、1 条输出数据、1 条时钟线。

2. 异步通信 ASYNC（Asynchronous Communication）

异步通信以字符为传输单位，传输两个字符的时间间隔不固定（异步），但每个字符中的两个相邻的比特位的传输时间间隔是固定的（同步）。在异步通信中，没有专门的、独立的同步时钟信号，典型的异步通信的数据帧格式如图 10-9 所示，数据帧由起始位、数据位、奇偶（校验）位、停止位所组成。起始位为一固定时间长度的低电平，表示一帧数据的开始，接着就是传输的数据，其长度有 5 位、6 位、7 位、8 位、9 位等。数据位后面是奇偶（校验）位，指示数据通信的出错情况。校验位后面是 1 位或 2 位停止位。停止位为高电平，表示这一帧数据的结束。数据帧后面跟着几位保证数据可靠传输的空闲位。

异步通信数据帧的间隔时间不同，通信时数据是一帧一帧进行传输的，每帧通过起始位来同步。由于异步通信中没有专门的时钟同步信号，因此在芯片内部设有专门的时序还原电

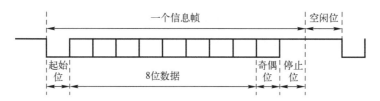

图 10-9　异步通信数据帧格式

路，以便从异步数据帧中提取时钟信号，保证接收的数据被正常还原。

3. 波特率（Baud Rate）

波特率是表示串行通信数据传输快慢的参数，其定义为在单位时间内传输二进制比特位数，用位/秒（bit per second）表示，可写成 bps。比如串行通信中的数据传输波特率为128bps，意即每秒钟传输 128bit，合计 16 字节，则传输 1bit 所需要的时间为：

$$1bit/128bps = 0.0078125s \approx 7.8ms$$

传输一个字节的时间为：

$$7.8\ ms \times 8 = 62.4ms$$

在异步通信中，常见的波特率通常有 1200bps、2400bps、4800bps、9600bps 等。高速的可以达到 19200bps。异步通信中允许的收发端时钟（波特率）误差不超过 5%。

10.1.4　串行通信接口规范

由于串行通信方式能实现较远距离的数据传输，因此在远距离控制或工业控制现场等场合通常使用串行通信方式来传输数据。由于远距离数据传输时普通的 TTL 或 CMOS 电平无法满足工业现场抗干扰和其他电气要求，不能用于远距离的数据传输，因此 EIA（电子工业协会）推出了 RS-232、RS485 等接口标准。

1. RS-232 接口标准

RS-232 是在 1969 年由 EIA 制定的用于在数据终端设备（DTE）和数据通信设备（DCE）之间进行二进制数据的串行通信的接口标准，全称是 EIA-RS-232-C，实际中常称为 RS-232 或 RS-232C，也称 EIA-232。此标准最初规定采用 DB-25 作为连接器，包含双通道，但是现在也允许采用 DB-9 的单通道接口连接，如图 10-10 所示，其端口定义如表10-1 所示。在实际中，DB9 由于结构简单，仅需要 3 根线就可以完成全双工通信，使用方便，在实际中应用广泛。

表 10-1　RS-232 串口端口定义

DB-25	DB-9	信号名称	数据方向	含义
2	3	TXD	输出	数据发送端
3	2	RXD	输入	数据接收端
4	7	RTS	输出	请求发送
5	8	CTS	输入	清除发送
6	9	DSR	输入	数据设备就绪

RS-232 采用负逻辑电平，用负电压表示数字信号逻辑 1，用正电压表示数字信号的逻辑 0。规定逻辑 1 的电压范围为 -5~-15V，逻辑 0 的电压范围为 +5~+15V。

RS-232 规定，驱动器允许有 2500pF 的电容负载，通信距离将受此电容限制，例如，采用 150pF/m 的通信电缆时,最大通信距离为 15m;若每米电缆的电容量减小,通信距离可以增加。传输距离短的另一原因是 RS-232 属单端信号传送,存在共地噪声和共模干扰等问题,因此一般用于 20m 以内的通信。

2. RS-485 接口标准

RS-485 标准最初由 EIA 于 1983 年制定并发布,后由 TIA(通信工业协会)修订后命名为 TIA/EIA-485-A,习惯上仍称之为 RS-485。RS-485 是为弥补 RS-232 之不足而提出的。为改进 RS-232 通信距离短、速率低的缺点,RS-485 定义了一种平衡通信接口,将传输速率提高到 10Mbps,传输距离延长到

图 10-10 DB9 单通道接口

1219.2 米(速率低于 100kbps 时),并允许在一条平衡线上连接最多 10 个接收器。RS-485 有两线制和四线制两种接线方式,其中两线制接线方式应用较多,这种接线方式以总线式拓扑结构组网,在同一总线上最多可以挂接 32 个 RS-485 节点。

3. 串行通信接口电平转换

1)TTL/CMOS 电平与 RS-232 电平转换

TTL/CMOS 电平采用的是 0~5V 的正逻辑表示法,即 0V 表示逻辑 0,5V 表示逻辑 1,而 RS-232 采用负逻辑表示法,逻辑 0 用 +5~+15V 表示,逻辑 1 用 -5~-15V 表示。在 TTL/CMOS 单片机系统中,如果使用 RS-232 进行串行通信,必须进行电平转换。MAX232 是一种常见的 RS-232 电平转换芯片,以单芯片实现全双工通信,单电源工作,外围仅需少数几个电容器,其应用原理图如图 10-11 所示。

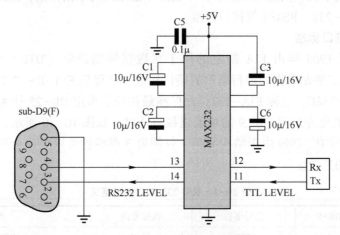

图 10-11 MAX232 应用原理图

2)USB 与串口转换

如今很多计算机取消 RS-232 通信接口配置,这为程序下载、测试带来不便,但是 USB 接口是计算机的标准配置,可以通过将转换芯片插入计算机 USB 口,在计算机中虚拟出串口,之后的操作就同操作真实 RS-232 串口一样方便。这类转换芯片采用 TTL/CMOS 电平接口标准,与单片机串口直接连接,使用非常方便。图 10-12 为用 CH340 组成的转换芯片,即插即用,非常实用。

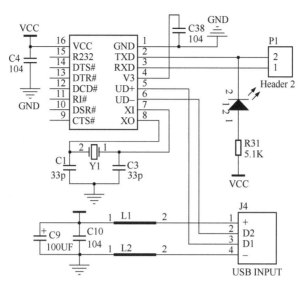

图 10-12 用 CH340 组成的转换芯片

任务 10.2 ATmega16 异步串行通信接口

ATmega16 内置一个可编程的全双工异步串行通信接口，功能强大，使用方便。

10.2.1 串行通信接口特点

ATmega16 内置的串行通信接口的主要特点如下：

（1）采用全双工通信操作，具有独立的串行接收和发送寄存器，接收端有 2 级 FIFO。

（2）支持异步或同步通信方式。

（3）同步模式下可以选择由主机或从机提供同步时钟。

（4）具有高精度的专用波特率发生器。

（5）数据位长度支持 5、6、7、8、9 位，可选 1 个或 2 个停止位。

（6）由硬件完成奇偶校验判决。

（7）具有数据过速检测功能。

（8）具有帧错误检测功能。

（9）具有噪声滤波、数字低通滤波及错误起始位检测功能。

（10）具有三个独立的中断源：发送结束中断、发送数据寄存器空中断及接收结束中断。

（11）支持多处理器通信模式。

10.2.2 串行通信接口组成

ATmega16 的串行通信接口主要由数据寄存器、控制寄存器、波特率发生器、发送移位寄存器、接收移位寄存器、奇偶校验电路等组成，见图 10-13。

（1）数据寄存器 UDR。UDR 分为数据接收寄存器和数据发送寄存器，虽然使用相同的名字，但它们却是两个独立的物理单元，对 UDR 进行写操作时是将数据写入发送电路，当对 UDR 进行读操作时是将接收电路接收的数据读出。

（2）控制寄存器。ATmega16 有 3 个控制寄存器，分别为 UCSRA、UCSRB、UCSRC，通过对控制寄存器的编程，可以对串行通信口工作模式、波特率、数据格式等进行设置。

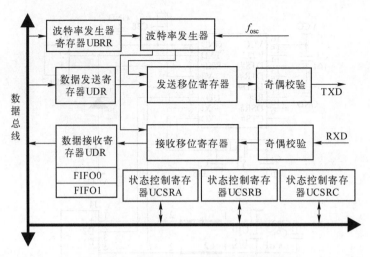

图 10-13 ATmega16 串行通信接口结构图

（3）波特率发生器。ATmega16 具有专用的波特率发生器，其工作时钟来源于系统时钟，经过如图 10-14 所示时钟电路产生数据收发电路所需要的时钟信号。

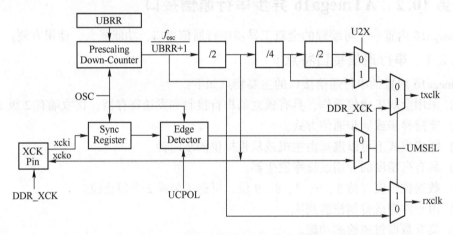

图 10-14 波特率发生器内部结构图

ATmega16 串口有 4 种工作模式，分别为正常的异步模式、倍速异步模式、主机同步模式、从机同步模式，通过编程选择。

通过对控制寄存器相关位进行编程，可以设定串口采用全双工异步方式或移位寄存器的同步方式，其波特率均可以编程设定。

在异步方式中，波特率具有倍增功能，在不改变任何参数、数据前提下，通过设置相关位可以使波特率提高 1 倍，以用于更高通信速度的场合。

在同步方式中，可以编程选择同步时钟源来自于主机或来自于从机。

（4）发送移位寄存器。发送移位寄存器的功能是将发送的数据进行转换，即在时钟信号作用下将其进行移位，每过一个时钟周期，数据向后移动一位，最后将 UDR 中的并行数据变成串行数据，从数据发送引脚 TXD 发送出去。

（5）接收移位寄存器。接收移位寄存器的功能是将接收到的串行数据进行转换，即在时钟信号作用下，数据接收引脚 RXD 每收到一个数据，移位寄存器中数据后移一位，将串行数据转变成并行数据，收到的数据被放入数据接收寄存器 UDR 中。

（6）奇偶校验电路。奇偶校验电路完成对收发数据的奇偶校验。奇偶校验是检测数据通信是否出错的常用手段，简单、易于实现。当发送数据寄存器 UDR 中的二进制数中 1 的个数为奇数时，奇偶标志位置 1，连同数据位、起停位构成异步串行数据帧一并发送。接收端接收到以后，如果 UDR 中二进制数的 1 的个数为奇数，则奇偶标志位不变（为 1）。因此通过比较、判别收发端奇偶标志可以快速检测数据是否传输出错，这种规则称为"奇校验"；反之，如果 1 的个数为偶数个，将奇偶标志位置 1 的称为"偶校验"。在控制寄存器中可以编程选择"奇校验"还是"偶校验"。

10.2.3 串行通信接口寄存器

1. UDR 数据寄存器

接收器和发送器使用的寄存器是 UDR 寄存器，但是仅同名而已，它们是两个完全独立的数据寄存器。当对 UDR 执行写操作时数据通过 TXB 发送出去，当执行读操作时将 RXB 接收到的数据读进来。

当数据长度不足 8bit 时，如 5、6、7bit，未被使用的数据位被发送器忽略，而接收器则直接将它们置为 0。

位	7	6	5	4	3	2	1	0	
UDR(R)				RXB					
UDR(W)				TXB					
	R/W	R/W	R/W	R/W	R/W	R/W	R/W	R/W	读/写
	0	0	0	0	0	0	0	0	初始值

对 UDR 执行写操作前应该先检查 UDR 是否为空，即检查 UDR 中数据是否发送完毕，当发送结束后控制寄存器标志位会置位。若写 UDR 时其不为空，说明上一个数据还未发送结束，新写入的数据无效。

接收缓冲器 UDR 包含一个两级 FIFO，接收数据被置于 FIFO 中。读 UDR 会影响 FIFO 的状态，FIFO 为空时会在控制寄存器中相应标志位置位。

2. 波特率寄存器 UBRR

位	15							8	
UBRRH	URSEL	—				UBRR[11:8]			
UBRRL				UBRR[7:0]					
	R/W	R	R	R	R/W	R/W	R/W	R/W	读/写
	0	0	0	0	0	0	0	0	初始值

UBRR 中的内容决定产生的波特率值大小。波特率与 UBRR 中数值关系如表 10-2 所示。

表 10-2 波特率与 UBRR 取值关系

工作模式	波特率计算公式	UBRR 计算公式
异步工作模式（U2X = 0）	$B = \dfrac{f_{osc}}{16\ (UBRR+1)}$	$UBRR = \dfrac{f_{osc}}{16 \times B} - 1$
异步工作模式（U2X = 1）	$B = \dfrac{f_{osc}}{8\ (UBRR+1)}$	$UBRR = \dfrac{f_{osc}}{8 \times B} - 1$

工作模式	波特率计算公式	UBRR 计算公式
同步主机模式	$B = \dfrac{f_{osc}}{2\ (UBRR+1)}$	$UBRR = \dfrac{f_{osc}}{2 \times B} - 1$

表中，f_{osc} 表示系统晶振频率大小，B 为通信波特率，UBRR 为波特率寄存器中数值。常用的波特率有 1200bps、2400bps 等，在已知波特率和 f_{osc} 前提下，通过应用表 10-2 中的公式可以计算出 UBRR 中应存放的数值。

UBRR 为 16 位寄存器，分为高位 UBRRH 和低位 UBRRL 两部分。在 ICCV7 for AVR 编译器中使用 C 语言编程时，可以将一个 16 位的数直接写入 UBRR。但应注意的是，UBRR 的取值必须在 0~4095 之间。

3. 控制和状态寄存器

控制和状态寄存器用来对串口进行编程及保存串口的各种工作状态，使用时应正确初始化。ATmega16 串口有 3 个控制与状态寄存器，分别为 UCSRA、UCSRB、UCSRC。

1）控制与状态寄存器 UCSRA

位	7	6	5	4	3	2	1	0	
UCSRA	RXC	TXC	UDRE	FE	DOR	UPE	U2X	MPCM	
	R	R/W	R	R	R	R	R/W	R/W	读/写
	0	0	0	0	0	0	0	0	初始值

RXC 位（Bit7）：接收结束标志位。

接收器已成功接收一个数据并将其置于接收缓冲器中后将 RXC 置位。RXC 标志位可用来产生接收结束中断，执行完中断程序后该位自动清零。注意，对该位写 1 清零时会产生一次重复接收错误。

TXC 位（Bit6）：发送结束标志位。

发送缓冲器（UDR）完成数据发送时 UDR 为空，此时 TXC 置位，TXC 标志可用来产生发送结束中断。执行完中断程序后该标志位会自动清零。注意，对该位写 1 清零会产生一次重复发送错误。

UDRE 位（Bit5）：数据寄存器空标志位。

UDRE 为 1 时说明发送缓冲器 UDR 已清空，发送器已准备好数据发送操作。UDRE 标志位可用来产生数据寄存器空中断。在发送数据之前，应先检查一次 UDR 是否为空，即检查 UDRE 位的状态。在未检查 UDR 状态前提下进行数据发送操作有可能会导致 UDR 中的数据无法被更新，发送器发送的始终是 UDR 上一次写入的数据。

FE（Bit4）：帧错误位。

传输过程中产生帧错误，如同步丢失、传输中断等时该位会被置位。

DOR（Bit3）：数据溢出标志位。

当接收缓冲器满（已存放两个数据未被及时读取）而又有新的数据进来时，DOR 置位，且一直保持，直到 UDR 中的数据被读取为止。

UPE（Bit2）：奇偶校验错误标志位。

使能奇偶校验功能（UPM1 位置 1）后，校验器将计算输入数据的奇偶性并将结果与数据帧的奇偶位进行比较。校验结果将与数据和停止位一起存储在接收缓冲器中。通过读取

UPE 可以检查接收帧中是否发生奇偶校验错误。在接收缓冲器（UDR）被读取前，UPE 的状态一直被保持。

U2X（Bit1）：波特率倍增控制位。

在异步通信时，如果该位置 1 则波特率分频因子从 16 降到 8，传输速率加倍。在同步通信时该位清零。

MPCM（Bit0）：多处理器通信模式标志位。

此位用来启动多处理器通信模式。当串行通信总线外接多个处理器时，要为每个处理器分配地址，用以识别各自身份。用停止位或第 9 位数据位来表示当前接收的数据帧是地址帧还是数据帧，为 1 说明当前接收的是地址帧，将处理器的地址与本地保存的地址进行比较，二者相等则该处理器获得总线使用权，可以通过总线进行数据收发；反之，如果接收的地址与本机保存的地址不匹配，则直接丢弃，继续等待。

帧错误位（FE）、数据溢出标志位（DOR）、奇偶校验错误标志位（UPE）与 UDR 中的内容有关，对 UDR 进行读写操作时均会影响这些标志位的状态，因此读 UDR 数据之前建议先判断一下这 3 个标志位的状态。这 3 个标志位不会触发中断。

2）控制与状态寄存器 UCSRB

位	7	6	5	4	3	2	1	0	
UCSRB	RXCIE	TXCIE	UDRIE	RXEN	TXEN	UCSZ2	RXB8	TXB8	
	R/W	R/W	R/W	R/W	R/W	R/W	R	R/W	读/写
	0	0	0	0	0	0	0	0	初始值

RXCIE 位（Bit7）：接收结束中断使能位。

置位后使能接收结束中断。当 RXCIE 为 1，使能全局中断时，RXC 置位可产生串行接收结束中断请求。

TXCIE 位（Bit6）：发送结束中断使能位。

置位后使能发送结束中断。当 TXCIE 为 1，使能全局中断时，TXC 置位可产生串行发送结束中断请求。

UDRIE 位（Bit5）：串口数据寄存器空中断使能。

置位后使能数据寄存器空中断。当 UDRIE 为 1，使能全局中断，UCSRA 寄存器中的 UDRE 位置位时可产生串口数据寄存器空中断。

RXEN 位（Bit4）：接收使能位。

置位后使能 USART 接收器。PD0 将作为 RXD 数据接收专用引脚，不可使用其 I/O 功能。该位清零则禁止接收功能，FE、DOR 及 PE 标志位无效，PD0 可使用其 I/O 功能。

TXEN 位（Bit3）：发送使能位。

TXEN 置位后使能串口发送器。PD1 将作为串行数据发送专用引脚，不可使用其 I/O 口功能。该位清零则禁止发送功能，PD1 可使用其 I/O 功能。

UCSZ2 位（Bit2）：与 UCSRC 中的 UCSZ0、UCSZ1 位一同使用。

RXB8 位（Bit1）：接收数据位 8。

RXB8 与 UDR 组成 9 位串行数据帧，第 9 位数据被置于 RXB8。读取 9 位串行数据时应先读 RXB8 数据位（Bit8），再读 UDR 中的 Bit7～Bit0 低位数据。

TXB8 位（Bit0）：发送数据位 8。

TXB8 与 UDR 组成 9 位串行数据帧，第 9 位数据被置于 TXB8。发送 9 位串行数据时应先将第 9 位数据（Bit8）写入 TXB8，再将余下数据写入 UDR。

3) 控制与状态寄存器 UCSRC

位	7	6	5	4	3	2	1	0	
UCSRC	URSEL	UMSEL	UPM1	UPM0	USBS	UCSZ1	UCSZ0	UCPOL	
	R/W	R/W	R/W	R/W	R/W	R/W	R/W	R/W	读/写
	1	0	0	0	0	1	1	0	初始值

UCSRC 寄存器与 UBRRH 寄存器共用相同的 I/O 地址。访问该寄存器时应注意其数据取值。

URSEL 位（Bit7）：寄存器选择位。

通过该位选择访问 UCSRC 寄存器还是 UBRRH 寄存器。URSEL 位为 1 时选择操作 UCSRC 寄存器，故写入 UCSRC 的值应该大于等于等于 80H，URSEL 位为 0 时对波特率寄存器的高位 UBRRH 进行操作，写入 UBR 寄存器数不能超过 4095。

UMSEL 位（Bit6）：USART 模式选择位。

通过 UMSEL 位来选择串口工作在同步或异步模式。UMSEL＝0 工作在异步串行通信，UMSEL＝1 工作在同步串行通信。

UPM1、UPM0 位（Bit5、Bit4）：奇偶校验模式位。

奇偶校验模式位包含 UPM0 和 UPM1 两位，用来选择串行通信时奇偶校验模式，如表 10-3 所示。

表 10-3　奇偶校验模式控制字

UPM1	UPM0	奇 偶 模 式
0	0	无奇偶校验
0	1	保留
1	0	偶校验
1	1	奇校验

UPM1 位置 1 将启动奇偶校验，UPM0 设定校验方式。发送数据时，发送器会自动产生并发送奇偶校验位。每接收到一个数据，接收器都会产生一个奇偶值，系统将其与 UPM0 所设置的值进行比较，如果不匹配，那么就将 UCSRA 中的 UPE 置位，产生奇偶校验错误。

USBS 位（Bit3）：停止位选择位。

通过 USBS 位可以设置停止位位数，USBS＝0：选择 1 位停止位，USBS＝1：选择 2 位停止位。

UCSZ1、UCSZ0 位（Bit2、Bit1）：数据字符长度选择位。

通过设置 UCZS0、UCZS1、UCZS2 可以设定串行通信数据字符的长度，如表 10-4 所示。

表 10-4　数据位长度控制字

UCSZ2	UCSZ1	UCSZ0	字符长度
0	0	0	5 位
0	0	1	6 位
0	1	0	7 位
0	1	1	8 位

UCSZ2	UCSZ1	UCSZ0	字符长度
1	0	0	保留
1	0	1	保留
1	1	0	保留
1	1	1	9 位

UCPOL 位（Bit0）：时钟极性选择位。

UCPOL 位仅在同步模式下有效，在使用异步模式时该位应为 0。UCPOL 位设定发送数据、接收数据的时钟采样边沿时刻，如表 10-5 所示。

表 10-5 同步时钟极性

UCPOL	发送数据采样	接收数据采样
0	时钟上升沿	时钟下升沿
1	时钟下升沿	时钟上升沿

【例 10-1】按要求完成串行通信口寄存器的初始化操作，系统时钟为 8MHz。

（1）设置同步模式，波特率设为 30000bps。

（2）设置 8 位异步模式，波特率设为 2400bps。

解：（1）UCSRA 不需要设置，UCSRB 中的 RXEN、TXEN 位应置位，开启接收器和发送器，UCSRC 中的 URSEL 位应置位，选择 UCSRC 操作，UMSEL 位应置位，选同步模式，计算波特率寄存器初始值：

$$UBRR = \frac{f_{osc}}{2 \times B} - 1$$

$$UBRR = \frac{8000}{2 \times 30} - 1 = 132$$

寄存器编程如下：

```
UCSRB = 1<<RXEN|1<<TXEN;
UCSRC = 1<<URSEL|1<<UMSEL;
UBRR = 132;
```

（2）UCSRA 不需要设置，UCSRB 中的 RXEN、TXEN 位应置位，使能接收器、发送器，UCSRC 中的 URSEL 位应置位，选择对 UCSRC 操作，UCSZ0、UCSZ1 应置位，选择 8 位数据模式，波特率不倍增，寄存器初始值计算如下：

$$UBRR = \frac{f_{osc}}{16 \times B} - 1$$

$$UBRR = \frac{8000}{16 \times 2.4} - 1 = 207$$

寄存器编程如下：

```
UCSRB = 1<<RXEN|1<<TXEN;
UCSRC = 1<<URSEL|1<<UCSZ1|1<<UCSZ0;
UBRR = 207;
```

【项目拓展】

任务 10.3 双机串行通信

1. 设计要求

双机（U1、U2）之间进行通信，采用全双工异步通信方式实现，双机通信参数设置：数据位为 8 位，1 个起始位、1 个停止位，无奇偶校验位，波特率设置为 9600bps，系统时钟频率为 8MHz。

具体要求：U1 通过串口发字符"A"，U2 接收并确认是字符"A"后控制 PA0 连接的红色 LED 亮，同时通过串口向 U1 发送应答字符"Y"，如果 U2 接收到的不是字符"A"，则控制 PA1 连接的蓝色 LED 亮并向 U1 发送字符"N"。如果 U1 接收到字符"Y"，控制 PA0 连接的红色 LED 亮，如果接收到字符"N"，控制 PA1 连接的蓝色 LED 亮。数据接收、发送使用查询方式实现。

2. 项目分析

（1）双机串行通信接口采用相同的波特率及数据传输格式，因此初始化程序完全一样。

（2）U1 先发送数据给 U2，U2 接收数据之后判断是否是字符"A"，如果是则亮红灯，并发字符"Y"给 U1，如果不是字符"A"则亮蓝灯，并发字符"N"给 U1。

（3）U1 接收数据，并判断接收到的数据是否等于字符"Y"，如果是，亮红灯，如果不是，则亮蓝灯。

3. 项目实现

根据项目分析绘制程序流程图，如图 10-15 所示，原理图如图 10-16 所示。

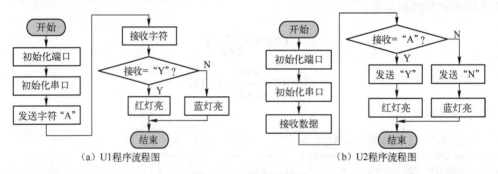

（a）U1 程序流程图　　　　　　　　　（b）U2 程序流程图

图 10-15　程序流程图

U1 源程序如下：

```
#include<iom16v.h>
void UART_init(unsigned int baud);//声明函数 UART_init,baud 为波特率,调用时传入
void UART_TXD(unsigned char data);//声明函数 UART_TXD,data 为发送数据,调用时传入
unsigned char UART_RXD(void);//声明函数 UART_RXD,调用时返回接收数据
void delay(unsigned char t);
void main(void)
{
    unsigned char temp;
    DDRA|=1<<PA0|1<<PA1;
    PORTA=0xff;
    UART_init(9600);          //设置波特率为 9600
    UART_TXD('A');
```

```c
    temp=UART_RXD();          //接收数据保存在 temp 变量中
    if( temp=='Y')            //判断接收数据是否等于'Y'
    PORTA=~(1<<PA0);          //如果是则 PA0 输出'0',红灯亮
    Else                      //否则 PA1 交替输出'0'、'1',蓝灯亮
    {
       PORTA=~(1<<PA1);
       delay(10);
       PORTA=3;
       delay(10);
    }
    while(1);                 //结束
}
void UART_init(unsigned int baud)
{
    UCSRB=1<<RXEN|1<<TXEN;                        //初始化串口,打开发送器和接收器
    UCSRC=1<<URSEL|1<<UCSZ0|1<<UCSZ1;             //设置异步通信模式,8 位数据位,
                                                  //1 位停止位,无校验
    UBRRH=(unsigned char)(80000/16*baud)>>8;//按公式计算波特率寄存器数值
    UBRRL=(unsigned char)80000/16*baud;
}
void UART_TXD(unsigned char data)
{
    UDR=data;                 //发送数据
    while(!(UCSRA&(1<<TXC))); //没有发完继续等待
}
unsigned char UART_RXD(void)
{
    while(!(UCSRA&(1<<RXC))); //如果没有新数据到则等待
    return UDR;               //否则返回接收数据
}
void delay(unsigned char t)
{
    unsigned char i,j,k;
    for(i=0;i<100;i++)
    for(j=0;j<100;j++)
    for(k=0;k<t;k++);
}
```

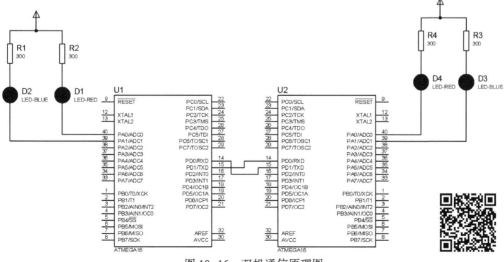

图 10-16　双机通信原理图

U2 源程序如下：

```c
#include<iom16v. h>
void UART_init( unsigned int baud ) ;
void UART_TXD( unsigned char data ) ;
unsigned char UART_RXD( void ) ;
void delay( unsigned char t ) ;
void main( void )
{
    unsigned char temp;
    DDRA | = 1<<PA0 | 1<<PA1 ;
    PORTA = 0xff ;
    UART_init( 9600 ) ;
    temp = UART_RXD( ) ;
    if( temp = = 'A' )
    {
        PORTA = ~ ( 1<<PA0 ) ;
        UART_TXD( 'Y' ) ;
    }
    else
    {
        UART_TXD( 'N' ) ;
        PORTA = ~ ( 1<<PA1 ) ;
        delay( 10 ) ;
        PORTA = 3 ;
        delay( 10 ) ;
    }
    while( 1 ) ;
}
void UART_init( unsigned int baud )
{
    UCSRB = 1<<RXEN | 1<<TXEN ;
    UCSRC = 1<<URSEL | 1<<UCSZ0 | 1<<UCSZ1 ;
    UBRRH = ( unsigned char  ) ( 80000/16 * baud )>>8 ;
    UBRRL = ( unsigned char  )80000/16 * baud ;
}
void UART_TXD( unsigned char data )
{
    UDR = data ;
    while( ! ( UCSRA&( 1<<TXC ) ) ) ;
}
unsigned char UART_RXD( void )
{
    while( ! ( UCSRA&( 1<<RXC ) ) ) ;
    return UDR ;
}
void delay( unsigned char t )
{
    unsigned char i,j,k ;
    for( i = 0 ;i<100 ;i++ )
    for( j = 0 ;j<100 ;j++ )
    for( k = 0 ;k<t ;k++ ) ;
}
```

4. 项目调试

修改 U1 程序，发送字符 "A"，运行程序，观察结果，此时双机均亮红灯，说明通信正常。停止运行，修改 U1 程序，发送字符‘B’，运行程序，此时双机均亮蓝灯，表示数据通信出错。

【项目总结】

串行通信具有连线简单、使用方便的优点，常用于单片机系统。串行通信分为同步串行通信、异步串行通信，按数据传输方向又分为单工、半双工、全双工串行通信。ATmega16 内置 1 个全双工异步串行通信接口，功能强大，使用灵活，而 ATmega162 则内置了 2 个全双工异步串行通信接口，使用更为灵活。串行通信可以实现远距离通信，根据所使用的串口接口协议不同有 RS-232、RS-485 等，通信距离从数十米到数千米不等。此外，通过 USB/串口转换芯片可使 AVR 单片机通过串口非常方便地实现与计算机的通信。

【项目练习】

1. 简述串行通信的特点。

2. 什么是同步串行通信？什么是异步串行通信？

3. 同步串行通信中每秒钟发送 128 个字符，每字符长度为 11bit，计算波特率。

4. 单片机是否能直接与计算机进行串行数据通信？如果不能该怎么办？

5. 简述 ATmega16 串行通信接口波特率的特点。

6. 系统时钟频率为 1MHz，关闭波特率倍增模式，计算波特率为 1200bps、9600bps 时的波特率寄存器 UBRR 中的初始值。

7. 数据缓冲寄存器 UBR 有何特点？

8. 系统时钟频率为 8MHz，波特率 4800bps，8 位数据位，1 位停止位，无奇偶校验位，完成寄存器初始化操作。

9. 编程实现单片机与虚拟终端单字符收发通信，虚拟终端发送字符，单片机将收到的字符发回给虚拟终端。

10. 设计双机串行通信：U1 采用固定波特率（在 1200bps、2400bps、4800bps、9600bps 之间选择），U2 采用自适应的方式，通过程序设置为与 U1 波特率相同。U1 发字符"AA"给 U2 作为波特率同步字符，U2 正常接收以后将字符"AA"作为波特率同步应答信号，U1 接到此信号之后开始给 U2 发送单字节数据（0~255），U2 将接收到的数据以十六进制形式显示在两位数码管中。

项目 11　猜数字游戏

【工作任务】

1. 任务表

训练项目	猜数字游戏
学习任务	(1) SPI 通信特点。 (2) SPI 通信接口组成。 (3) SPI 通信接口寄存器。 (4) SPI 通信时钟模式。 (5) SPI 通信接口使用。 (6) I²C 通信协议。 (7) TWI 通信接口组成。 (8) TWI 通信接口寄存器。 (9) 以 I/O 口模拟串行通信
学习目标	**知识目标：** (1) 了解异步串行通信和同步串行通信特点。 (2) 熟悉 SPI 接口组成及工作原理。 (3) 掌握 SPI 通信操作。 (4) 了解 TWI 通信接口组成。 (5) 了解 TWI 通信操作。 (6) 掌握使用 I/O 口模拟 SPI 通信的操作。 (7) 了解随机函数的应用。 (8) 掌握结构体的应用。 **能力目标：** (1) 具有 SPI 串口编程应用能力。 (2) 具有 I/O 口模拟 SPI 通信协议能力。 (3) 具有串口应用能力。 (4) 常用库函数应用能力
项目拓展	PCF8563 时钟万年历
参考学时	4

2. 任务要求

程序随机生成 1 个数字（1~8），操作者根据自己的猜测按下编号为 1~8 的对应按键，当操作者按下按键后，程序随机产生的数字会显示在数码管中，如果程序随机产生的数字等于操作者按下按键对应的数字。……数码管使用单个共阴极数码管，由 74HC595 驱动，输入数字的键盘由 74HC165 驱动，两片芯片通过 SPI 同步串行通信接口以全双工通信方式与 CPU 通信。

3. 设计思路

CPU 选用 ATmega16，使用 SPI 四线全双工通信方式。CPU 工作在主机模式，从机为 74HC595 和 74HC165，主机为从机提供 SCLK 时钟和 SS 同步信号。通过串行方式将显示数据发送到数码管，通过串行方式将键盘数据读入到 CPU。调用 stdlib 中的 rand 随机函数生成 1~8 随机数，判断到有按键被按下后，将该随机数显示在数码管中。

4. 任务实施

1）硬件设计

根据设计思路设计仿真原理图，如图 11-1 所示。

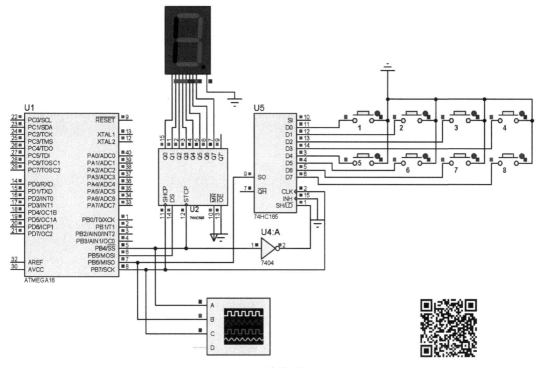

图 11-1　本例仿真原理图

74HC595 为 8 位串并转换移位芯片，输入的是串行数据，输出的是并行数据，带锁存功能，8 个输出端的数据可以同步更新。DS、SHCP、STCP 为 74HC595 的串行数据输入引脚，其工作时序如图 11-2 所示。DS 为串行数据输入引脚，SHCP 为同步移位时钟引脚，DS 在每个同步移位时钟的上升沿将数据移入芯片，8bit 数据全部移入后，在 STCP 输入上升沿时，并行数据被同步输出到 Q0~Q7 输出引脚上。

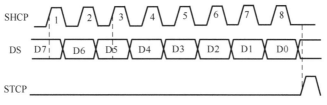

图 11-2　74HC595 工作时序图

74HC165 为并串转换芯片，并行输入、串行输出，D0~D7 为并行数据输入引脚，SO 为串行数据输出引脚，CLK 为时钟引脚，SH/LD#为并行加载触发引脚。工作时，给一个 SH/LD#下降沿脉冲，CPU 会将 D0~D7 输入的数据锁存并加载到移位寄存器，在每一个 CLK 上升沿，CPU 会从 SO 输出一个串行数据。

74HC595 的 SHCP、74HC165 的 CLK 接 CPU 的 SCLK，74HC595 串行数据输入 DS 接 CPU 的串行输出 MOSI，74HC165 的串行输出 SO 接 CPU 的串行输入 MISO，74HC595 锁存端 STCP 接 CPU 的 SS，CPU 的 SS 经过反相器接 74HC165 的 SH/LD#。

2）软件设计

加入 stdlib 头文件，调用 rand 函数产生随机数，随机数很大，故将其强制转换成 char 类型，并进行模 8 运算，得到 0~7 随机数，将 0 映射到 8，因此最终的随机数范围为 1~8。使用 ATmega16 的 SPI 接口驱动 74HC595 和 74HC165 芯片，采用四线全双工接法，CPU 设置为主机模式，MOSI、SCLK 设置为输出，其他引脚设置为输入，SPI 通信时钟设置为 $f_{osc}/16$，f_{osc} 设为 1MHz。完整程序如下：

```c
#include<iom16v. h>
#include<stdlib. h>
const unsigned char LED_CC[10] = {0x3f,0x06,0x5b,0x4f,0x66,0x6d,0x7d,0x07,0x7f,0x6f};
//共阴极数码管段码
void SPI_MasterInit(void);
void SPI_MasterTransmit(char cData);
unsigned char SPI_SlaveReceive(void);
void main(void)
{
  unsigned char tem;
  char num;
  SPI_MasterInit();
  while(1)
  {
    PORTB | = 1<<PB4;
    PORTB&= ~(1<<PB4);              //产生 74HC595、74HC165 锁存脉冲
    SPI_MasterTransmit(LED_CC[num]); //发送显示随机数字
    tem=SPI_SlaveReceive();         //接收键盘状态
    if(tem!=0xff)                    //判断有无按键被按下
    {
      num=(char)rand();             //如果有按键被按下则刷新一次随机数
      num=num%8;                    //限定随机数范围在 1~8
      if(num==0) num=8;
    }
  }
}
void SPI_MasterInit(void)
{
  /*设置 MOSI、SCLK 为输出,其他为输入*/
  DDRB=1<<PB5 | 1<<PB7 | 1<<PB4;
  /*使能 SPI 为 Master(主)模式,SCLK=fck/16*/
  SPCR=(1<<SPE) | (1<<MSTR) | (1<<SPR0);
}
void SPI_MasterTransmit(char cData)
{
  /*开始发送*/
  SPDR=cData;
  /*等待传输结束*/
  while(!(SPSR&(1<<SPIF)))
    ;
}
unsigned char SPI_SlaveReceive(void)
{
  /*等待接收结束*/
  while(!(SPSR&(1<<SPIF)));
  /*返回接收数据寄存器*/
  return SPDR;
}
```

5. 调试分析

全速运行程序时初始显示数字 0，操作者猜想一下下一次会出现的数字，想好后按下按

键，观察数码管显示结果。仿真时使用虚拟示波器监测到的芯片时序如图 11-3 所示，74HC595 的 STCP 脉冲先于串行输入数据产生，故输出数据有一个发送周期的延迟，但这对结果毫无影响。

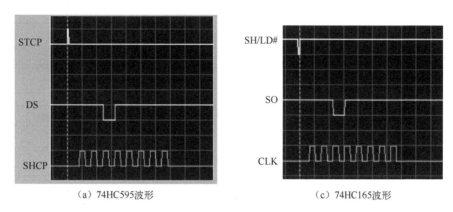

(a) 74HC595波形　　　　　　　　　(c) 74HC165波形

图 11-3　SPI 仿真波形

【知识链接】

任务 11.1　SPI 通信协议

11.1.1　SPI 总线概述

串行外设接口技术（Serial Peripheral Interface，SPI）是 Motorola 公司推出的一种同步串行外设总线接口技术，它允许单片机等微控制器与各种外部设备以同步串行方式进行通信。这种技术广泛应用于存储器、LCD 驱动、A/D 转换、D/A 转换等元器件。使用 SPI 通信时只要 3~4 条 I/O 线与外部设备进行连接即可实现全双工通信，简化了电路设计，节省了 I/O 口资源，提高了系统可靠性。SPI 通信速率快、编程使用简单。

1. SPI 总线的使用

通过 SPI 与外围元器件进行通信时使用的信号线分别为 SCLK、MISO、MOSI、SS#，称为 SPI 总线。SCLK 为串行同步时钟线，MISO 为主机输入/从机输出数据线，MOSI 为主机输出/从机输入数据线，SS#为从机选择线，为低电平有效。有些场合也使用 SDI、SDO 分别表示数据输入、输出线，用 CS#代表片选线。工作时，数据通过移位寄存器串行输出到 MOSI 引脚（高位在前），同时外部设备输入信号从 MISO 输入引脚接收数据，将其逐位移入移位寄存器（高位在前）。

典型的 SPI 通信如图 11-4 所示。由主机发送 SCLK 同步时钟，主机通过 MOSI 向从机发送数据，从机通过 MISO 向主机发送数据。SS#为片选线，该引脚为低电平时表示选中从机，否则从机挂起，脱离 SPI 总线。SS#片选线个数决定从机个数，SPI 总线上每增加一个从机设备，应增加一条 SS#片选线，SPI 总线外接多个设备的应用见图 11-5。

2. SPI 总线特点

SPI 总线的主要特点可以概括为：全双工通信，通信带宽高（可达到 Mbps 级），总线外接设备时要增加 SS#使能端（增加硬件开销），无多主机协议，不便于组网。三种常见的串行通信方式对比如表 11-1 所示。

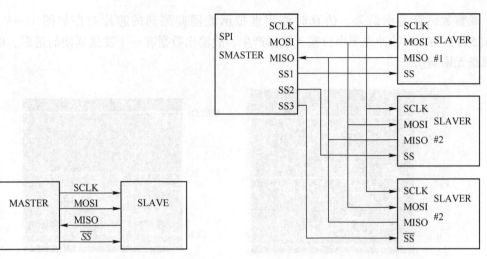

图 11-4 SPI 通信连接图　　　　　图 11-5 SPI 多机通信

表 11-1　三种常见的串行通信方式对比

总线类型	线　数	通信类型	多主机	波特率（bps）	总线从机容量（个）
SPI	3	同步	不支持	>1M	<10
UART	2	异步	不支持	3k~4M	<2
I^2C	2	同步	支持	<3.4M	<10

3. SPI 总线时序

实际上 SPI 总线连接的为两个移位寄存器，称为 SPI 接口。传输数据位的长度依元器件不同有 8 位、10 位、16 位等。发送数据时主机产生 SCLK 脉冲，从机在 SCLK 脉冲的上升沿或下降沿采样 MOSI 数据，并将其移位到接收寄存器里。接收数据时，从机将接收到的数据移位到移位寄存器并将其从 MISO 输出，主机在 SCLK 的上升沿或下降沿将数据采样并置于接收寄存器中。时钟边沿极性视具体元器件不同而不同，如图 11-6 所示。

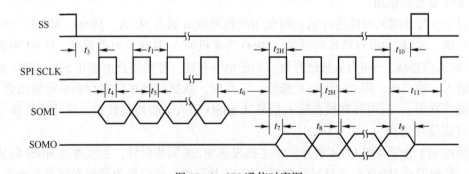

图 11-6　SPI 通信时序图

11.1.2　ATmega16 的 SPI 接口

ATmega16 内部集成了一个全双工的 SPI 接口，通过编程能自动完成 SPI 通信的数据收发。SPI 接口内部结构如图 11-7 所示，包含移位寄存器、控制逻辑、时钟逻辑等，其特点如下。

（1）4 线全双工同步数据传输。

（2）可工作于主机或从机模式。

（3）LSB 在前或 MSB 在前可编程定义。

（4）具有 7 种传输波特率（可编程）。

（5）设置传输结束中断标志位，可触发 SPI 中断。

（6）具有防止写碰撞检测功能。

（7）可从闲置模式唤醒。

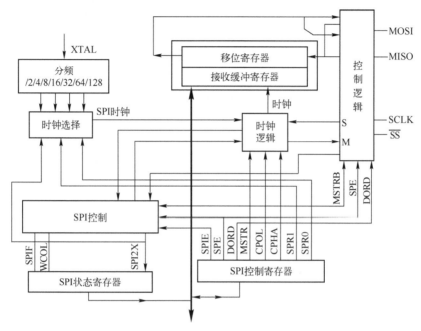

图 11-7　SPI 接口内部结构图

1. 工作原理

SPI 接口可以编程配置为主机或从机方式。工作时主机将从机 SS 引脚电平拉低，启动一次通信过程，并产生 SCLK 时钟信号，将要发送的数据送到发送移位寄存器，发送数据从 MOSI 引脚移出。从机从 MOSI 引脚接收串行数据，从 MISO 引脚发送数据，主机则从 MISO 接收数据，如图 11-8 所示。

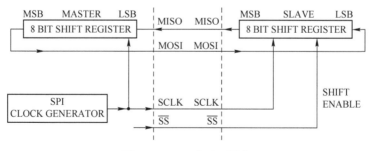

图 11-8　SPI 全双工通信

SPI 接口工作于主机方式时，SS 的状态可由用户通过编程来控制。将数据写入数据寄存器时立即启动 SPI 时钟，将 8bit 数据移入从机，数据传输结束后，停止发送 SPI 时钟并将传输结束标志位（SPIF）置位，以便产生通信结束中断。若 SS 为 1，SPI 接口将一直保持休眠状态，MISO 引脚保持三态，SPI 接口不工作。在读取移入数据之前，从机可以继续写数据到 SPDR 寄存器，最后进来的数据会一直保存在缓冲寄存器里。

SPI 接口有一个发送缓冲器、两个接收缓冲器。发送数据时一定要等移位过程全部结束，即 8 位数据全部发送完毕，才能发送下一个数据。接收数据时，应在下一个字符移位结束之前读取当前接收到的数据，以免数据被覆盖。

SPI 接口工作于从机方式时，内部控制逻辑对 SPI 时钟信号进行采样。为了保证时钟信号采样正确，SPI 时钟频率不能超过 $f_{osc}/4$。SPI 使能后，MOSI、MISO、SCLK 和 SS 的数据传输方向将按照表 11-2 所示进行配置，由用户定义的引脚通过设置 DDRB 寄存器进行设定。

表 11-2　SPI 引脚数据传输方向

功 能 引 脚	引脚传输方向（Master）	引脚传输方向（Slave）
MOSI	用户定义	输入
MISO	输入	用户定义
SCLK	用户定义	输入
SS	用户定义	输入

SS 引脚起主/从机时钟同步作用，对于数据包/字节的同步非常有用。当 SS 拉高时，SPI 从机立即将收发逻辑复位，并丢弃移位寄存器中不完整的数据。当 SPI 工作于主机方式时，用户可以选择 SS 引脚的数据传输方向。

2. 寄存器

（1）SPI 控制寄存器 SPCR：

位	7	6	5	4	3	2	1	0	
SPCR	SPIE	SPE	DORD	MSTR	CPOL	CPHA	SPR1	SPR0	
	R/W	R/W	R/W	R/W	R/W	R/W	R/W	R/W	读/写
	0	0	0	0	0	0	0	0	初始值

SPIE：使能 SPI 中断，置位后使能 SPI 通信中断。

SPE：使能 SPI，置 1 有效，执行任何对 SPI 的操作前均应先置位 SPE 位。

DORD：数据发送顺序设置。DORD 置 1 时先发送 LSB 位，否则先发送 MSB 位。

MSTR：主/从设置。MSTR 置 1 时为主机模式，为 0 时为从机模式。如果 MSTR 为 1，SS 配置为输入，但被拉低，则 MSTR 被清零，SPSR 寄存器 SPIF 被置位，用户须重新设置 MSTR 进入主机模式。

CPOL：时钟极性设置。CPOL 为 0 则空闲时 SCLK 为低电平，为 1 则空闲时 SCLK 为高电平。

CPHA：时钟相位设置。确定在 SCLK 前沿（上升沿）或后沿（下降沿）采样数据，CPHA 为 0 时前沿采样，为 1 时后沿采样，如表 11-3 所示。

表 11-3　SPI 时钟相位、极性设置

SPI 工作模式	CPOL	CPHA	模式
0	0	0	SCLK 空闲时为 0，上升沿采样
1	0	1	SCLK 空闲时为 0，下降沿采样
2	1	0	SCLK 空闲时为 1，上升沿采样
3	1	1	SCLK 空闲时为 1，下降沿采样

SPR0、SPR1：设置 SCLK 频率，设置数据传输波特率。SPR0、SPR1、SPI2X 三位设定 SPI SCLK 时钟频率，如表 11-4 所示。

表 11-4 SCLK 时钟频率设置

SPI2X	SPR1	SPR0	SCLK 频率
0	0	0	$f_{osc}/4$
0	0	1	$f_{osc}/16$
0	1	0	$f_{osc}/64$
0	1	1	$f_{osc}/128$
1	0	0	$f_{osc}/2$
1	0	1	$f_{osc}/8$
1	1	0	$f_{osc}/32$
1	1	1	$f_{osc}/64$

（2）状态寄存器 SPSR：

位	7	6	5	4	3	2	1	0	
SPSR	SPIF	WCOL	-	-	-	-	-	SPI2X	
	R	R	R	R	R	R	R	R/W	读/写
	0	0	0	0	0	0	0	0	初始值

SPIF：中断标志位。通信结束时该位置位。

WCOL：写碰撞标志位。写数据到 SPI 发送器时该位被置位，读 SPSR 寄存器再写入数据时该位清零。

SPI2X：SCLK 时钟频率加倍。

（3）数据寄存器 SPDR：

位	7	6	5	4	3	2	1	0	
SPSR	SPIF	WCOL	-	-	-	-	-	SPI2X	
	R	R	R	R	R	R	R	R/W	读/写
	0	0	0	0	0	0	0	0	初始值

SPDR 为 SPI 读写寄存器。写 SPDR 时启动一次发送，读 SPDR 时接收数据。

3. 编程使用

SPI 接口为全双工通信口，主机（MASTER）模式下，一般由主机为从机提供 SCLK、SS 信号。当主机给 SPDR 写入一个新的数据后即刻启动发送，产生 SCLK 时钟信号。SPI 发送完一个数据的同时也接收到一个数据。发送结束后 SPI 收发器停止工作，SCLK 消失，若主机要单独接收数据，会因无 SCLK 信号而收不到任何数据，可以向 SPDR 寄存器重写一个数据（注意不能影响接收端）以重启 SPI，只要 SPDR 收到新的数据，SPI 接口就会产生 SCLK 时钟输出，以供双方完成通信。编程操作如下。

主机接收初始化：

```
void SPI_MasterInit( void)
{
    /* 设置 MOSI、SCLK 为输出,其他为输入,设置 DDRB 寄存器 */
    DDR_SPI =(1<<DD_MOSI) | (1<<DD_SCK);
    /* 使能 SPI 为 Master( 主)模式,SCLK =fck/16 */
    SPCR =(1<<SPE) | (1<<MSTR) | (1<<SPR0);
}
```

主机发送操作：

```
void SPI_MasterTransmit( char cData)
{
    /* 开始发送 */
    SPDR = cData;
    /* 等待传输结束 */
    while( !( SPSR&(1<<SPIF)));
}
```

从机初始化：

```
void SPI_SlaveInit( void)
{
    /* MISO 为输出,其他为输入,设置 DDRB 寄存器 */
    DDR_SPI = (1<<DD_MISO);
    /* 使能 SPI */
    SPCR = (1<<SPE);
}
```

从机接收：

```
unsigned char SPI_SlaveReceive( void)
{
    /* 等待接收结束 */
    while( !( SPSR&(1<<SPIF)));
    /* 返回接收数据寄存器 */
    return SPDR;
}
```

任务 11.2　I²C 通信协议

11.2.1　I²C 总线概述

I²C（Inter-Integrated Circuit）总线是 PHILIPS 公司推出的芯片间串行传输总线（又称 I2C、IIC），最初用于音频和视频设备开发，以两根连线即可实现双工同步数据传送，可方便地构成多机通信系统或者外设扩展系统。I²C 总线采用了设备地址的硬件设计方法，通过软件寻址完全避免了设备的片选寻址，从而使硬件扩展系统等变得简单、灵活、方便。按照 I²C 总线规范，总线传输中所有状态都对应各自的状态码，系统中的主机能够依照这些状态码自动地进行总线管理，启动 I²C 总线就能自动完成规定的数据传送操作。

1. I²C 总线特点

I²C 总线的串行数据传送与一般 UART 串行数据传送相比，无论是从接口电气特性、传送状态管理还是从程序的编制上都有很大的差异，其主要特点如下：

（1）二线（TWI）传输。I²C 总线上所有的节点，如主设备（单片机、微处理器）、外围设备、接口模块等都连在同一 SCL 时钟线和同一 SDA 数据线上。

（2）系统中有多个设备时，这些设备可以作为总线的主控制器。I²C 总线上任何一个主设备都有可能成为主控制器，多机竞争时的时钟同步与总线仲裁都由硬件与软件模块自动完成。

（3）I²C 总线采用状态码管理法。对于总线传输时的任何一种状态，在状态寄存器中都会出现相应的状态码，系统会自动启动相应的状态处理程序进行处理。

（4）系统中的所有外围设备及模块均采用设备地址和引脚地址的编址方法。系统中主控制器对任意节点的寻址采用纯软件的寻址方式，避免了片选的连线方法。系统中若有地址编码冲突，则可通过改变地址的引脚电平来解决。

（5）所有带有 I²C 总线接口的外围设备都具有应答功能。片内有多个单元地址时，数据读/写都具有自动加 1 功能。这样，在 I²C 总线对某一设备读/写多个字节时很容易实现自动操作，即准备好读/写入口条件后，只要启动 I²C 总线就可以完成多个字节连续读/写操作。

（6）I²C 总线电气接口由漏极开路的晶体管组成，开路输出端未连到电源的钳位二极管，而是连到 I²C 总线的每个设备上，其自身电源可以独立设置，但必须共地。总线上各个节点可以在系统带电的情况下直接接入或撤出。

I²C 总线的时钟线 SCL 和数据线 SDA 为双向线，采用漏极开路结构，使用时应接 10kΩ 上拉电阻。总线空闲时处于挂起状态，SCL 和 SDA 都必须保持高电平，仅在关闭 I²C 总线时才使 SCL 钳位在低电平。在标准 I²C 总线模式下，数据传送速率可达 100kbps，高速模式下数据传送速率可达 400kbps，超高速模式下数据传送速率可达 3.4Mbps。

在基于 I²C 总线的单片机系统中，具有可设置的相关特殊功能寄存器（SFR）及所提供的标准程序模块，其内部资源具有适用于 I²C 总线模式的电气结构，为用户采用 I²C 总线进行系统设计和应用软件的编程带来了极大的方便。

2. I²C 总线时序

在 I²C 总线上所接的设备中，产生 SCL 时钟信号的称为主机。整个系统在 SCL 时钟信号脉冲作用下完成通信过程。一次典型的通信过程分为开始、寻址、读写数据、结束。I²C 总线上所接的每一个设备均可作为主机，当多个设备同时使用总线时会导致总线冲突，因此设置了总线仲裁策略来解决此类冲突。

每一个过程和步骤称为一个状态，有特定的时序和要求，如图 11-9 所示，具体说明如下：

（1）开始信号（START）。当 SCL 为高电平，SDA 电平由高变低时，产生开始信号，为数据传输做好准备。所有的操作均必须在开始信号之后进行。

（2）结束信号（STOP）。当 SCL 为高电平，SDA 电平由低变为高时，产生结束信号，数据传送结束。在结束条件下，总线被释放，所有操作都不能进行。如果产生重复开始条件而不产生结束条件，则总线会一直处于"忙"状态。

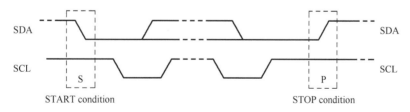

图 11-9　开始和结束条件

（3）数据传输。当 SCL 为高电平时，系统对 SDA 进行采样，SDA 为高电平产生数字 1，SDA 为低电平产生数字 0。在数据传输期间 SDA 的电平必须保持稳定。若要改变 SDA 的电平，必须在 SCL 为低电平时进行。

（4）总线空闲。当 SDA 和 SCL 都为高电平时，总线处于空闲状态，任何主机均可重新占用总线。

（5）数据格式。字节数据逐位从 SDA 输出，MSB（高位）在前。每次传输可以发送的字节数量不受限制。每个字节后必须跟一个响应位。若传输过程中要暂停，可以使 SCL 保持低电平，迫使主机进入等待状态，在从机准备好接收后释放 SCL 继续传输。

（6）响应状态（ACK）。主机每发送一个数据均要获得从机一个响应信号，响应时钟脉冲由主机产生。在主机接收响应信号期间，主机释放 SDA（高电平），从机将 SDA 电平拉低，使其在这个时钟脉冲的高电平期间保持稳定的低电平，以便主机接收该响应信号。如果从机不能响应，主机应将 SDA 电平拉高，并产生一个结束信号终止传输过程。

（7）总线仲裁。主机只能在总线空闲时启动传输。当多个主机同时申请使用总线时会产生冲突。此时要对总线进行仲裁，使传输顺利进行。当 SCL 是高电平时，仲裁在 SDA 中发生，这样在其他主机发送低电平时，发送高电平的主机将断开它的数据输出。总线仲裁可以比较地址位、数据和状态位。I²C 总线的地址和数据信息由赢得仲裁的主机决定，在仲裁过程中不会丢失信息。丢失总线使用权的主机可以产生时钟脉冲，直到丢失总线使用权的字节末尾。

在进行数据传输之前，主机先对从机进行寻址，以便识别挂在总线上的设备属性。设备的地址信息在其出厂时已设定好，如同设备身份识别号（ID）一样。主机通过 I²C 总线在开始信号之后发送一个地址字节进行寻址，其格式如下：

D7	D6	D5	D4	D3	D2	D1	D0
A6	A5	A4	A3	A2	A1	A0	R/W

从机设备地址信息 ————————————→ 读/写

地址字节高 7 位为地址信息，可以对总线上的 127 个不同设备进行寻址。该字节的第 0 位为读写控制位，用于表示数据的传送方向。该位为高电平时读数据，从机向主机发送数据，该位为低电平时写数据，主机向从机发送数据。

开始信号发出之后，总线上各个设备将接收到的主机地址与本身地址信息进行比较，如果发生匹配，则该设备为主机的寻址对象，向主机发送响应信号，如图 11-10 所示。一般来说，从机的地址由固化在芯片里面的固定地址和可编程的地址构成。可编程的地址通常由地址线提供，可以编程设置该地址以区分总线上的同类设备，以便为每个设备设定唯一的地址。

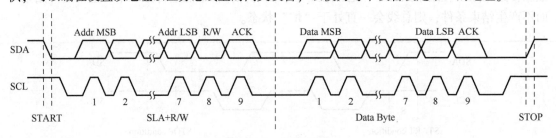

图 11-10　寻址过程

11.2.2　ATmega16 单片机的 TWI 总线

ATmega16 单片机内置了由全硬件实现的两线通信接口（Two-wire Serial Interface, TWI），其与 I²C 总线完全兼容。TWI 接口是一种简单、强大、灵活的通信接口，它只需两根双向传输线就可以将 128 个不同的设备连到一起，这两根线分别为时钟线 SCL 和数据线

SDA，合称为 TWI 总线，使用时这两条线可通过 4.7~10kΩ 上拉电阻接到电源。TWI 接口内置有仲裁检测单元，如图 11-11 所示。

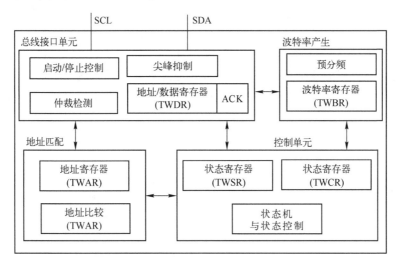

图 11-11　ATmega16 的 TWI 接口结构图

ATmega16 的 TWI 通信接口特点如下：

（1）与 I²C 兼容，支持主机和从机操作。

（2）允许设备工作于发送器或接收器的半双工模式。

（3）具有 7 位地址，允许总线连接 128 个设备。

（4）支持多主机仲裁。

（5）具有高达 400kbps 的数据传输速率。

（6）具有斜率受控的输出驱动器。

（7）具有可以抑制总线尖峰的噪声抑制器。

（8）从机地址及广播地址完全可编程。

（9）休眠时产生地址匹配可以唤醒 CPU。

1. 波特率的产生

TWI 工作在主机模式时，波特率发生器产生 SCL 时钟信号，具体操作通过预分频系数 TWSR 和波特率寄存器 TWBR 进行设定。当 TWI 工作在从机模式时，不用对波特率或预分频系数进行设定，但从机的 CPU 时钟频率必须达到或高于 SCL 时钟频率的 16 倍。

SCL 时钟频率可以根据下式设定：

$$f_{clk} = \frac{f_{osc}}{16 + 2(TWBR) \times 4^{TWPS}} \tag{11-1}$$

f_{osc}：系统（CPU）时钟频率。

TWBR：波特率寄存器。

TWPS：状态寄存器预分频系数。

TWI 工作在主机模式时，TWBR 数值应不小于 10，以免通信出错。

2. 总线接口单元

TWI 接口包括数据与地址移位寄存器 TWDR、起始控制器和仲裁检测单元。TWDR 用于存放发送或接收的数据或地址。除了 8 位寄存器 TWDR，TWI 接口还有一个寄存器——用于发送或接收应答的（N）ACK 寄存器。（N）ACK 寄存器不能由程序直接访问，接收数据时，可以通过 TWI 控制寄存器 TWCR 来将其置位或清零，在发送数据时，（N）ACK 寄存器的值由 TWCR 决定。起始控制器负责产生和检测 TWI 总线上的起始、重复起始与停止状态。即使在 CPU 处于休眠状态时，起始控制器仍能检测 TWI 总线上的起始条件，当其检测 TWI 总线上的主机寻址时，可以将 CPU 从休眠状态唤醒。如果 TWI 以主机模式启动了数据传输，仲裁检测单元将持续监听总线，以确定能否通过仲裁获得总线控制权。如果仲裁检测单元检测到自己在总线仲裁中丢失了总线控制权，则会通知 TWI 控制单元执行正确的操作，并产生合适的状态码。

3. 地址匹配单元

地址匹配单元将检测从总线上接收到的地址是否与 TWAR 寄存器中的 7 位地址相匹配。如果 TWAR 寄存器的 TWI 广播应答识别使能位 TWGCE 为 1，地址匹配单元也会将从总线接收到的地址与广播地址进行比较。一旦地址匹配成功，控制单元将得到正确响应。TWI 可以响应主机的寻址请求，也可以不响应，这取决于 TWCR 寄存器的设置。即使 CPU 处于休眠状态，地址匹配单元仍可继续工作，一旦主机寻址到这个设备，就可以将 CPU 从休眠状态唤醒。

4. 控制单元

控制单元监听 TWI 总线，并根据 TWI 控制寄存器 TWCR 的设置进行响应，在 TWINT 标志位置位的情况下，CPU 可以响应 TWI 中断请求。

一旦 TWINT 标志位置位，时钟线 SCL 电平立即被拉低，TWI 总线上的数据传输暂停，CPU 执行中断服务程序。

下列情况下可以将 TWINT 标志位置位：

（1）TWI 传送起始/重新起始信号结束。

（2）TWI 传送从机地址+读写数据结束。

（3）TWI 传送地址字节结束。

（4）TWI 总线仲裁失败。

（5）TWI 接口被主机寻址（广播方式或从机地址匹配）。

（6）TWI 接口接收到一个新的数据字节。

（7）作为从机工作时，TWI 接口接收到停止或重新起始信号。

（8）由于非法的起始或停止信号造成总线错误。

5. TWI 寄存器

（1）波特率寄存器 TWBR：

波特率寄存器 TWBR 用于产生时钟，见表 11-5。

位	7	6	5	4	3	2	1	0	
TWBR	TWBR7	TWBR6	TWBR5	TWBR4	TWBR3	TWBR2	TWBR1	TWBR0	
	R/W	R/W	R/W	R/W	R/W	R/W	R/W	R/W	读/写
	0	0	0	0	0	0	0	0	初始值

表 11-5　SCL 时钟与系统时钟及寄存器值关系

系统时钟（MHz）	TWBR	TWPS	SCL 时钟（kHz）
16	12	0	400
16	72	0	100
14.4	10	0	400

系统时钟（MHz）	TWBR	TWPS	SCL 时钟（kHz）
14.4	64	0	100
12	7	0	400
12	52	0	100
8	2	0	400
8	32	0	100
4	12	0	100
3.6	10	0	100
2	2	0	100
2	12	0	50
1	2	0	50

（2）控制寄存器 TWCR：

位	7	6	5	4	3	2	1	0	
TWCR	TWINT	TWEA	TWSTA	TWSTO	TWWC	TWEN	-	TWIE	
	R/W	R/W	R/W	R/W	R/W	R/W	R/W	R/W	读/写
	0	0	0	0	0	0	0	0	初始值

通过 TWCR 可以控制 TWI，如使能控制及产生起始、停止、应答信号等。

TWINT：TWI 中断标志。若 SREG 的 I 位及 TWIE 置位，CPU 执行 TWI 中断服务程序。当 TWINT 置位时，SCL 信号的低电平持续时间被延长。要将 TWINT 清零必须通过软件写 1 操作来完成。执行中断时硬件不会自动将其清零。要注意的是，只要该位被清零，TWI 立即开始工作。因此，在清零 TWINT 之前一定要先完成对地址寄存器 TWAR、状态寄存器 TWSR、数据寄存器 TWDR 的操作。

TWEA：使能 TWI 应答。TWEA 控制应答信号的产生，置 1 有效。在地址匹配、接收广播地址、接收一个字节数据时均会产生应答信号。

TWSTA：TWI 起始状态标志。当前 TWI 接口要使用总线时要将 TWSTA 置位，TWI 硬件单元会检测总线是否可用。若总线可用，TWI 便在总线上产生起始信号。若总线忙，TWI 将一直等待，直到检测到一个停止信号，然后产生起始信号，发出主机请求。发送起始信号之后，软件必须将 TWSTA 位清零。

TWSTO：TWI 停止状态标志。在主机模式下置位 TWSTO，TWI 接口将在总线上产生停止信号，之后 TWSTO 自动清零。在从机模式下置位 TWSTO 可以使接口从错误状态恢复到未被寻址的状态。此时总线上不会有停止信号产生，但 TWI 接口返回一个定义好的未被寻址的从机地址，且释放 SCL 与 SDA 总线，为高阻态。

TWWC：写碰撞标志。当 TWINT 为低电平时，写数据寄存器 TWDR 将置位 TWWC。当 TWINT 为高电平时，每次对 WDR 的写操作都将更新此标志位。

TWEN：使能 TWI。TWEN 位用于使能 TWI 操作与激活 TWI 接口。当 TWEN 位被写为 1 时，打开 TWI 接口，置 0 时关闭 TWI 接口，所有 TWI 传输将被终止。

TWIE：TWI 中断使能，写 1 有效。

（3）状态寄存器 TWSR：

位	7	6	5	4	3	2	1	0	
TWSR	TWS7	TWS6	TWS5	TWS4	TWS3	-	TWPS1	TWPS0	
	R	R	R	R	R	R	R/W	R/W	读/写
	1	1	1	1	1	0	0	0	初始值

TWS7~TWS3：5 位状态标志位，用以反映 TWI 控制逻辑、TWI 总线状态，详见相关文献。

TWPS1、TWPS0：预分频位。这两位用于控制预分频因子，共有 4 组组合编码，即 00、01、10、11，分别对应系数 1、4、16、64。

（4）数据寄存器 TWDR：

位	7	6	5	4	3	2	1	0	
TWSR	TWS7	TWS6	TWS5	TWS4	TWS3	-	TWPS1	TWPS0	
	R	R	R	R	R	R	R/W	R/W	读/写
	1	1	1	1	1	0	0	0	初始值

（5）从机地址寄存器 TWAR：

位	7	6	5	4	3	2	1	0	
TWSR	TWS7	TWS6	TWS5	TWS4	TWS3	-	TWPS1	TWPS0	
	R	R	R	R	R	R	R/W	R/W	读/写
	1	1	1	1	1	0	0	0	初始值

TWA6~TWA0：7 位从机地址。

TWGCE：使能广播地址，为 1 有效。

任务 11.3 I/O 口模拟串行通信

单片机串行通信口数量有限，可以使用单片机的 I/O 口来模拟串口进行通信，如模拟 SPI 通信，模拟 I²C 通信，以下详细介绍前者。

11.3.1 串并转换扩展 I/O 口

使用 I/O 口模拟串行输出可以扩展单片机的 I/O 口，在实际中经常使用。

1. 74HC595 芯片

由前面分析可知，74HC595 与单片机连接只要 3 条线即可，即用单片机 3 个 I/O 引脚接 1 片 74HC595 便可以将输出扩展出 8 个 I/O 口，当多片 74HC595 芯片级联以后可以扩展出更多的 I/O 口，以满足单片机 I/O 口不够用的场合，如驱动 LED 点阵屏等。

2. 74HC595 的驱动

通过分析 74HC595 的工作原理及工作时序可知，可以使用单片机的 3 个 I/O 引脚分别模拟 DS、SHCP、STCP 的工作时序，将一个字节数据通过串口输出至 74HC595 芯片，由 Q0~Q7 引脚输出 8 位并行数据。在单片机内部，数据是以并行方式存在的，要将并行数据转换成 DS 端输出的串行数据，可以通过移位方式实现。

为了在单片机内部实现并串转换，可以将数据存放于变量 x，然后将 x 与数字 0x80 进行按位逻辑与运算，如果结果为 0x80，则数据端应该为‘1’，DS 输出高电平，SHCP 端产生一个上升沿移位时钟，然后 x 数据向左移动 1 位，将要发送的下一个 bit 移位到 x 的 bit7……重复刚才的步骤即可完成转换。由此可见，重复 8 次后将 x 数据通过 I/O 口（DS）在时钟（SHCP）配合下发送到 74HC595 芯片里面。这种方法是先发送数据的最高位 bit7（MSB），最后才发送数据的最低位 bit0（LSB）。有些芯片要先发送 LSB，具体应用时应结合实际情况修改程序。数据进入 74HC595 的移位寄存器，但并未到达 Q0~Q7，还要从 STCP 端产生一个上升沿脉冲锁存信号将数据从移位寄存器送到 Q0~Q7。

【例 11-1】使用 1 片 74HC595 扩展 8 个 I/O 输出口，驱动 8 个发光二极管。

解：设 PA0 接 SHCP 端，PA1 接 DS 端，PA2 接 STCP 端，故 PA0、PA1、PA2 设置为输出口，在 Proteus 中绘制原理图如图 11-12 所示，编程如下：

```
void HC595_Sent(unsigned char x)          //定义 74HC595 发送函数
{
    unsigned char i;
    PORTA& = ~(1<<PA2);                   //STCP = 0
    for(i=0;i<8;i++)                      //开始发送数据
    {
        PORTA& = ~(1<<PA0);               //SHCP = 0
        if((x&0x80) = =0x80)              //先发送 MBS 高位
        PORTA│=1<<PA1;                    //发送数字'1'
        else
        PORTA& = ~(1<<PA1);               //发送数字'0'
        PORTA│=1<<PA0;                    //产生一个上升沿时钟将数据进行移位
        x=x<<1;                           //发送下一比特数据
    }//8 比特发送结束
    PORTA│=1<<PA2;                        //产生上升沿锁存信号
    PORTA& = ~(1<<PA2);                   //锁存信号复位
}//函数结束
```

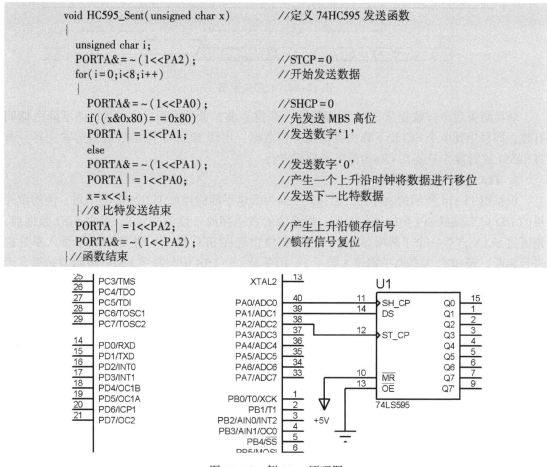

图 11-12　例 11-1 原理图

11.3.2　串口 A/D 通信

1. TLC2551 串行 A/D 采样芯片

TLC2551 是单芯片 A/D 采样芯片（转换精度为 12bit），内部集成了采样保持器，如图 11-13 所示。经 TLC2551 转换后的数据通过 3 条串行数据线输出给主机。TLC2551 只有 8 个引脚，其中 AIN 为数模信号输入引脚，VDD 为 5V 单电源供电引脚，VREF 为外接参考电压引脚，FS 为帧同步控制引脚，多芯片级联时使用，单芯片使用时该引脚接高电平，SCLK、CS#、SDO 为 3 条数据线的串行通信引

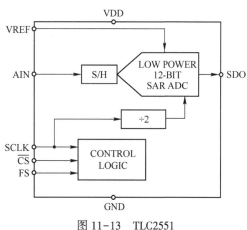

图 11-13　TLC2551

脚（SCLK 为移位时钟引脚，CS#为芯片片选引脚，SDO 为数据输出引脚），三者时序关系如图 11-14 所示。

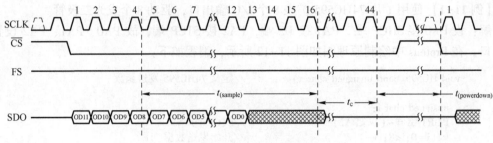

图 11-14　时序关系图

转换结束后串行数据从 SDO 引脚输出，高位在前，低位在后，在 SCLK 的下降沿期间有效，即每出现 1 个 SCLK 下降沿就输出 1 位数据，出现 12 个下降沿后数据传输完毕。对 TLC2551 进行操作只能在 CS#为低电平期间进行。

2. TLC2551 的编程使用

根据图 11-14 所示的时序图，必须在 CS#为低电平期间读取 TLC2551 的结果，使用单片机的 I/O 口来模拟 SPI 串行通信时序。设读取的数据存放于整型变量 x，读取 SDO 数据前，先通过 SCLK 产生一个下降沿脉冲，一个数据位出现在 SDO 线上。将 SDO 电平读入单片机进行判断，若 SDO 为高电平则读入数字 1，用变量 x 的 LSB 位与数字 1 进行逻辑或运算，否则用变量 x 的 LSB 位与数字 0 进行逻辑或运算，并将变量 x 向左移动 1 位，完成 1 位数据的读取，重复 12 次后 TLC2551 的转换结果便被读入到变量 x 里面。

【例 11-2】　在 ATmega16 单片机系统中扩展一片 TLC2551，将其产生的数据读入并保存在变量 x 中。

解：单片机的 PA0、PA1、PA2 分别与 TLC2551 的 CS#、SDO、SCLK 相连，PA1 设为输入口，其他设为输出口。编写程序如下：

```
#include<iom16v. h>
#include<macros. h>
#define CSPA0                        //定义片选端口
#define SDOPA1                       //定义数据端口
#define SCLKPA2                      //定义时钟端口
unsigned int Read_TLC2551(void);     //声明函数
void main(void)
{
    unsigned int x;
    DDRA=1<<CS│1<<SCLK;              //SDO 数据口为输入口其他为输出口
    SFIOR&=0xfb;                     //开全局上拉电阻
    PORTA│=1<<SDO;                   //开 SDO 的上拉电阻
    x=Read_TLC2551();                //调用 Read_TLC2551 读取结果存于 x 中
    while(1)
    {;}
}
unsigned int Read_TLC2551(void)      //定义 Read_TLC2551 函数
{
    unsigned int x;                  //存放读入数据
    unsigned char i;
    PORTA&=~(1<<CS);                 //CS 片选输出低电平选中芯片
```

```
        PORTA│=1<<SDO;                      //忽略数据线
        PORTA│=1<<SCLK;                     //移位时钟为高电平准备读取数据
        for(i=0;i<12;i++)
        {
            PORTA&=~(1<<SCLK);              //SCLK 的下降沿开始读取数据
            _NOP();
            _NOP();
            if(PORTA&(1<<SDO))              //如果 SDO=1 则在 x 最低位并上'1'
            x│=0x0001;
            x=x<<1;                         //否则直接将 x 向左移一位
            PORTA=1<<SCLK;                  //时钟复位准备读下一位
            _NOP();
            _NOP();
        }
        PORTA│=1<<CS;                       //CS 片选为高电平,释放芯片
        return x;
    }
```

【项目拓展】

任务 11.4 PCF8563 时钟万年历

1. 项目要求

设计一个实时时钟万年历,在 1602 液晶模组中显示时间、日期、星期等信息。实时时钟信号由 PCF8563 时钟芯片产生,CPU 使用 ATmega8,工作频率设为 8MHz。

2. 项目设计

1)PCF8563 简介

PCF8563 是 PHILIPS 公司推出的一款多功能且功耗极低的工业级时钟芯片(兼容 I^2C 总线),其逻辑符号如图 11-15 所示,引脚功能如表 11-6 所示。除了基本的时钟、日历功能外,PCF8563 还具有报警、定时、时钟输出及中断输出等多种功能,甚至可作为单片机的看门狗电路,应用灵活。

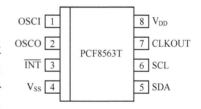

图 11-15　PCF8563 逻辑符号

PCF8563 内部集成了时钟电路、振荡电路、低电压检测电路(1.0V)及 I^2C 单元,简化了外围电路设计,也增加了芯片的可靠性。每次读写数据后,PCF8563 内置的字地址寄存器会自增。由此可见,PCF8563 是一款高性能的时钟芯片,已被广泛用于电表、水表、气表、电话、传真机、便携式仪器及电池供电仪器仪表等产品。

2)PCF8563 特点及引脚功能

PCF8563 引脚功能如表 11-6 所示,其特点总结如下:

- 宽电压范围:1.8~5.5V 均可工作。复位电压标准值 $V_{low}=0.9V$。
- 超低功耗:工作电流典型值为 0.25μA(电源电压为 3.0V 时)。
- 可编程时钟输出:频率为 32768Hz、1024Hz、32Hz、1Hz。
- 4 种报警功能和定时器功能。
- 内含复位电路、振荡器和掉电检测电路。
- 开漏中断输出。
- I^2C 总线频率为 400kHz,从地址读 0A3H,写 0A2H。

表 11-6　PCF8563 引脚功能

符　号	引　脚　号	引 脚 功 能
OSCI	1	振荡器输入
OSCO	2	振荡器输出
/INT	3	中断输出，低电平有效
VSS	4	地
SDA	5	串行数据
SCL	6	串行时钟
CLKOUT	7	时钟输出（开漏）
VDD	8	电源

3）PCF8563 工作原理

PCF8563 内部结构如图 11-16 所示，其内部有 16 个数据寄存器（00H～0FH），1 个地址寄存器（具有地址自增功能），工作频率为 32768Hz 的振荡器经分频器分频，为芯片提供 RTC 实时时钟，该时钟还作为可编程时钟源，从时钟脚输出。PCF8563 内部设有定时器、报警器、掉电检测器及工作频率为 400kHz 的 I^2C 总线接口部件，使其应用更为方便、灵活。

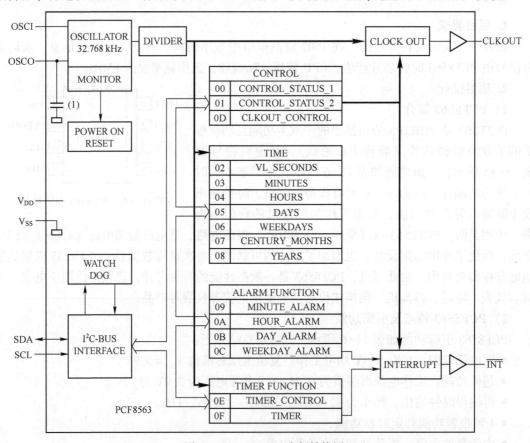

图 11-16　PCF8563 内部结构图

16 个 8bit 工作寄存器的地址编号为 00H～0FH，但并非所有寄存器的位均有定义。寄存器 00H、01H 为芯片控制及状态寄存器，寄存器 0DH 控制 CLKOUT 输出的频率。02H～08H

为时间/日期计数寄存器。09H~0CH 为报警寄存器，定义报警条件。0EH 和 0FH 分别用于定时器控制寄存器和定时器寄存器。时分秒、年月日等数据均以 BCD 码格式存于寄存器中。

（1）报警。当启用报警功能后，一个或多个报警寄存器清零时将触发报警。报警将在每分钟至每星期范围内产生一次。可设置报警标志位以产生报警中断。

（2）定时。定时器寄存器（0FH）由定时器控制寄存器（0EH）控制。定时器控制寄存器用于设定定时的频率（4096Hz、64Hz、1Hz 或 1/60Hz）及其禁止或使能。给 0FH 写数据可以为定时器装载 8bit 初始值，定时器从该值进行倒计数，每次倒计数结束后置位 TF 标志位，用以触发定时中断。读定时器时返回当前倒计数的数值。

（3）CLKOUT 时钟输出。CLKOUT 可以输出可编程的方波信号，通过向 0DH 寄存器写入数据可以使该引脚输出 32768Hz（默认值）、1024Hz、32Hz 或 1Hz 的方波信号。

（4）掉电检测。当 VDD 引脚的电压低于 V_{low} 时，VL 位置位，表示可能无法读取日历信息，或读到的日历信息不准确，掉电时可以产生中断，VL 只能通过软件清零。

4）PCF8563 寄存器

PCF8563 的寄存器如表 11-7 所示。

表 11-7　PCF8563 寄存器

地　址	寄　存　器	D7	D6	D5	D4	D3	D2	D1	D0
00H	状态/控制 1	TEST1	0	STOP	0	TESTC	0	0	0
01H	状态/控制 2	0	0	0	TI/TP	AF	TF	AIE	TIE
0DH	CLKOUT	FE	—	—	—	—	—	FD1	FD0
0EH	定时器控制	TE	—	—	—	—	—	TD1	TD0
0FH	定时器	二进制数							
02H	秒	VL	00~59BCD						
03H	分	—	00~59BCD						
04H	时	—	—	00~23BCD					
05H	日	—	—	01~31BCD					
06H	星期	—	—	—	—	—	0~6		
07H	月/世纪	C	—	—	00~12BCD				
08H	年	00~99BCD							
09H	分报警	AE	00~59BCD						
0AH	时报警	AE	—	00~23BCD					
0BH	日报警	AE	—	01~31BCD					
0CH	星期报警	AE	—	—	—	—	0~6		

① 状态/控制寄存器 1（00H）：

TEST1：测试位，为 0 时表示采用普通模式，为 1 时表示采用外部时钟测试模式。

STOP：停止控制位，为 1 时停止 PCF8563 计时，为 0 时正常工作。

TESTC：电源复位功能设置位，置 1 有效。

② 状态/控制寄存器 2（01H）：

TI/TP：当 TF 有效时 INT 有效，TI/TP = 1；INT 脉冲有效。

AF：报警中断标志位，当报警发生时该位一直为 1，直到软件清零。

TF：定时中断标志位，当定时结束时该位一直为 1，直到软件清零。

AIE：报警中断使能位，置 1 时使能报警中断。

TIE：定时中断使能位，置 1 时使能定时中断。

③ 时间寄存器（02H~07H）：

02H：秒寄存器：VL 为读数有效标志，当 VL 为 0 时，读取的时间数值准确可靠；为 1 时说明读取的时间数值不可靠。

06H：星期寄存器：0 代表星期日，1~6 代表星期一到星期六。

07H：月/世纪寄存器：C 为 0 时表示 20xx 年，为 1 时表示 19xx 年。

④ 报警寄存器（09H~0CH）：

AE：报警功能使能位，为 1 时使能报警功能。

⑤ CLKOUT 频率寄存器（0DH）：

FE：FE 为 1 时使能 CLKOUT 输出；为 0 时关闭 CLKOUT 输出。

FD1/FD0：设置 CLKOUT 输出频率，这两位组合形成的 4 个取值（00、01、10、11）使 CLKOUT 引脚分别输出 32kHz、32Hz、64Hz、1Hz 的频率。

⑥ 倒计时寄存器：

TE：使能倒计时功能，为 1 时有效，为 0 时关闭。

TD1/TD0：倒计时计数频率选择，这两位组合形成的 4 个取值（00、01、10、11）对应计数脉冲频率分别为 4096Hz、64Hz、1Hz、1/64Hz。

5）使用方法

使用 TWI 接口读取 PCF8563 内部数据寄存器的时钟/日历数据，设置时间时直接给 PCF8563 写入新数据即可。对 PCF8563 的操作可以分为单字节写、单字节读、多字节连续读，时序图分别如图 11-17~图 11-19 所示。

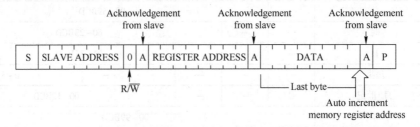

图 11-17　单字节写

3. 项目实现

根据项目分析设计原理图，如图 11-20 所示。编程思路为将初始时间值写入 PCF8563，然后将时间值读出来，分别拆成两个 BCD 码，转换成 ASCII 码（加 30H）后分别放入 Data 数组和 time 数组，Data 数组用来存放日期值，time 数组用来存放时间值。由于星期信息中 0 代表星期日（7），定义数组 week，存放 0~6，根据读到的星期信息对 week 数组进行查表操作，获得正确的星期值。定义结构体 RTC；定义结构体变量 RTC_set，放置成员 year、month、weekday、hour、minute、second，用于对 PCF8563 的初始化设置。CPU 采用 ATmega8，工作时钟设置为 8MHz，采用 1602 液晶模组显示数字，为了节省 I/O 口，使用 4bit 接口模式。

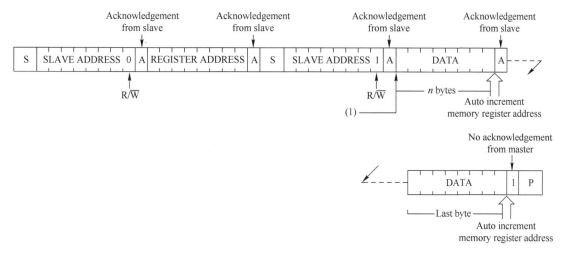

图 11-18 单字节读

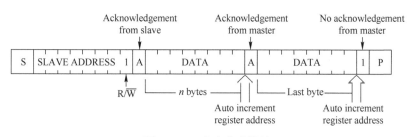

图 11-19　多字节连续读

　　程序完成初始化操作后读取 PCF8563 数值，分别存于 Data、time 数组中。将这两个数组中的元素以字符串形式发送至 1602 液晶模组进行显示。图 11-21 为程序流程图。

　　项目文件包含 LCD4bit_driver.c、PCF8563.c、main.c 三个源文件，LCD4bit.h、PCF8563.h 两个头文件。LCD4bit_driver.c 为液晶驱动文件，采用 4bit 接口模式，程序同前。PCF8563.c 完成 TWI 口的初始化设置，在 main.c 文件中读取 PCF8563 并显示，完成主要功能。宏定义及相关声明、定义置于相应头文件。

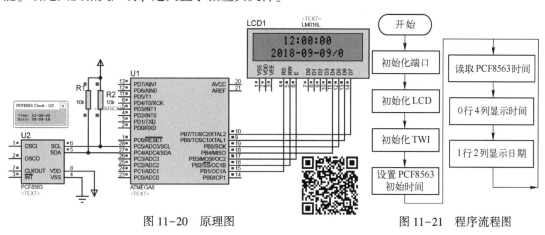

图 11-20　原理图　　　　　　　　　图 11-21　程序流程图

完整程序如下：

main.c 文件：

```
#include<iom8v. h>
#include" PCF8563. h"
#include" LCD4bit. h"
unsigned char Data[ ] = { " 2019-09-09/1" } ;           //用于显示日期
unsigned char time[ ] = { "12:00:00" } ;               //用于显示时间
unsigned char Data_set[4] = {0x18,0x09,0x09,0x06} ; //初始写入:2019-09-09,周六
unsigned char time_set[3] = {0x12,0,0} ;              //初始写入:12:00:00
const unsigned char week[7] = {0,1,2,3,4,5,6} ;        //星期日~星期六
struct RTC
{
  unsigned char year;
  unsigned char month;
  unsigned char day;
  unsigned char weekday;
  unsigned char hour;
  unsigned char minute;
  unsigned char second;
} ;                                                     //定义 RTC 结构体
struct RTC RTC_set;                                     //定义结构体变量

void PCF8563_Set_datatime(unsigned char *dat,unsigned char *time);
void PCF8563_Read(void) ;
void main(void)
{
  DDRB = 0xff;
  delayms(20) ;
  LCD_init( ) ;
  TWI_Init( ) ;
  PCF8563_Set_datatime(Data_set,time_set) ;
  while(1)
  {
    PCF8563_Read( ) ;                                   //读 PCF8563
    LCD_display_String(0,4,time) ;                      //LCD 显示程序同前,fosc=8MHz,注意延时
    LCD_display_String(1,2,Data) ;                      //LCD 显示程序同前,fosc=8MHz,注意延时
    delayms(100) ;
  }
}
void PCF8563_Set_datatime(unsigned char *dat,unsigned char *time)
{
  RTC_set. year = * (dat+0) ;
  RTC_set. month = * (dat+1) ;
  RTC_set. day = * (dat+2) ;
  RTC_set. weekday = * (dat+3) ;
  RTC_set. hour = * (time+0) ;
  RTC_set. minute = * (time+1) ;
  RTC_set. second = * (time+2) ;
  TWI_Write(0x02,RTC_set. second) ;
  TWI_Write(0x03,RTC_set. minute) ;
  TWI_Write(0x04,RTC_set. hour) ;
  TWI_Write(0x05,RTC_set. day) ;
  TWI_Write(0x06,RTC_set. weekday) ;
  TWI_Write(0x07,RTC_set. month) ;
  TWI_Write(0x08,RTC_set. year) ;
}
void PCF8563_Read(void)
{
```

```
        unsigned char temp;
        temp = TWI_Read(0x08);                        //年
        Data[3] = (temp&0x0f) +0x30;                  //+30H 转换成 ASCII 码送显示
        Data[2] = ((temp>>4)&0x0f) +0x30;
        temp = TWI_Read(0x07);                        //月
        Data[6] = (temp&0x0f) +0x30;
        Data[5] = ((temp>>4)&0x0f) +0x30;
        temp = TWI_Read(0x05);                        //日
        Data[9] = (temp&0x0f) +0x30;
        Data[8] = ((temp>>4)&0x0f) +0x30;
        temp = TWI_Read(0x06);                        //星期
        Data[11] = week[temp] +0x30;
        temp = TWI_Read(0x04);                        //时
        time[1] = (temp&0x0f) +0x30;
        time[0] = ((temp>>4)&0x0f) +0x30;
        temp = TWI_Read(0x03);                        //分
        time[4] = (temp&0x0f) +0x30;
        time[3] = ((temp>>4)&0x0f) +0x30;
        temp = TWI_Read(0x02);                        //秒
        time[7] = (temp&0x0f) +0x30;
        time[6] = ((temp>>4)&0x0f) +0x30;
    }
```

PCF8563. c 程序如下：

```
    #include<iom8v. h>
    #include" PCF8563. h"
    #include" LCD4bit. h"
    void TWI_Init( void)
    {
        TWBR = 0x2;
        TWSR = 0;
        TWAR = 0xAA;
        TWCR = (1<<TWEN);
        TWDR = 0xFF;
    }
    unsigned char TWI_Read( char adr)
    {
        unsigned char temp;
        Start();                    //I2C 启动
        Wait();
        if(TestAck()! =START)
        return 1;                    //ACK
        Write8Bit(WD_DEVICE_ADDR);
        Wait();
        if(TestAck()! =MT_SLA_ACK)
        return 1;                    //ACK
        Write8Bit(adr);             //写设备相应寄存器地址
        Wait();
        if(TestAck()! =MT_DATA_ACK)
        return 1;
        Start();                    //I2C 重新启动
        Wait();
        if(TestAck()! =RE_START)
        return 1;
        Write8Bit(RD_DEVICE_ADDR);
```

```
        Wait( );
        if( TestAck( ) ! = MR_SLA_ACK )
        return 1;                           //ACK
        Twi( );                             //启动主 I2C 读方式
        Wait( );
        if( TestAck( ) ! = MR_DATA_NOACK )
        return 1;                           //ACK
        temp = TWDR;                        //读取 I2C 接收数据
        Stop( );                            //I2C 停止
        return temp;
    }
    char TWI_Write( char adr,char data)
    {
        Start( );                           //I2C 启动
        Wait( );
        if( TestAck( ) ! = START )
        return 1;                           //ACK
        Write8Bit( WD_DEVICE_ADDR );
        Wait( );
        if( TestAck( ) ! = MT_SLA_ACK )
        return 1;                           //ACK
        Write8Bit( adr );                   //写设备相应寄存器地址
        Wait( );
        if( TestAck( ) ! = MT_DATA_ACK )
        return 1;                           //ACK
        Write8Bit( data );                  //写数据到设备相应寄存器
        Wait( );
        if( TestAck( ) ! = MT_DATA_ACK )
        return 1;                           //ACK
        Stop( );                            //I2C 停止
        delayms( 30 );
        return 0;
    }
```

PCF8563. h 文件如下：

```
    #ifndef_PCF8563_H
    #define _PCF8563_H
    #define START 0x08
    #define RE_START 0x10
    #define MT_SLA_ACK 0x18
    #define MT_SLA_NOACK 0x20
    #define MT_DATA_ACK 0x28
    #define MT_DATA_NOACK 0x30
    #define MR_SLA_ACK 0x40
    #define MR_SLA_NOACK 0x48
    #define MR_DATA_ACK 0x50
    #define MR_DATA_NOACK 0x58
    #define RD_DEVICE_ADDR 0xA3
    #define WD_DEVICE_ADDR 0xA2
    #define Start( ) ( TWCR = ( 1<<TWINT) | ( 1<<TWSTA) | ( 1<<TWEN) )      //启动 I2C
    #define Stop( ) ( TWCR = ( 1<<TWINT) | ( 1<<TWSTO) | ( 1<<TWEN) )       //停止 I2C
    #define Wait( ) { while( ! ( TWCR&( 1<<TWINT) ) ) ; }                   //等待中断发生
    #define TestAck( ) ( TWSR&0xf8)                                         //观察返回状态
    #define SetAck( TWCR | = ( 1<<TWEA) )                                   //做出 ACK 应答
    #define SetNoAck( TWCR& = ~ ( 1<<TWEA) )                                //做出 NotAck 应答
```

```
#define Twi()(TWCR=(1<<TWINT)|(1<<TWEN))                    //启动 I2C
#define Write8Bit(x){TWDR=(x);TWCR=(1<<TWINT)|(1<<TWEN);}   //写数据到TWDR
char TWI_Write(char adr,char data);
char TWI_Read(char adr);
void TWI_Init(void);
#endif
```

4. 项目调试

运行程序，观察液晶模组显示时间、日历是否正常，时钟是否能正常计时。

【项目总结】

SPI、I²C 是两种比较通用的串行同步通信接口，可双工通信。I²C 通信速度慢，适用于字节型慢速设备，如存储器。SPI 通信速度快，适用于多字节快速通信，如 D/A 转换器、通信模块等。ATmega 系列单片机集成了 I²C、SPI 通信接口，全硬件实现，效率高。在通信口不够用时也可以通过 I/O 口模拟，以软件方式实现通信口扩展。

【项目练习】

1. 同步串行通信与异步串行通信有何异同？

2. 简述 I²C 总线协议的通信过程。

3. 编程实现对 24C02 存储器的读写，在 PB0～PB4 接 5 个按键，读入 5 个按键的二进制取值，写入 24C02 存储器中，再从存储器将其读出来，送 PA 并显示。在 SCL、SDA 上接总线分析仪，观察总线分析结果。总线分析仪关键字为 I2CDEBUGGER。

4. 设计一个具有时间调整功能的实时时钟，使用 PCF8563 时钟芯片，以 1602 液晶模组显示时间，通过 4 个按键实现时钟校时调整，4 个按键功能分别为+、−、SET、OK。操作方法：按 SET 进入时间调整模式，每按一下切换至下一个调整对象，按第 1 下调时，按第 2 下调分，依此类推。按+、−键使调整对象改变当前数值，按 OK 键结束调整，新的时间被写入 PCF8563。为 PCF8563 设计掉电保护电路。

5. 设计一个具有时间调整功能的实时时钟，使用 PCF8563 时钟芯片，以 1602 液晶模组显示时间，通过 3×4 矩阵按键实现直接输入数字校时。

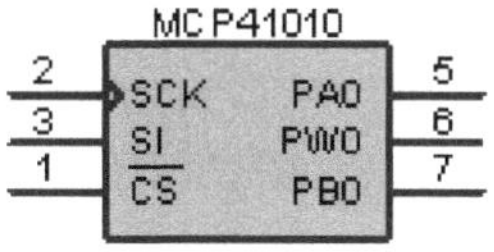

6. 设计一个可编程 PGA 增益放大器，使用增益可编程的芯片 MCP6S21，使用 SPI 串口对其编程，通过键盘设定其增益倍率。

题图 11-1

7. 使用 DS1302 设计数字时钟，以 1602 液晶模组显示时间、日期（4bit 模式）。

8. 使用 ATtiny15 单片机控制两块 74HC595（级联），扩展出 16 个 I/O 口。

9. 使用数字电位器 MCP41010（如题图 11-1 所示）设计一款数控稳压电源，输出电压范围为 0～12V。

模块 6 实用项目设计

项目 12 红外遥控音量电路

【任务要求】

1. 任务表

训练项目	设计红外遥控音量电路,通过红外遥控实现双声道音量控制
学习任务	(1) 单片机应用系统设计。 (2) 红外通信技术。 (3) 红外遥控编码。 (4) 红外遥控解码。 (5) 电子音量控制。 (6) PGA2310 工作原理。 (7) 单片机内置 EEPROM 存储器操作
学习目标	**知识目标:** (1) 掌握单片机应用系统设计步骤和方法。 (2) 了解红外通信技术。 (3) 了解红外遥控编码技术。 (4) 了解红外遥控解码技术。 (5) 熟悉电子音量控制原理。 (6) 熟悉 PGA2310 芯片功能与编程方法。 (7) 掌握单片机内置 EEPROM 存储器操作方法。 **能力目标:** (1) 具有一定的学习能力。 (2) 具有芯片功能分析与应用能力。 (3) 具有单片机系统设计调试能力。 (4) 具有 EEPROM 存储器应用能力
参考学时	4

2. 功能要求

设计一个电子音量控制电路,使用通用红外遥控器实现音量控制,可以分别通过按键、遥控器调节音量,在 1602 液晶模组中显示相关控制信息。增益控制范围为−10dB~20dB,步进值为 1dB,放大倍数为 0~10.00 倍,共 32 个音量控制等级。液晶模组显示界面如图 12-1 所示,其显示信息 "Vol: −10db/01" 中的 01 为音量控制等级,其值为 00~31,随操作自动变化。掉电再开机后自动恢复上一次增益设置值。CPU 使用 ATmega8,TQFP32 封装。

3. 设计思路

以 PGA2310 集成电路为核心,设计电子音量控制系统框图如图 12-2 所示,通过一体化红外接收头接收红外遥控器发出的控制指令,并设计键盘及 LCD 显示电路,音量控制部分采用±12V 双电源供电。PGA2310 是一款高性能的立体声音量控制芯片,专为专业和高端消费类音频系统而设计。遥控器发出一串红外编码(控制指令),通过系统一体化红外接收头还原成 TTL 电平，在单片机内部解码成音量加减命令字，通过串口将命令字发送到 PGA2310 芯片，实现音量控制，并将该命令字以 dB 为单位显示在 1602 液晶模组显示屏（实际中显示的 db 应为 dB）。将增益调节值放置于 Volume 变量中，每次调节完毕，将其保存到单片机内置 EEPROM 存储器中，每次开机都从 EEPROM 读取增益值，赋给 Volume 变量，Volume 存于 EEPROM 的 00H 地址单元。

| （a）Mute 静音 | （b）正增益 | （c）负增益 |

图 12-1　1602 液晶模组显示界面

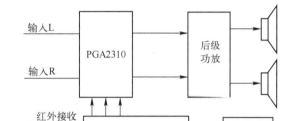

图 12-2　系统框图

4. 任务实施

1）硬件设计

根据上述思路，设计硬件电路如图 12-3 所示。红外接收头的输出引脚 OUT 接单片机的 INT0 引脚，以便对 OUT 输出的红外编码（方波脉冲）进行解码，得到命令控制字。1602 液晶模组采用 4bit 接口模式。

2）软件设计

程序中控制音量大小通过对 PGA2310 编程改变芯片增益实现，该芯片使用 3 线串行通信协议，编程简单，只要通过串行通信方式传入 16bit 控制字即可，每声道控制字占用 8bit，将 Volume 变量发送 2 次即可。但是液晶模组显示的为芯片的实际增益：-10dB~20dB，应通过公式转换：

$$Gain(dB) = 31.5 - [0.5 \times (255 - Ctrl)] \tag{12-1}$$

上式中 Ctrl 为 Volume 控制字，带入后结果有正有负。当计算结果为负数时设置 Neg_Flag 标志为 1，对负数取反、加 1 求其原码，之后进行 BCD 码、ASCII 码转换显示，根据 Neg_Flag 标志状态，在显示的增益数值前面加+（Neg_Flag＝0）或-（Neg_Flag＝1）符号。

根据上述思路，设计程序流程图如图 12-4 所示。本项目采用模块化设计，项目文件分成 Volume.c 和 LCD4bit_Driver.c 两个文件，LCD4bit_Driver.c 为液晶显示程序，与项目 4 中同名文件的内容相同，Volume.c 文件中的主要函数模块及其功能如表 12-1 所示。

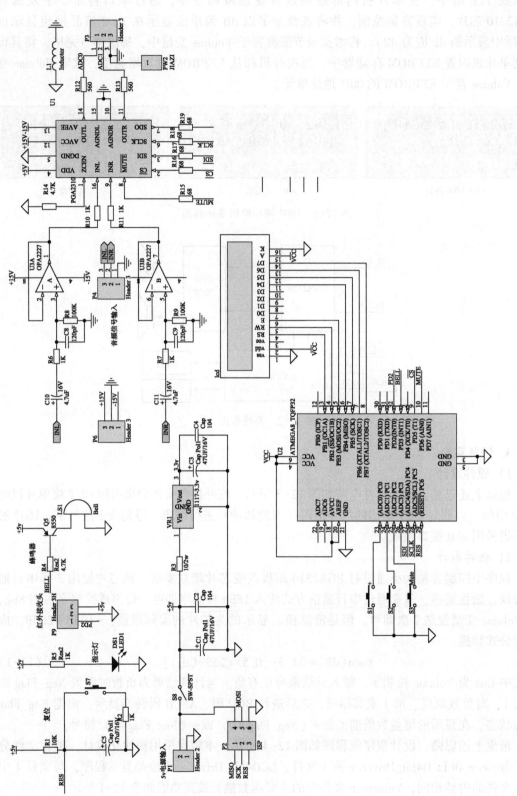

图12-3 红外遥控音量控制硬件电路

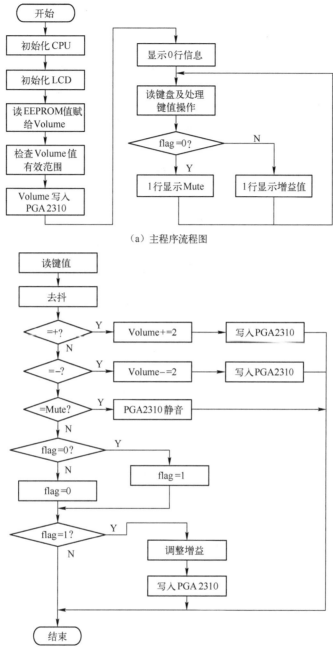

（a）主程序流程图

（b）键盘扫描及键值处理流程图

图 12-4　程序流程图

表 12-1　主要函数模块及其功能

函 数 模 块	函 数 功 能	备　　注
SendVol_to_PGA2310( )	发送增益控制字到 PGA2310	
VolDown( )	音量减（-）	
VolUp( )	音量增（+）	
Mute( )	静音	

函 数 模 块	函 数 功 能	备　注
Get_Key( )	调整音量	+、-、Mute 按键识别
IR_Process( )	IR 红外接收解码	红外解码，得到+、-、Mute 操作信息
PGA2310_Init( )	PGA2310 初始化	
Timer1_Init( )	定时器 1 初始化	
Interrupt_Init( )	中断初始化	
CPU_Init( )	设备初始化	
LCD_display_Gain( )	增益处理及显示	1602 显示程序参见项目 4
EEPROM_write( )	EEPROM 写操作	
EEPROM_read( )	EEPROM 读操作	

图 12-4（a）为主程序流程图，程序完成 CPU、外围芯片等初始化操作后从单片机的 EEPROM 的 00H 地址读取增益值赋给 Volume，为保证系统可靠性，程序要检查 Volume 的有效范围，确保增益在-10dB~+20dB，并将该值再次写入 EEPROM。程序在液晶模组第 0 行（程序设计中一般从 0 开始计数）位置显示字符串之后进入主循环，主循环主要与键盘操作、液晶显示两个功能模块有关，通过判断 flag 状态在液晶模组第 1 行显示"Mute"或增益值，当 flag=0 时为静音状态，flag=1 时为正常状态。图 12-4（b）为键盘扫描及键值处理流程图，程序读取到键值并去抖后进行键值判断，如键值为"+"，执行增益增加操作，键值为"-"，执行增益减少操作，每次增减结果均及时写入 PGA2310 和 EEPROM 中，键值为"Mute"，则及时翻转 flag 状态，并判断 flag 值。当 flag=1 时须解除静音状态，重写一次 PGA2310。

Volume. c 源程序如下：

```
#include<iom8v. h>
#include" LCD4bit. h"
//定义相关数据类型
#define INT8U unsigned char
#define INT16U unsigned int
//PGA2310 片选口
#define CS_SET PORTC │ =1<<PC3
#define CS_CAL PORTC& = ~ (1<<PC3)
//PGA2310 数据口
#define SDI_H PORTC │ =1<<PC4
#define SDI_L PORTC& = ~ (1<<PC4)
//PGA2310 时钟口
#define SCLK_SET PORTC │ =1<<PC5
#define SCLK_CAL PORTC& = ~ (1<<PC5)
//静音设置
#define Mute_ON PORTD& = ~ (1<<PD5)
#define Mute_OFF PORTD │ =1<<PD5
#define key_Port PINC;
#define Imax 110          //14000μs 此处为 8MHz 晶振、1024 分频
#define Imin 100          //13000μs
#define Inum 13           //1687. 5μs
INT16U key;               //存放键值缓冲区
INT8U Volume;             //增益调节
signed char Gain;         //增益显示公式转换
INT16U vol;               //存放音量数值
```

```c
INT16U flag;                                      //=0时静音,=1时不静音
INT8U Neg_Flag;                                   //设置增益为'-'标志,1有效
INT8U m=0;
INT8U flag2=0;
INT16U TC=0;
INT8U Im[ ]={0x00,0x00,0x00,0x00};                //用于红外遥控接收解码缓存
INT8U PowerONtemp[ ]="PGA2310Demo@ IR";
INT8U dbTemp[ ]={"Vol:000db/00"};                 //用于存放 db 显示缓存
INT8U MuteTemp[ ]="Mute";
INT8U IrOK=0;                                      //红外遥控接收数据完成标志位
//函数声明
void SendVol_to_PGA2310(void);
void VolDown(void);
void VolUp(void);
void Get_Key(void);
void Mute(void);
void Port_init(void);
void Timer1_Init(void);
void Interrupt_Init(void);
void PGA2310_Init(void);
void CPU_Init(void);
void IR_Process(void);
void LCD_display_Gain(INT8U Line,INT8U Row,INT8U *p);
void delay_1ms(void);                             //1ms 延时函数
void delay_nms(INT16U n);
void delay_nus(INT16U us);
void EEPROM_write(INT16U uiAddress,INT8U ucData);
INT8U EEPROM_read(INT16U uiAddress);
//主函数
void main(void)                                   //先对各个端口进行初始化
{
    CPU_Init();                                   //CPU 初始化
    LCD_init();                                   //液晶模组初始化
    PGA2310_Init();                               //PGA2310 初始化
    Volume=EEPROM_read(0x00);
    if(Volume<172)Volume=172;
    if(Volume>232)Volume=192;
    SendVol_to_PGA2310();                         //输出音量
    LCD_display_String(0,0,PowerONtemp);          //显示 PGA2310Demo@ IR 字符串
    while(1)
    {
        Get_Key();                                //读键盘
        if(flag==0)
            LCD_display_String(1,0,MuteTemp);     //如果静音显示"Mute"
        else
            LCD_display_Gain(1,0,dbTemp);         //否则显示增益
    }
}
/*端口初始化*/
void Port_init(void)
{
    DDRB=0XFF;                                    //液晶数据口
    DDRC=1<<PC3|1<<PC4|1<<PC5|1<<PC6;             //PGA2310 数据口+Key
    DDRD=1<<PD5;                                  //静音引脚
    SFIOR&=0XFB;
    PORTC=0X7F;                                   //开上拉
```

```c
        PORTD |=1<<PD2;                                    //开上拉
}
/* CPU 初始化 */
void CPU_Init(void)
{
    Port_init();
    Timer1_Init();                                         //定时器 1 初始化函数
    Interrupt_Init();                                      //外部中断初始化函数
    SREG |=0x80;                                           //开全局中断
}
/* 定时器 1 初始化 */
void Timer1_Init(void)
{
    TCCR1B=(1<<CS12) |(0<<CS11) |(1<<CS10);   //1024 分频
    TCNT1H=0x00;
    TCNT1L=0x00;

}

/* 外部中断 INT0 初始化 */
void Interrupt_Init(void)
{
    MCUCR=(1<<ISC01) |(0<<ISC00);                          //INT0 的下降沿产生异步中断请求
    GICR=(1<<INT0);                                        //使能外部中断请求 0
}
/* PGA2310 初始化 */
void PGA2310_Init(void)
{
    Mute_OFF;                                              //上电解除静音
    flag=1;                                                //设置非静音标志
    CS_SET;                                                //默认拉高片选
}
void Get_Key(void)                                         //调节音量
{
    INT8U key_temp=0;
    key=PINC;
    key=key&0x07;
    if(key!=0x07)                                          //键盘去抖动
    {
      delay_nms(2);                                        //延时 2ms
      key=PINC;
      key=key&0x07;                                        //读取按键值,保存在 key
      key_temp=key;
      while(key_temp!=0x07)                                //判断按键有无抬起
      {
        key_temp=PINC;
        key_temp=key_temp&0x07;                            //若无,则继续读取,并存于 key_temp
      }
    }
    if(key==0x06)
        VolUp();
    else if(key==0x05)
        VolDown();
    else if(key==0x03)
    Mute();
}
/* 音量增加函数,Step=1db */
```

```c
void VolUp(void)                                    //音量加
{
    if(flag==1)                                     //非静音状态
    {
        Volume+=2;
        if(Volume>0xe8)
        Volume=0xe8;
        EEPROM_write(0,Volume);
        SendVol_to_PGA2310();                       //输出音量
    }
}
/* 音量减少函数,Step=1db */
void VolDown(void)                                  //音量减
{
    if(flag==1)                                     //非静音状态
    {
        Volume-=2;
        if(Volume<172)
        Volume=172;
        EEPROM_write(0,Volume);
        SendVol_to_PGA2310();                       //音量输出
    }
}
/* 设置静音函数 */
void Mute(void)                                     //静音控制
{
    if(flag==0)//
        flag=1;
    else flag=0;
    if(flag==0)
        Mute_ON;                                    //开启静音
    else
    {
        Mute_OFF;                                   //取消静音
        SendVol_to_PGA2310();                       //重写音量
    }
    delay_nms(5);
}

/* 向 PGA2310 写音量数据 */
void SendVol_to_PGA2310(void)
{
    INT8U j;
    INT16U Temp;
    Temp=Volume;
    Temp<<=8;
    Temp |= Volume;                                 //合并 RL 声道控制字
    CS_CAL;                                         //拉低片选
    delay_nus(3);                                   //延时适当的时间
    for(j=0;j<16;j++)                               //发送十六位数据
    {
        SCLK_CAL;                                   //时钟拉低
        if(Temp&0x8000)
        {
            SDI_H;
        }
```

```c
        else
        {
            SDI_L;
        }
        SCLK_SET;                        //发完一位数据再拉高
        delay_nus(10);                   //延时适当的时间,必须足够时间,否则会有错误
        SCLK_CAL;
        Temp<<=1;                        //移位数据
    }
    delay_nus(3);
    CS_SET;                              //拉高片选,结束写操作
    SDI_H;                               //恢复数据沿
    delay_nus(3);
}
void LCD_display_Gain(INT8U Line,INT8U Row,INT8U * p)  //1602液晶模组显示
{
    INT8U Temp,Temp1,Temp0;
    Gain=31.5-(0.5*(255-Volume));        //由控制字计算增益
    if(Gain<0)                           //如果增益为负,则设置符号
    {
        Neg_Flag=1;
        Gain=~Gain+1;
    }
    else//--Vol:000db-/00-
    Neg_Flag=0;
    Temp1=Gain/10+0x30;
    Temp0=Gain%10+0x30;
    if(Neg_Flag==1)dbTemp[6]='-';        //设置增益符号
    else
        dbTemp[6]='+';                   //设置增益符号
    dbTemp[7]=Temp1;
    dbTemp[8]=Temp0;
    dbTemp[9]='d';
    dbTemp[10]='b';
    Temp=(Volume-170)/2;                 //计算音量等级:0-31
    Temp1=Temp/10+0x30;                  //显示音量等级
    Temp0=Temp%10+0x30;
    dbTemp[13]=Temp1;
    dbTemp[14]=Temp0;
    LCD_display_String(Line,Row,p);
}
/* INT0 中断 */
#pragma interrupt_handler ISR_Int0:2
void ISR_Int0(void)
{
    GICR=0x00;                           //禁止外部中断,开始接收数据
    if(flag2==0)                         //第一次中断,排除干扰
    {
        flag2=1;
        m=0;                             //此处的 m 不能省略
    }
    else if(flag2==1)
    {
        TC=TCNT1L;                       //读取定时器的值
        if((TC>Imin)&&(TC<Imax))         //判断接收到的数据是不是起始码,排除干扰
        {
```

```c
                m=0;
            }
            else if(TC<Inum)                        //接收数据为0
            {
                Im[m/8]=Im[m/8]>>1;m++;             //取码
            }
            else if(TC>Inum)                        //接收数据为1
            {
                Im[m/8]=Im[m/8]>>1|0x80;m++;
            }
        }
        if(m==32)                                   //数据长度够32位
        {
            if((Im[0]+Im[1])!=0xff)         //判断数据的第一字节和第二字节的取反后是否相等
            {
                GICR|=(1<<INT0);
                return;
            }
            else if((Im[2]+Im[3])!=0xff)    //判断数据第三字节和第四字节的取反后是否相等
            {
                GICR|=(1<<INT0);                    //开中断
                return;                             //不相等说明是干扰或出错,跳出整个循环
            }
            flag2=0;                                //状态为停止接收
            IrOK=1;                                 //接受红外数据完成
            IR_Process();                           //处理数据
        }
        GICR|=(1<<INT0);                            //使能外部中断
        TCNT1L=0x00;
}
/*红外指令解码执行操作*/
void IR_Process(void)
{
    delay_nms(20);
    if(IrOK==1)                                     //判断红外是否接收完毕
    {
        switch(Im[2])
        {
            case0x47:Mute();break;                  //执行静音
            case0x40:VolUp();break;                 //执行音量增
            case0x43:VolDown();break;               //执行音量减
        }
    }
}
void delay_1ms(void)                                //1ms延时函数
{
    unsigned int i;
    for(i=0;i<1140;i++);
}
void delay_nms(INT16U n)                            //Nms延时函数
{
    unsigned int i=0;
    for(i=0;i<n;i++)
    delay_1ms();
```

```
        }
    void delay_nus( INT16U  us)
    {
        unsigned int i;
        us = us * 5/4;
        for(i = 0 ; i<us ; i++) ;
    }
    void EEPROM_write(unsigned int uiAddress,unsigned char ucData)
    {
        /* 等待上一次写操作结束 */
        while(EECR&(1<<EEWE))
        asm("nop") ;
        /* 设置地址、数据寄存器 */
        EEAR = uiAddress;
        EEDR = ucData;
        /* EEMWE 置 1 使能写操作 */
        EECR | = (1<<EEMWE);
        /* EEWE 置 1 执行写操作 */
        EECR | = (1<<EEWE);
    }
    unsigned char EEPROM_read(unsigned int uiAddress)
    {
        /* 检查上次写操作是否结束 */
        while(EECR&(1<<EEWE))
        asm("nop") ;
        /* 设置读地址寄存器 */
        EEAR = uiAddress;
        /* 启动读操作 */
        EECR | = (1<<EERE);
        /* 返回读数据寄存器 EEDR */
        Return EEDR;
    }
```

5. 调试分析

为方便调试，提高开发效率，先在 Proteus 中构建如图 12-5 所示的仿真电路。图 12-5 中使用了两片串/并转换芯片 74HC164 代替 PGA2310 接口电路，二者时序基本一致。全速运行程序，按+、-按键，液晶模组显示增益数值会变化，同时该数值对应的控制字同步传入到 U2（R 声道）、U4（L 声道）芯片，比如 13dB 对应的控制字应为 DAH，U2、U4 的并行输出就是 DAH，按下 Mute 按键，U2、U4 输出为 0，再按下 Mute 按键 U2、U4 恢复输出 DAH。设定一个新的增益数值，停止仿真（不关闭文件），再次重新运行程序（模拟掉电重启电源）显示器显示上一次设置的增益值，这是由于每次操作都及时将 Volume 存入 EEPROM，每次重新运行程序都先从 EEPROM 的 00H 地址读取数值，赋给 Volume，实现对增益数据的掉电保护。也可以在仿真暂停（非停止）时以鼠标右键单击 ATmega8 芯片，执行 AVR→EEPROM Memory 命令打开存储器窗口，定位 00H 地址，查看其内容。本例中当按 Mute 按键切换到静音状态时，液晶显示屏第 1 行显示"Mute"字符，此时按+、-按键不起作用。本例未演示红外通信部分功能，读者可以使用两片单片机仿真此功能。

仿真测试完成后，可以依照图 12-3 设计 PCB，制作实际电路板并进行调试。调试时输入端接信号发生器，输出端接 1kΩ 电阻作为负载。设置信号发生器输出 1024Hz、$0.5V_{pp}$ 正弦波信号，在电路输入、输出端接双踪示波器，观察输入、输出波形。操作按钮或遥控器设置增益，观察示波器波形幅度变化，分析其增益变化是否与液晶模组显示结果一致。

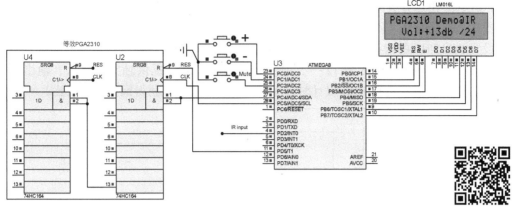

图 12-5　部分电路仿真原理图

该音量控制电路输出音质较好，可以媲美机械电位器，外接功率放大器后可应用于实际产品中。本例所介绍的红外遥控解码方法对于其他项目具有借鉴意义和参考价值。

【知识链接】

任务 12.1　PGA2310 工作原理

PGA2310 是高性能的立体声音量控制芯片，为专业和高端消费类音频系统而设计，采用±15V 模拟工作电源，使 PGA2310 可以处理大电压摆幅输入信号，从而在整个信号范围获得大的动态范围。PGA2310 内部集成了高性能、低噪声、低失真的运算放大器，不需要缓冲，可直接驱动 600Ω 负载。采用三线串行控制接口，可以连接到各种主机控制器。

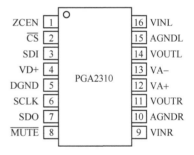

图 12-6　PGA2310 引脚排列

12.1.1　引脚功能

PGA2310 的引脚排列如图 12-6 所示，共有 16 个引脚，引脚具体功能如表 12-2 所示。

表 12-2　PGA2310 引脚及其功能

引脚号	名字	功能	引脚号	名字	功能
1	ZCEN	过零检测使能，1 有效	9	VINR	模拟输入 R
2	CS#	芯片片选，0 有效	10	AGNDR	模拟地 R
3	SDI	串行数据输入	11	VOUTR	模拟输出 R
4	VD+	数字电源，+5V	12	VA+	模拟电源，+15V
5	DGND	数字地	13	VA-	模拟电源，-15V
6	SCLK	串行时钟	14	VOUTL	模拟输出 L
7	SDO	串行数据输出	15	AGNDL	模拟地 L
8	MUTE#	静音，0 有效	16	VINL	模拟输入 L

12.1.2 内部结构

PGA2310 由运算放大器、电阻网络、接口电路等组成，其内部的高性能双极型运算放大器提供了极低的噪声和失真度，电阻网络是 PGA2310 的核心组成部分，通过可编程矩阵开关设置 PGA2310 的增益。三线串行通信接口使得任何处理器均可很方便地对其进行编程控制。PGA2310 内部结构见图 12-7，两个独立的放大通道提供独立的输入、输出和接地（GNDR、GNDL），在进行 PCB 设计时，应进行地线分割，以获得最大的信噪比。

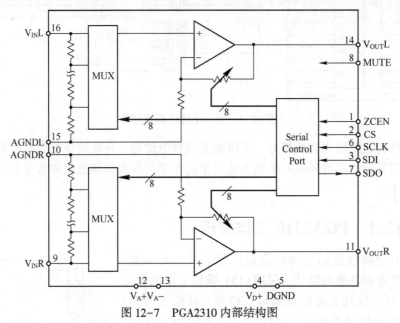

图 12-7　PGA2310 内部结构图

12.1.3 通信接口

通过三线串口对 PGA2310 增益进行编程设置。串口包括三个输入引脚 CS#、SDI、SCLK 和一个输出引脚 SDO。CS#为片选引脚，为低电平时选中 PGA2310，控制器可以对其进行操作。SDI 为串行数据输入引脚。串行控制数据有 16 位，左右道各 8 位，R 通道在前（MSB 在前），L 通道在后（LSB 位在后），时序如图 12-8 所示。SDO 通常作为 PGA2310 组成的菊花链串接数据端。

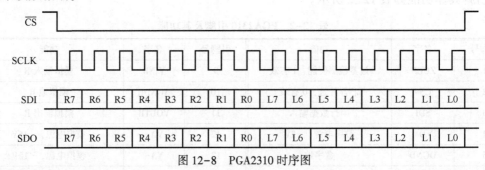

图 12-8　PGA2310 时序图

12.1.4 功能分析

1. 增益设定

PGA2310 内部放大器是非平衡独立的，每个通道的增益可以独立进行设定。对 R

[7..0] 及 L [7..0] 写数据即可设定其增益。若控制字数值为 Ctrl，则 Ctrl 与放大器的增益之间的关系如式 12-1 所示，重写该公式如下：

$$Gain(dB) = 31.5 - [0.5 \times (255 - Ctrl)] \tag{12-1}$$

PGA2310 的增益范围为 -95.5~+31.5dB。本例要求放大倍数为 0~10.00 倍，增益范围为 -10~20dB，共 32 个音量控制等级，相应控制字如表 12-3 所示。

表 12-3　本例的增益控制字

音 量 等 级	控制字（DEC）	控制字（HEX）	增益（dB）	放 大 倍 数	备　注
0	0	0	–	0.00	静音
1	172	AC	-10	0.32	
2	174	AE	-9	0.35	
3	176	B0	-8	0.40	
4	178	B2	-7	0.45	
5	180	B4	-6	0.50	
6	182	B6	-5	0.56	
7	184	B8	-4	0.63	
8	186	BA	-3	0.71	
9	188	BC	-2	0.79	
10	190	BE	-1	0.89	
11	192	C0	0	1.00	
12	194	C2	1	1.12	
13	196	C4	2	1.26	
14	198	C6	3	1.41	
15	200	C8	4	1.58	
16	202	CA	5	1.78	
17	204	CC	6	2.00	
18	206	CE	7	2.24	
19	208	D0	8	2.51	
20	210	D2	9	2.82	
21	212	D4	10	3.16	
22	214	D6	11	3.55	
23	216	D8	12	3.98	
24	218	DA	13	4.47	
25	220	DC	14	5.01	
26	222	DE	15	5.62	
27	224	E0	16	6.31	
28	226	E2	17	7.08	
29	228	E4	18	7.94	
30	230	E6	19	8.91	
31	232	E8	20	10.00	

2. 静音操作

MUTE#为低电平时启动 PGA2310 静音功能，也可以通过软件写入 00H 使其静音。静音时 PGA2310 的两个声道均无输出，重新设置 MUTE#为高电平将解除静音。

3. 过零检测

PGA2310 具有过零检测功能，以提供无噪声电平转换，其设计思路是在输入信号的零点位置改变信号增益，从而最大限度地减少了声音的毛刺。这个功能可以通过 ZCEN 引脚实现。当 ZCEN 为低电平时，禁止过零检测，当 ZCEN 为高电平时使能过零检测功能。

过零检测使相应的通道在变化中获得增益设置。新设定的增益值不会立即被锁定，而是要在检测到两个过零点以后，或在 16ms 时间内检测不到过任何过零点，方将新设置的增益值锁定。

12.1.5 典型应用

PGA2310 典型应用如图 12-9 所示。

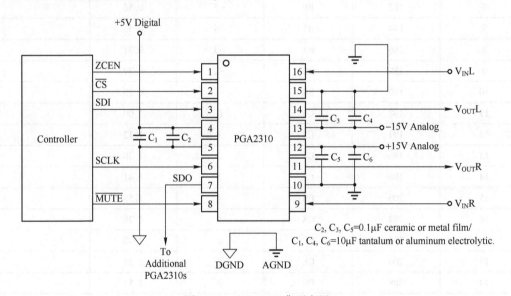

图 12-9　PGA2310 典型应用

任务 12.2　红外遥控解码

红外遥控是目前使用较广泛的一种遥控手段。由于红外遥控装置具有体积小、功耗低、功能强、成本低等特点，在空调等家用电器及玩具等小型电器上广泛应用。工业设备中，在高压、辐射、有毒气体、粉尘等环境下，采用红外遥控不仅非常可靠，而且能有效地隔离电气干扰。

通用红外遥控系统由发射和接收两大部分组成，由专用集成芯片来进行红外编解码控制，如图 12-10 所示。红外发射部分包括按键、编码、调制、LED 红外发送器，红外接收部分包括光电转换放大器、解调等部分。

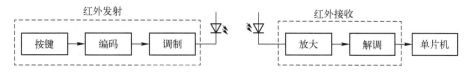

图 12-10　红外遥控原理

12.2.1　红外编码传输

通过控制红外发光二极管（LED）导通与截止实现红外信号调制。用数字 1 控制 LED 发光，用数字 0 控制 LED 关断，将数字信号调制为红外信号发送出去，在接收端使用红外接收头还原出数字信号，实现数字信号的传输。考虑到传输的可靠性和节约电能，直接将数字信号转化成红外信号进行光传输不可取，应将红外信号进行二次调制，将其调制到 38k～40kHz 的载频上进行传输，这样兼顾了可靠、节能和远距离。

用不同脉冲周期表示数字信号 0 和 1，以实现对脉冲编码，以脉宽为 0.56ms、间隔为 0.56ms、周期为 1.125ms 的脉冲表示 0；以脉宽为 0.56ms、间隔为 1.69ms、周期为 2.25ms 的脉冲表示 1，如图 12-11 所示。

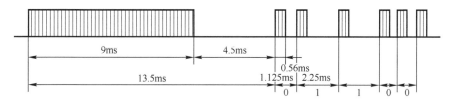

图 12-11　红外编码

将 0 和 1 组成的二进制码串调制成频率为 38k～40kHz 的信号，以此驱动红外 LED，以实现对红外信号的 ASK（幅移键控）调制，提高发射效率，达到降低电源功耗的目的。完整的红外数字信号帧由前导码、数据位、结束符等构成。前导码起字符同步的作用，表示一次新的红外通信开始，通常用 9ms 的低电平加 4.5ms 的高电平表示，数据位长度通常为 4 或 5 个字节，依据不同厂家的发射芯片及其编码格式不同而不同。以 4 字节（32 位）码串为例，前两个字节表示设备地址，以区分相同厂家的不同产品，避免互相之间串扰；后两个字节对应键盘编码，代表实际传输的内容。

UPD6121G 为红外专用发射芯片，接上电源、晶振、键盘即可产生红外发射信号，实现红外遥控或数据传输。按下遥控器按键后，UPD6121G 将周期性地发射一串 32 位的二进制码串，时长约为 108ms。码串自身持续时间与它包含的二进制数据的个数有关，一般在 45～63ms 之间。前 16 位（2 个字节）数据为设备地址（用户识别码），以区别不同的设备，防止互相干扰，UPD6121G 的用户识别码为固定的十六进制数 01H；后 16 位中一个字节为 8 位操作码（功能码）的原码，另一个字节为其反码。反码可用于通信校验。UPD6121G 最多产生 128 种不同组合的编码，图 12-12 为发射波形图。

当一个按键按下超过 36ms，振荡器激活芯片，使其发射一组 108ms 的编码，这组编码由一个引导码（9ms），一个结果码（4.5ms），低 8 位地址码（9～18ms），高 8 位地址码（9～18ms），8 位数据码（9～18ms）和这 8 位数据码的反码（9～18ms）组成。如果按键按下超过 108ms 仍未松开，便仅发射连发码。连发码仅由起始码（9ms）和结束码（2.25ms）组成，如图 12-13 所示。

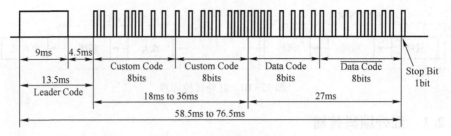

图 12-12　发射波形图

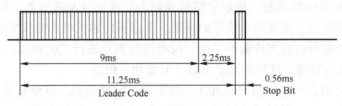

图 12-13　连发码时序

12.2.2　红外接收解码

红外接收解码是项复杂的工作，使用一体化红外接收头使得红外信号接收变得简单、可靠。一体化红外接收头内置了光电转换、前置放大、鉴相等电路，如图 12-14、12-15 所示。通过带滤光片的窗口接收红外信号，滤除可见光，除去载波信号，可解调出调制基带数字脉冲串，将脉冲串进行脉宽解调，得出数字 0 和 1，即可获得数据。使用一体化红外接收头时不需要任何外接元器件。一体化红外接收头的体积如同普通三极管大小，有三个引脚，分别为 OUT、GND、VS，通电即可工作。解码基本上可视为编码的逆过程。由前所述，根据脉冲周期区分码串中的不同信号。一体化红外接收头的 OUT 输出脚接到单片机 I/O 口，输出 TTL 电平，表示脉冲编码波形。通过单片机定时即可区分同步码头、间隔符、结束符、数据。

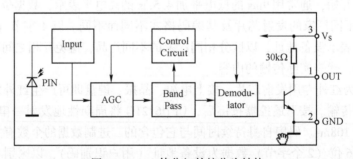

图 12-14　一体化红外接收头结构

由位编码定义可知，二进制数字 0、1 均以 0.56ms 的低电平开始，不同的是数字 0 的高电平宽度为 0.56ms，数字 1 的高电平宽度为 1.68ms，因此根据高电平的宽度（持续时间）可以识别数字 0 或 1。检测到 0.56ms 低电平过后开始延时，若判断到 OUT 引脚为低电平，则接收到数字 0，反之接收数字 1。为可靠起见，延时时间不能正好是 0.56ms，可比 0.56ms 略长，但又不能超过数字 0 的周期 1.12ms，以避免出现逻辑错乱，可以取（1.12ms + 0.56ms）/2 = 0.84ms，也可以取 0.9ms。

根据编码格式，前导码为 9ms 起始码和 4.5ms 结束码，前导码过后才是数据码，解码设计思路如图 12-16 所示，可以按以下步骤进行：

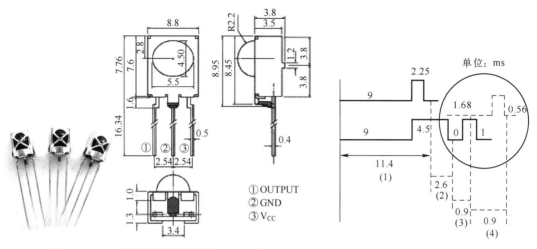

图 12-15　一体化红外接收头外观和尺寸　　　　图 12-16　解码设计思路

　　读取连续码阶段。程序判断到 OUT 为低电平后延时 11.4ms，再次判断 OUT，如果为低电平可认定为重复按下按键所产生的连续码，否则延时 2.6ms，再次判断 OUT 引脚状态，如果为高则直接丢弃，如果为低则说明接收到新数据，进入解码状态，延时 0.9ms 后再次判断 OUT 引脚电平状态，如果为高电平，说明接收的数据为 0，否则为 1。如果接收的数据为 1，再延时 0.9ms，开始接收下一比特数据，具体实现方法如图 12-17 所示。将接收到的已解调的 32bit 数据放在一个 long 型变量 code 中，使用 char 型变量 flag 保存解码标志信息，flag＝0 表示解码失败，flag＝1 表示接收到的是连续码（重复按键），flag＝2 表示接收到新数据。

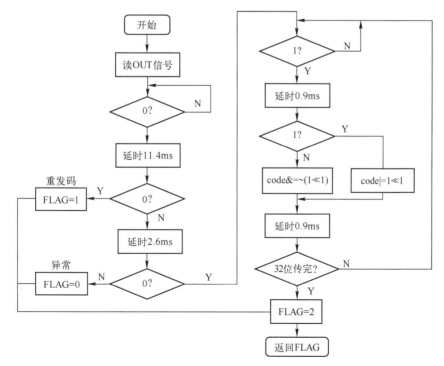

图 12-17　红外解码流程图

在单片机中，为实现红外解码，使外部中断 INT0 与定时器 T/C0 协同工作。外部中断 INT0 产生中断时读取定时器寄存器 TCNT1 数值，根据 TCNT1 的值判断数据状态（起始、数据 0、数据 1 等），起始信号周期为 13.5ms，数据 0 的周期长度为 2.25ms，数据 1 的周期长度为 1.125ms。起始信号以后，跟着出现的 32 个数据位将触发 32 次外部中断，使用变量 m 记录每次中断接收到的二进制位数，m=32 时表示数据接收完毕。将接收到两个字节数据进行处理，并确认当前解码是否有效。

任务 12.3　内置 EEPROM

大部分 AVR 单片机都内置有 EEPROM（非易失性数据存储器），用于掉电后保存不能丢失的重要数据，以实现对重要数据的保护。EEPROM 在单片机内开辟了一个单独的数据空间，具有大于 10 万次写入/擦除的使用寿命，可以以字节方式对其进行读取和写入操作。不同型号的 AVR 单片机内置的 EEPROM 容量不同，典型的 AVR 单片机内置的 EEPROM 容量如表 12-4 所示。

对 EEPROM 的操作通过三个寄存器实现：地址寄存器（EEAR）、数据寄存器（EEDR）、控制寄存器（EECR）。ATmega16 单片机内置有 512 字节 EEPROM，以下以该型号单片机为例说明这三个寄存器的定义及使用。

表 12-4　典型 AVR 单片机内置 EEPROM 容量

单片机型号	内置 EEPROM 容量（Byte）
ATtiny13	64
ATtiny25	128
ATtiny84	512
ATtiny817	128
ATemga8	512
ATemga48	256
ATemga16	512
ATemga32	1024
ATemga64	2096
ATemga128	4096

1. EEAR 地址寄存器

EEAR 寄存器为 16bit 寄存器，分为 EEARH 和 EEARL，其定义如下所示：

位	15	14	13	12	11	10	9	8
EEARH	—	—	—	—	—	—	—	EEAR8
EEARL	EEAR7	EEAR6	EEAR5	EEAR4	EEAR3	EEAR2	EEAR1	EEAR0
位	7	6	5	4	3	2	1	0

Bit15~Bit9 未定义，Bit8~Bit0 正好寻址 512 个字节空间，对 EEPROM 进行读写操作前须先给定地址编号。

2. EEDR 数据寄存器

位	7	6	5	4	3	2	1	0	
EEDR	MSB							LSB	
	R/W	R/W	R/W	R/W	R/W	R/W	R/W	R/W	读/写
	0	0	0	0	0	0	0	0	初始值

读写操作数通过此寄存器实现。

3. EECR 控制寄存器

位	7	6	5	4	3	2	1	0	
EECR	—	—	—	—	EERIC	EEMWE	EEWE	EERE	
	R	R	R	R	R/W	R/W	R/W	R/W	读/写
	0	0	0	0	0	0	x	0	初始值

Bit7~Bit4：未定义。

EERIC："准备好"中断使能，1 使能，0 禁止。

EEMWE：主机写使能。该位决定是否允许设置 EEWE 以实现对 EEPROM 的写操作。若该位设置为 1，则 EEWE 为 1 时可以将数据在 4 个时钟周期内写入指定地址的 EEPROM 存储单元里面，写入完成后 EEWE 自动清零，若 EEWE 为 0 时，对 EEPROM 的写操作无效。

EEWE：EEPROM 写使能，EEMWE 为 1 时，该位写 1，可以将数据写入 EEPROM 中。

EERE：EEPROM 读使能，1 有效。EEPROM 读操作执行完毕后 CPU 会挂起 4 个时钟周期，之后才执行下一条指令。执行读操作前必须查询 EEWE 位的状态，只有 EEWE 为 0（即当前写操作结束后）才能进行读操作，否则既不能读 EEPROM，也不能更改 EEAR 的值。

4. EEPROM 操作

（1）写操作：

```
void EEPROM_write(unsigned int uiAddress,unsigned char ucData)
{
    /*等待上一次写操作结束*/
    while(EECR&(1<<EEWE));
    /*设置地址、数据寄存器*/
    EEAR=uiAddress;
    EEDR=ucData;
    /*EEMWE 置 1 使能写操作*/
    EECR |=(1<<EEMWE);
    /*EEWE 置 1 执行写操作*/
    EECR |=(1<<EEWE);
}
```

例如执行以下操作：

```
EEPROM_write(0x00,0x0a);
```

其功能为将数据 0x0a 写入 0x00 地址单元。

（2）读操作：

```
unsignedchar EEPROM_read(unsigned int uiAddress)
{
    /*检查上次写操作是否结束*/
    while(EECR&(1<<EEWE));
    /*设置读地址寄存器*/
    EEAR=uiAddress;
    /*启动读操作*/
    EECR |=(1<<EERE);
    /*返回读数据寄存器 EEDR*/
    return EEDR;
}
```

（3）EEPROM 操作中断。当电压过低时会导致 EEPROM 读写失败，导致程序或数据异常，丢失重要数据。单片机启动内部的 BOD（Brown-out Detector）电压异常检测电路检测 RESET 引脚是否异常，在异常期间将使单片机进入休眠状态。

项目 13　数字密码锁

【任务要求】

1. 任务表

训练项目	设计数字密码锁并拓展其功能，使其具有密码开锁、打卡开锁功能
学习任务	（1）行列矩阵键盘。 （2）数码管显示。 （3）定时器应用。 （4）中断应用。 （5）EEPROM 操作。 （6）数字密码锁实现
学习目标	**知识目标：** 能综合应用单片机知识。 **能力目标：** 具有单片机综合应用能力
参考学时	6

2. 功能要求

设计一个数字密码锁，开锁时输入 4 位密码，系统将其与预设密钥进行比较，二者相等则密码匹配成功，开锁电机正转，带动锁闩开锁，继电器吸合，亮绿灯并显示 "PASS"。若 4 秒内无开门操作，电机反转，带动锁闩锁门，若 4 秒钟内有开门操作，则待门关闭到位后电机才会反转锁门。电机反转到位后绿灯灭、继电器断电。若密码匹配失败，则直接显示 "----"，用户可再次输入密码，若输入密码错误次数超过 3 次，系统自锁 6 秒，自锁期间显示 "-ERR"，按键盘无反应，6 秒后系统自动恢复。

系统内预设一组 4 位数的密钥，以 BCD 码格式存于 CPU 内置的 EEPROM 的 00H ~ 03H 地址，第一次通电时系统从 EEPROM 中读取密码并检测其合法范围，如是大于 9999 的数则自动设置初始密钥为 "1234"。允许用户修改改密钥，按一次开关 K2（接 INT1）后显示 "ChP1"，之后用户可以输入设定密码，按#号键密码修改成功并会自动存入 EEPROM 中。

开机显示 "----" 符号为密码待输入状态，输入数字时可以显示明文，也可以用示 "P" 隐藏，有 2 个功能键："#" 键确认，"＊" 键取消，每次输入密码结束均须按 "#" 确认，按 "＊" 取消当次输入，显示屏回到 "----" 状态。CPU 选用 ATmega16，使用行列矩阵键盘，数码管显示。键盘应可靠去抖，且每次操作应有蜂鸣器提示声。开、关门状态通过红外检测，使用开关 K1 模拟，接 INT0 端，高电平开门，低电平关门。锁闩动作执行部件使用采用步进电机。

3. 设计思路

调用 Proteus 中的 KEYPAD-PHONE——集成 4×3 矩阵键盘元器件，其包含 0 ~ 9 十个数字键和#、＊两个功能键。该元器件键盘面板功能定义已图形化，扫描完键盘后使用 switch 语句返回各按键编码。

定义数组 Password_buffer[4] 存放预设密钥，开机后系统从 EEPROM 中读出 BCD 码格式的预设密钥，并将此密码转存至 int 型变量 temp，定义数组 input_buffer[4] 用于暂存输入密码，并将其转存至 int 型变量 input_temp，按下按键#，则系统执行比较 temp 与 input_temp 的

操作。定义变量 UN_equ，用于记录输入错误密码次数，每次输入密码错误，UN_equ 自增
1，任意时候按下按键 * 可以取消当前输入，如果 UN_equ = 3 则说明输入密码错误次数超
限，此后 6 秒内系统对任何输入无反应，6 秒后才可重新输入。

定义 6 种系统状态：

PASS 为密码匹配成功。

NUM 为数字键。

RES 为回到初始状态。

NORM 为正常。

CHPS 为修改密码。

END 为密码出错超过 3 次。

定义变量 flag，在不同模式下传入上述 6 种系统状态，用于键盘输入、显示、电机控
制、定时等。在 NORM 和 CHPS 状态下才能激活键盘；在 RES 和 NORM 状态下才能进入密
码待输入状态并显示数字或符号，其他状态下均显示提示符；RES 与 stepperflag 标记配合控
制电机正反转。输入密码可以明文显示，显示输入字符的顺序为从左到右，也可以隐藏输入
字符，用字母 P 代替，进行显示。

启动定时器 T/C0，定时 2.5ms，用于显示数码，并且可以获得 1 秒、4 秒、6 秒等定时
标记，用于开锁状态下无开门动作时的自动复位、密码输入错误超限定时。

4. 任务实施

根据以上分析绘制硬件原理图，如图 13-1 所示。绘制程序流程图如图 13-2 所示。触
发 INT0、INT1 中断时分别将 flag 置为 RES、CHPS。

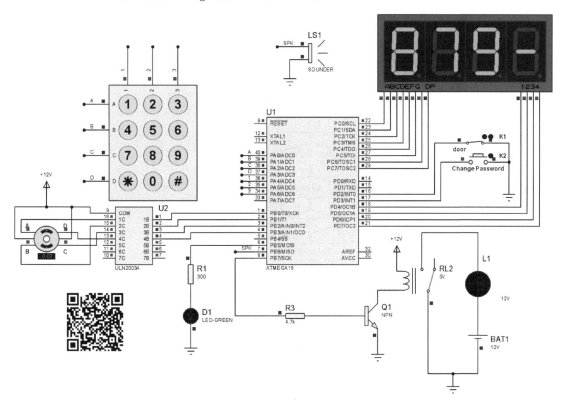

图 13-1　数字密码锁硬件原理图

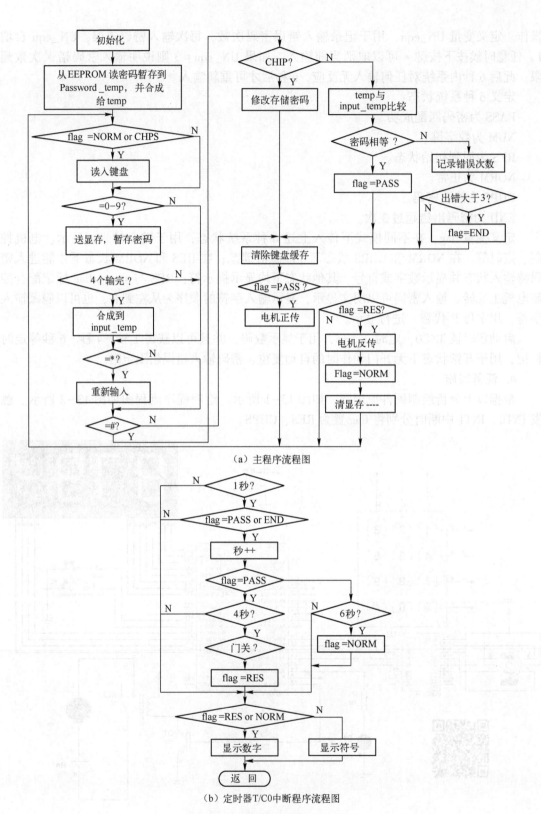

（a）主程序流程图

（b）定时器T/C0中断程序流程图

图 13-2　数字密码锁程序流程图

程序主要函数、变量、数组功能说明如表 13-1 所示。

表 13-1 程序主要函数、变量、数组功能说明

类型	名 称	作 用
全局变量	Cnt	用于定时 1 秒
	second	用于定时（多于 1 秒）
	dispN	数码管显示定位
	temp	int 型变量，用于合成密钥
	input_temp	int 型变量，用于合成输入密码
数组	Stepfw[ ]	正转控制码
	Stepbk[ ]	反转控制码
	Line[ ]	矩阵键盘行码
	Row[ ]	矩阵键盘列码
	LED_seg[ ]	数码管段码
	LED_bit[ ]	数码管位码
	DISP_buffer[ ]	数码管显示缓存
	Password_temp[ ]	用于从 EEPROM 读取密钥
	Password_input[ ]	用于从键盘输入密码
	PASS_Buffer[ ]	显示 PASS
	ENDPASS_Buffer[ ]	显示 ERR
	Change_Buffer[ ]	显示 ChP1
函数	Get_key( )	扫描键盘
	Get_keynumber( )	取得键值
	display( )	数码管显示
	stepper_fw( )	步进电机前进
	stepper_bk( )	步进电机后退
	get_password( )	从 EEPROM 读取密钥
	Change_Password( )	修改密钥，存入 EEPROM
	EEPROM_write( )	写入 EEPROM
	EEPROM_read( )	读取 EEPROM

完整源程序如下：

```
#include<iom16v. h>
#define uchar unsigned char
#define uint unsigned int
#define CLR_num      12//重新输入键(ON\C)
#define esc          11
#define NUL          0xff//无键盘输入状态
#define Comp         14//进行密码匹配键(=)
#define PASS         1
#define NUM          2//定义数字类型,传递 0~9 显示
#define RES          3
#define NORM         4
#define CHPS         5
#define END          6
#define dooropen(PIND&1<<PD2)
uchar n;
#define CLR_DISP( )        for(n=0;n<4;n++)DISP_buffer[n]=10
```

```c
#define spk_OFF               PORTB&=~(1<<PB6)
#define spk_ON                PORTB |=1<<PB6
#define skp                   PB6
#define relay_OFF             PORTB&=~(1<<PB7)
#define relay_ON              PORTB |=1<<PB7
#define LEDgrnON              PORTB |=1<<PB5
#define LEDgrnOFF             PORTB&=~(1<<PB5)
uchar flag=255;
uchar number=0;
signed char stepperflag;
uint Cnt=0;
uchar second;
uchar dispN;
uchar Stepfw[4]={0x83,0x86,0x8c,0x89};
uchar Stepbk[4]={0x09,0x0c,0x06,0x03};
uchar Line[4]={0xfe,0xfd,0xfb,0xf7};
uchar Row[3]={0xe0,0xd0,0xb0};
uchar LED_seg[12]={0x3f,0x06,0x5b,0x4f,0x66,0x6d,0x7d,0x07,0x7f,0x6f,0x40,0x73};
//0x40="-",0x73=P
uchar LED_bit[4]={0xef,0xdf,0xbf,0x7f};               //数码管控制位
uchar DISP_buffer[4]={10,10,10,10};                   //开机显示----
uchar Password_temp[4]={8,8,8,8};                     //预存密码
uchar Password_input[4]={0,0,0,0};
uchar PASS_Buffer[4]={0x73,0x77,0x6d,0x6d};           //PASS
uchar ENDPASS_Buffer[4]={0x40,0x79,0x77,0x77};        //ERR
uchar Change_Buffer[4]={0x39,0x74,0x73,0x06};         //ChP1
//函数声明
void delay_ms(uint xms);
uchar Get_key(void);
void Buzzer(unsigned char n);
void delay(unsigned int t);
void display(uchar type);
uchar Get_keynumber(void);
void port_init(void);
void int_timer_init(void);
void stepper_fw(unsigned int step);
void stepper_bk(unsigned int step);
void get_password(void);
void Change_Password(void);
void EEPROM_write(unsigned int uiAddress,unsigned char ucData);
unsigned char EEPROM_read(unsigned int uiAddress);
uint temp,input_temp;
void main(void)
{
  char i;
  uchar k;
  uchar equ_num=0;          //比较密码时记录相同个数,等于4则密码相同
  uchar UN_equ=0;           //记录输入密码错误次数,等于3则锁死
  port_init();
  int_timer_init();
  flag=NORM;
  stepperflag=0;
  i=0;
  get_password();           //从 EERPOM 读取密码,第一次使用初始密码为1234
  while(1)
```

```c
{
    if(flag==NORM || flag==CHPS)
    number=Get_keynumber();
    if(number<10)
    {
        //DISP_buffer[i]=11;                          //输入密码时显示"P"隐藏数字
        DISP_buffer[i]=number;
        Password_input[i]=number;
        i++;
        if(i>=4)
        {
            i=0;
            for(k=0;k<4;k++)
            {
                input_temp<<=4;
                input_temp |=Password_input[k]&0x0f;  //键盘输入合成到int
            }
        }
    }
    if(number==CLR_num)                               //重新输入(ON\C)键
    {
        i=0;
        CLR_DISP();                                    //显示"----"等待密码输入
    }
    if(number==Comp)                                  //确认"#"键
    {
        if(flag==CHPS)
        {
        Change_Password();
        flag=NORM;
        CLR_DISP();                                    //显示"----"等待密码输入
        }
        else
        {
        if(input_temp==temp)                           //密码比较
        {
            flag=PASS;                                 //数码管显示"PASS"
            GIFR=1<<INT0;
            GICR |=1<<INT0;
            UN_equ=0;
            stepperflag=1;
            relay_ON;
            LEDgrnON;
        }
        else
        {
            UN_equ++;        //记录输入密码错误次数,等于3次则锁死
            CLR_DISP();      //显示"----"等待密码输入
        }
        }
    }
    number=NUL;          //清除键盘标志
    if(UN_equ==3)        //记录输入密码错误次数,等于3次则锁死
    {
        flag=END;        //数码管显示"end."
```

```c
                    UN_equ = 0;
                }
            if( flag = = PASS)
            {
                if( stepperflag = = 1)
                {
                    stepper_fw( 20) ;
                    stepperflag = 0;
                }
            }
            else if( flag = = RES)
            {
                relay_OFF;
                LEDgrnOFF;
                CLR_DISP( ) ;
                if( stepperflag = = -1)
                {
                    stepper_bk( 20) ;
                    stepperflag = 0;
                    flag = NORM;
                }
            }
        }
}
void delay_ms( uint xms)
{
    int i , j ;
    for( i = 0; i<xms; i++)
    for( j = 0; j<1140; j++) ;
}
void port_init( void)
{
    SFIOR& = 0xfb ;
    DDRA = 0x0f ;
    PORTA = 0xf0 ;
    DDRB = 0xEF ;
    PORTB = 0x00 ;
    DDRC = 0xff ;
    PORTC = 0xff ;
    DDRD = 0xf0 ;
    PORTD = 0xfc ;
    relay_OFF;
    spk_OFF;
}
void int_timer_init( void)
{
    / * INT * /
    SREG | = 0X80 ;
    MCUCR = 1<<ISC01 | 1<<ISC11 ;
    GICR& = ~ ( 1<<INT0) ;
    GIFR = 1<<INT0 | 1<<INT1 ;
    GICR | = 1<<INT1 ;
    / * Timer * /
    TCCR0 = 1<<CS02 ;          //n = 256
TIMSK = 1<<OCIE0 ;
```

```
    OCR0=9;                    //2.5ms
}
void get_password(void)
{
    signed char i;
    for(i=0;i<4;i++)
    {
        Password_temp[i]=EEPROM_read(i);
        temp<<=4;
        temp |=Password_temp[i]&0x0f;
    }
    if(temp>0x9999)
    {
        for(i=0;i<4;i++)
        {
            Password_temp[i]=i+1;          //初始写入 1234 密码
            EEPROM_write(i,Password_temp[i]);
        }
    }
}
uchar Get_keynumber(void)
{
    uchar key_numb,key_temp;
    PORTA=0xf0;                           //快速扫描键盘
    key_temp=PINA&0x70;
    if(key_temp==0x70)
    return NUL;                           //返回无键盘值
    key_numb=Get_key();                   //行列扫描
    if(key_numb>=12)
    return NUL;                           //取消无效键盘值
    delay_ms(3);                          //去抖
    do
    {
        delay_ms(2);
        PORTA=0xf0;
        key_temp=PINA&0x70;
    }
    while(key_temp!=0x70);
    switch(key_numb)
    {
            case 0:return 1;break;
            case 1:return 2;break;
            case 2:return 3;break;
            case 3:return 4;break;
            case 4:return 5;break;
            case 5:return 6;break;
            case 6:return 7;break;
            case 7:return 8;break;
            case 8:return 9;break;
            case 9:return CLR_num;break;   // * 号
            case 10:return 0;break;
            case 11:return Comp;break;     //#号
            default:return NUL;break;
    }
}
```

```
uchar Get_key(void)
{
    uchar i,j,k;
    for(i=0;i<=4;i++)
    {
        PORTA=Line[i];
        k=PINA&0xf0;
        for(j=0;j<=3;j++)
        {
            if(k==Row[j])
            {
                k=i*3+j;
                i=0x05;
                break;
            }
        }
    }
    Buzzer(60);
    return(k);
}
void stepper_fw(unsigned intstep)              //步进电机前进
{
    unsigned inti;
    for(i=0;i<step;i++)
    {
        PORTB=Stepfw[i%4];
        delay_ms(3);
    }
    PORTB=0xA0;
}
void stepper_bk(unsigned intstep)              //步进电机后退
{
    unsigned inti;
    for(i=0;i<step;i++)
    {
        PORTB=Stepbk[i%4];
        delay_ms(3);
    }
    PORTB=0x00;
}
#pragma interrupt_handler timer0_co:20
void timer0_co(void)
{
    TCNT0=0;
    if(Cnt++==400)
    {
        Cnt=0;
        if(flag==PASS || flag==END)
        {
            second++;
            if(flag==PASS)
            {
                if(second>=4)
                {
                    if(dooropen==0)
                    {
```

```
                          flag=RES;
                          second=0;
                          stepperflag=-1;
                        }
                    }
                }
            else
                {
                  if(second>=6)
                    {
                    second=0;
                    flag=NORM;
                    }
                }
            }
        }
    if(flag==RES‖flag==NORM)
    display(NUM);
    elsedisplay(flag);
}
#pragma interrupt_handler INT0_ISR:2
void INT0_ISR(void)
{
    second=0;
    stepperflag=-1;
    flag=RES;
    GICR&=~(1<<INT0);
}
#pragma interrupt_handler INT1_ISR:3
void INT1_ISR(void)
{
    flag=CHPS;
}
void Change_Password(void)
{
    unsigned char i;
    for(i=0;i<4;i++)
    {
        Password_temp[i]=Password_input[i];            //更改密码
        EEPROM_write(i,Password_temp[i]);              //新密码写入 EEPROM
    }
    for(i=0;i<4;i++)
    {
        temp<<=4;
        temp |=Password_temp[i]&0x0f;                  //新密码合成到 temp
        Password_input[i]=0;
    }
}
void display(uchar type)
{
    uchar * buffer;
    if(type!=NUM)
    {
        if(type==PASS)
        buffer=PASS_Buffer;
```

```
            else if(type==END)
            buffer=ENDPASS_Buffer;
            else if(type==CHPS)
            buffer=Change_Buffer;
            PORTD=0xff;
            PORTC= *(buffer+dispN);
            PORTD=LED_bit[dispN];
            dispN++;
            if(dispN>=4)dispN=0;
        }
        else if(type==NUM)
        {
            buffer=DISP_buffer;
            PORTD=0xff;
            PORTC=LED_seg[ *(buffer+dispN)];
            PORTD=LED_bit[dispN];
            dispN++;
            if(dispN>=4)dispN=0;
        }
    }
    void Buzzer(unsigned char n)
    {
        unsigned char Temp;
        for(Temp=n;n>0;n--)                  //控制蜂鸣器声音长短
        {
            spk_ON;                          //蜂鸣器输出'1'
            delay(1176);                     //延时1.25ms(约850Hz)
            spk_OFF;                         //蜂鸣器输出'0'
            delay(1176);                     //延时1.25ms(约850Hz)
        }
    }
    void delay(unsigned int t)               //延时时间 T=7 * tμs
    {
        t=t/7-1;                             //t=t/7-1,T 用 t 迭代
        while(t!=0)t--;
    }
    void EEPROM_write(unsigned int uiAddress,unsigned char ucData)
    {/ * 源代码同上一项目 */}
    unsigned char EEPROM_read(unsigned intuiAddress)
    {/ * 源代码同上一项目 */}
```

5. 调试分析

确保 K1 闭合，数码管显示"————"，提示等待输入密码，输入密码后按"#"确认，若密码正确，显示"PASS"，亮绿灯，电机正转，继电器吸合，断开 K1 开关模拟开门动作，再闭合 K1 模拟关门，此时电机反转，绿灯熄灭，继电器断开，若 4 秒钟内无推门操作，会自动触发断开和闭合 K1 的相关动作。闭合 K2，开关进入密码修改模式，显示"Chp1"，按数字键盘输入有效密码后，按"#"确认，新密码会被写入 EEPROM 保存，下次开门须输入新密码。

调试时，如忘记密码可以按下暂停键，查看 CPU 的 EEPROM 或 Data 存储器内容，也可以打开".mp"格式映像文件，找到相关数组、变量在 RAM 的映像物理地址，查看其内容，如图 13-3 所示，保存在 Password_temp[]中的新密码为 8796。应说明的是对 EEPROM 的读写操作的源代码与上一项目相同，此处略。

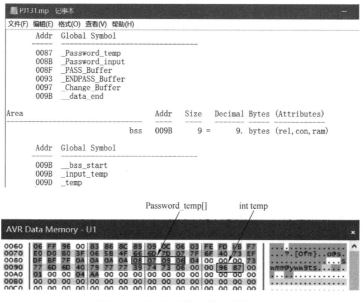

图 13-3 通过映像文件查找信息

【知识链接】

任务 13.1 步进电机

13.1.1 工作原理

与直流电机一样，步进电机也是机电执行部件，在工业控制中广泛应用。与直流电机连续旋转不同，步进电机以离散"步进"或"增量"方式运动，如图 13-4 所示，它是一种同步无刷电机，由转子、定子、线圈等组成。转子为永磁齿状结构，定子上绕独立线圈。步进电机可分为可变磁阻、永磁和混合式三种类型。一种可变磁阻式步进电机结构如图 13-5 (a) 所示，工作时，步进电机定子线圈通电产生电磁场，顺序地使转子极化和去极化，从而使转子旋转一个角度，转动角度取决于定子磁极和转子齿数。

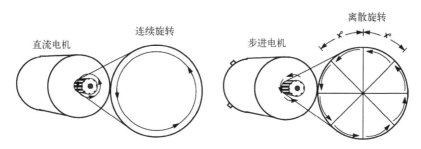

图 13-4 直流电机和步进电机的运动方式比较

步进电机有单拍、双拍、单双拍混合三种驱动方式。以单拍为例，当如图 13-5 (b) 所示线圈按 A-B-C-D 顺序通电时，电机正转，而当按 D-C-B-A 顺序通电时，电机反转。通过改变施加到线圈的数字脉冲之间的时间延迟（频率）可以控制步进电机的旋转速度，延迟越长，旋转速度越慢，反之越快。

由于步进电机的运动是离散步进运动，所以很容易实现一次有限旋转，例如，控制步进电机步进200步，步进角为1.8°，运动完成正好转动360°。数量更多的转子齿或定子线圈磁极将可以产生更精细的步进角，现代多极多齿步进电机的步进角精度小于0.9°，主要用于高精度定位系统，如打印机、绘图仪或机器人等应用。此外，通过电机线圈的不同驱动方式可以实现全角度、半角度和细分微步角控制。

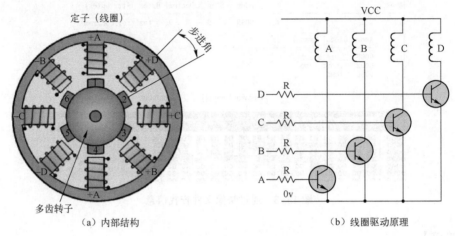

（a）内部结构　　　　　　　　　　　（b）线圈驱动原理

图13-5　步进电机结构及驱动原理

13.1.2　主要参数

步进电机主要参数如下：

（1）相数（No. of Phase）：指步进电机内部线圈组数，常见的有两相、三相、五相步进电机。

（2）拍数（Exciting Method）：完成一个磁场周期性变化所需脉冲数或导电状态数，也可指电机转动一个齿距角所需脉冲数。

（3）保持转矩（Holding Torque）：电机通电，但没有转动时，定子锁住转子的力矩。

（4）步进角（Step Angle）：对应一个脉冲信号，转子转动的角位移。

（5）定位转矩（Detent Torque）：电机在不通电状态下，转子自身的锁定力矩。

（6）牵出力矩（Pull-out Torque）：步进电机在恒速下能够产生的最大力矩。

（7）牵入力矩（Pull-in Torque）：须克服转子惯量的加速转矩，以及加速时固定连接的外接负载和各种摩擦产生的转矩。因此，牵入力矩通常小于牵出力矩。

（8）脉冲速率（Pulse Per Second）：每秒施加到电机绕组上的脉冲数量（PPS），等于电机步进速率。

（9）空载启动频率（Max Starting Pulse Rate）：空载时能正常启动的脉冲频率，如果脉冲频率高于该值，电机无法正常启动，可能会发生失步或堵转。在带负载情况下启动频率应该更低，而后可以逐渐增加电机转速。电机转矩会随电机转速升高而降低。

13.1.3　应用

表13-2是国内某厂生产的几款典型步进电机的特性参数表。35BY48B04步进电机作为执行部件在电动门锁、打印机、电磁阀等中较为常用，其电气原理如图13-6所示，该步进电机为四相五线结构，步进角为7.5°，工作电压为12V，每相电流为0.24A，启动频率不大

于450PPS，运行频率不大于550PPS。

表13-2　典型步进电机特性参数

序号	型号	步进角（°）	相数	电压（V）	电流/相（A）	保持转矩（g. cm）	定位转矩（g. cm）	转动惯量（g. cm²）	重量（g）
1	20BY20H04	18	4	4.5	0.12	30	15	0.4	30
2	28BY48H01	7.5	2	12	0.133	198	10	2.2	60
3	35BY48B01	7.5	4	5	0.5	250	80	5.6	70
4	35BY48B04	7.5	4	12	0.24	300	80	5.6	70
5	35BYGH317	1.8	2	12	0.2	800	180	10	140
6	35BYGM326	0.9	2	12	0.24	1000	180	10	140
7	55BY48B01	7.5	4	12	1.2	1600	300	26	280
8	55BY48B03	7.5	2	6.75	1	1800	220	26	280

　　35BY48B04采用双四拍驱动方式，每次两组线圈通电，驱动控制逻辑如表13-3所示。电机驱动芯片使用ULN2003A芯片，其内置7通道达林顿反向驱动电路，采用集电极开路结构，内部结构如图13-7所示。

表13-3　双四拍驱动控制逻辑表

序号	引脚				
	A（棕）	B（黄）	/A（红）	/B（绿）	COM
1	1	1	0	0	接正电源
2	0	1	1	0	
3	0	0	1	1	
4	1	0	0	1	

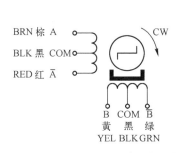

图13-6　35BY48B04电气原理图

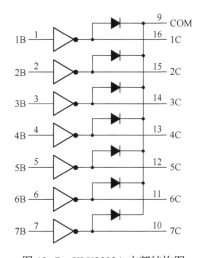

图13-7　ULN2003A内部结构图

【项目拓展】

　　本例实现的是最简单的数字密码锁，实际中的数字密码锁功能更多、更安全、技术更先进，比如应用了 RFID 射频识别技术、人工智能技术等。如图 13-8 所示为一种数字密码锁功能拓展结构，密码输入部分和电子锁分离，各自以一块 CPU 控制，二者使用串口通信，CPU1 负责键盘扫描、RFID 射频识别、段式液晶显示等，CPU2 负责密码识别、ID 匹配、锁控制等。CPU1 采用 ATmega8 单片机，CPU2 采用 ATmega162 双串口单片机。CPU2 的串口 1 用于与 CPU1 通信，串口 2 用于接虚拟调试终端，也可以与串口调试软件通信。

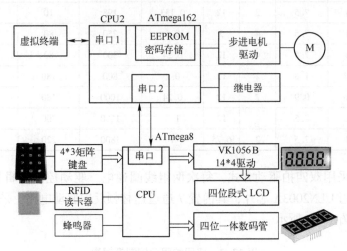

图 13-8　数字密码锁功能拓展结构

任务 13.2　段式液晶显示器

13.2.1　段式液晶显示器工作原理

段式液晶显示器（简称段式液晶）包含可以显示数字、图案等信息，显示数字时与数码管类似，由 7 段"笔画"组成"8"字形显示。液晶屏幕是依靠电场驱动的被动发光元器件，其本身不消耗电流，功耗极低，但应外置背光源以便在周围亮度不足时也能看清液晶显示内容。段式液晶结构简单、价格低廉、使用方便、显示信息丰富，在计算器、电子表、数字仪表中有广泛使用。

段式液晶工作原理同字符、点阵式液晶工作原理一样，其含有三个参数：工作电压、Duty（对应 COM 数）、BIAS（偏压，对应阈值），比如一个段式液晶的上述三参数分别为5V、1/4Duty、1/3BIAS，表示其工作电压为 5V，有 4 个 COM，阈值大约为 5/3V（约1.67V）。显示时，为保证效果，通常使液晶显示段电极两端所加电压差接近工作电压，而不显示段电极两端所加电压差接近 0V。驱动液晶显示时应采用交流信号，如果加直流偏置电压会使显示模糊，且影响使用寿命。

综上，若要点亮某段，如图 13-9 的 1A 段，应给其两端加的电压差为 5V（COM1 = 5V，1A = 0V），并且间隔合适的时间，将此电压反转输出（COM1 = 0V，1A = 5V），这样 1A 段两端加载的是电压差为 5V 的交变信号。反之，若不点亮 1A 段，应使 COM1 = 1A = 5V，保证其两端电压差为 0V，间隔合适的时间后将这两极电压反转，即 COM1 = 1A = 0V。

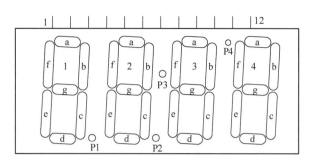

引脚	1	2	3	4	5	6	7	8	9	10	11	12
段映射	COM1				1A	1B	1F	1G	1C	1E	1D	P1
		COM2			2A	2B	2F	2G	2C	2E	2D	P2
			COM3		3A	3B	3F	3G	3C	3E	3D	P3
				COM4	4A	4B	4F	4G	4C	4E	4D	P4

图 13-9　某型段式液晶模组工作原理图

13.2.2　段式液晶显示驱动

1. 驱动原理

由以上分析可知，对于图 13-9 而言，只要按图所示配置模组引脚与段映射关系，即可控制这 32 个段亮灭，显示数字符号。由于液晶显示的两个重要特征是压差、反转刷新，虽然使用单片机 I/O 口也能驱动其显示，但是这会极大降低 CPU 的工作效率，因此实际中一般使用专门的段式液晶驱动芯片，这些芯片已将段与数据 RAM 做好映射，只要将要显示的数据编码发送到驱动芯片的数据 RAM，驱动芯片即可自动控制其所映射的段显示。常见的段式液晶驱动芯片有 HT1621、VK1056B、TM1722 等。

2. VK1056B 驱动芯片

VK1056B 是一个可控制 14×4 段式液晶的驱动芯片，有 14 个段引脚（SEG），4 个公共位引脚（COM），可以驱动不超过 56 个段的液晶模组，其主要特性参数如下：

- 工作电源：2.4～5.5V。
- 内置 256KB 振荡器。
- BIAS 偏压：1/2 或 1/3（可选）。
- Duty：1/2、1/3 或 1/4（可选）。
- 内置 32×4bit 显示存储。
- 内置三线串口。
- 采用 24 脚 SOP 封装。

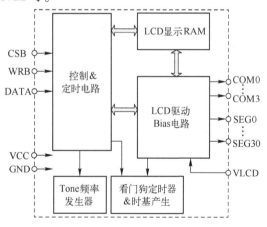

图 13-10　VK1056B 内部结构

VK1056B 内部结构如图 13-10 所示，应用原理图如图 13-11 所示，段与数据 RAM 映射关系如图 13-12 所示，主要命令如表 13-4 所示。

表 13-4　VK1056B 主要命令

命　令	ID	命　令　码	D/C	功　能	备注
读	110	A5A4A3A2A1A0D0D1D2D3	D	从 RAM 读数据	
写	101	A5A4A3A2A1A0D0D1D2D3	D	写数据到 RAM	

命　　　令	ID	命　令　码	D/C	功　　能	备注
读改写	101	A5A4A3A2A1A0D0D1D2D3	D	读改写 RAM	
DIS 开关	100	0000-0000-X	C	关闭系统	
振荡器开关	100	0000-0001-X	C	关闭振荡器	
选择 32kHz 时钟源	100	0001-01XX-X	C	选择内部 32kHz 时钟源	
选择 256kHz 时钟源	100	0001-11XX-X	C	选择内部 256kHz 时钟源	上电默认
选择外部时钟	100	0001-11XX-X	C	选择外部 256kHz 时钟源	
LCDOFF	100	0000-0010-X	C	关闭 BIAS	上电默认
LCDON	100	0000-0011-X	C	打开 BIAS	
BIAS1/2	100	0000-abX0-X	C	选择 1/2BIAS	
BISA1/3	100	0000-abX1-X	C	选择 1/3BIAS	

说明：X 表示无关位；A5~A0 为地址位；D0~D3 为数据位；D 表示数据，C 表示命令。
　　　ab 取值可为 00（1/2Duty）、01（1/3Duty）、10（1/4Duty）

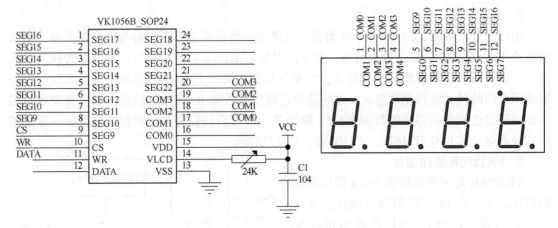

图 13-11　VK1056B 应用原理图

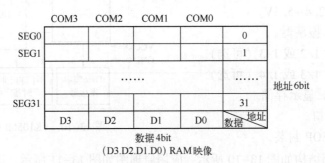

图 13-12　段与数据 RAM 映射关系

任务 13.3　射频识别

射频识别（Radio Frequency Identification，RFID）是一种无线通信技术，可以通过无线电信号识别特定目标并读写相关数据，而不需要识别系统与特定目标之间建立机械或者光学接触关系。识别过程中，将无线电信号进行调制，以携带附着在物品上的标签中所含的数据。某些标签在识别时从识别器发出的电磁场中就可以得到能量，并不需要自配电源；也有标签本身拥有电源，并可以主动发出（已调制的）无线电信号。标签包含的电子存储信息，在数米之内都可以被识别，如图 13-13 所示。

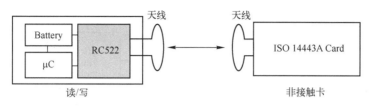

图 13-13　识别操作

13.3.1　MFRC522 识别芯片

MFRC522 是采用 13.56MHz 工作频率的非接触式识别芯片，其特点是低电压、低成本、体积小。MFRC522 采用了先进的调制和解调概念，完全集成了在 13.56MHz 工作频率下几乎所有类型的被动非接触式通信方式和协议，支持 ISO/IEC 14443A 兼容应答器信号标准，其内部结构如图 13-14 所示。MFRC522 的数字信号处理部分可进行完整的 ISO/IEC 14443A 帧和错误检测（奇偶校验和 CRC），接收器部分可提供强大而有效的用于符合 ISO/IEC 14443A/MIFARE 标准的信号的解调功能。MFRC522 可用于与支持 ISO/IEC 14443A/MIFARE 标准的设备进行通信，支持非接触式 MIFARE 通信，双向传输速度最高可达 848kbps，与主机的通信可以通过 SPI、UART、I^2C 实现。其主要特性如下：

- 具有高度集成的模拟电路，用于解调和解码响应。
- 具有缓冲输出驱动器，用于连接天线的最小数量外部组件。
- 支持 ISO/IEC14443A/MIFARE 标准。
- 读/写模式下的最大工作距离为 50mm，具体取决于天线尺寸和调谐情况。
- 支持读/写模式下的 MF1xxS20，MF1xxS70 和 MF1xxS50 加密。
- 支持 ISO/IEC14443 及更高标准要求的通信传输速度，最高可达 848kbps。
- 支持 MFIN/MFOUT。
- 支持主机接口。
- SPI 最高可达 10Mbps。
- 在快速模式下，与 I^2C 总线接口的通信速率最高可达 400kbps，在高速模式下最高可达 3400kbps。
- 具有 RS-232 串行 UART，通信速率最高可达 1228.8kbps，电压电平取决于引脚供电。
- FIFO 缓冲区可以处理 64 字节数据的发送和接收。
- 具有灵活的中断模式。
- 具有低功耗功能的硬复位功能。
- 可通过软件模式关闭电源。
- 具有可编程定时器。
- 内置石英振荡器。
- 供电电源电压范围：2.5~3.3V。
- 具有 CRC 协处理器。

- 具有可编程 I/O 引脚。
- 可内部自检。

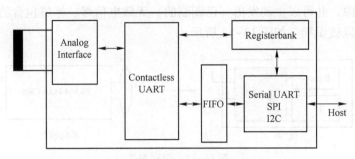

图 13-14 MFRC522 内部结构

表 13-5 为 MFRC522 寄存器概况，详细情况请参阅相关文献。

表 13-5 MFRC522 寄存器概况

地址	寄存器名	寄存器功能
命令和状态		
00H	（Reserved）	保留
01H	CommandReg	开关机及命令执行
02H	ComIEnReg	启用和禁用中断请求控制位
03H	DivIEnReg	启用和禁用中断请求控制位
04H	ComIrqReg	中断请求位
05H	DivIrqReg	中断请求位
06H	ErrorReg	错误位，显示最后执行的命令的错误状态
07H	Status1Reg	通信状态位
08H	Status2Reg	接收器和发送器状态位
09H	FIFODataReg	输入和输出 64 字节 FIFO 缓冲区
0AH	FIFOLevelReg	存储在 FIFO 缓冲区中的字节数
0BH	WaterLevelReg	FIFO 下溢和溢出警告的级别
0CH	ControlReg	混合控制寄存器
0DH	BitFramingReg	面向比特的帧的调整
0EH	CollReg	在 RF 接口检测到的第一个位冲突的位置
0FH	（Reserved）	保留
命令寄存器		
10H	（Reserved）	保留
11H	ModeReg	定义发送和接收的一般模式
12H	TxModeReg	定义发送数据速率和帧
13H	RxModeReg	定义接收数据速率和帧
14H	TxControlReg	控制天线驱动器引脚 TX1 和 TX2 的逻辑行为
15H	TxASKReg	控制发送调制设置
16H	TxSelReg	选择内部天线驱动器

地址	寄存器名	寄存器功能
命令寄存器		
17H	RxSelReg	选择内部接收器设置
18H	RxThresholdReg	选择比特解码器阈值
19H	DemodReg	定义解调器设置
1AH	（Reserved）	保留
1BH	（Reserved）	保留
1CH	MfTxReg	控制 MIFARE 通信发送参数
1DH	MfRxReg	控制 MIFARE 通信接收参数
1EH	（Reserved）	保留
1FH	SerialSpeedReg	选择串行 UART 接口速度
配置寄存器		
20H	（Reserved）	保留
21H	CRCResultReg	显示 CRC 计算的 MSB 和 LSB 值
22H	CRCResultReg	显示 CRC 计算的 MSB 和 LSB 值
23H	（Reserved）	保留
24H	ModWidthReg	控制 ModWidth 设置
25H	（Reserved）	保留
26H	RFCfgReg	配置接收器增益
27H	GsNReg	选择天线驱动器引脚 TX1 和 TX2 的调制电导
28H	CWGsPReg	在无调制期间定义 p 驱动器输出的电导
29H	ModGsPReg	在调制期间定义 p 驱动器输出的电导
2AH	TModeReg	定义内部定时器设置
2BH	TPrescalerReg	定义内部定时器设置
2CH	TReloadReg	定义 16 位定时器重载值
2DH	TReloadReg	定义 16 位定时器重载值
2EH	TCounterValReg	显示 16 位定时器值
2FH	TCounterValReg	显示 16 位定时器值
测试寄存器		
30H	（Reserved）	保留
31H	TestSel1Reg	一般测试信号配置
32H	TestSel2Reg	一般测试信号配置和 PRBS 控制
33H	TestPinEnReg	在引脚 D1 至 D7 上使能引脚输出驱动器
34H	TestPinValueReg	当作为 I/O 总线时，定义 D1 到 D7 的值
35H	TestBusReg	显示内部测试总线的状态
36H	AutoTestReg	控制数字自检
37H	VersionReg	显示软件版本
38H	AnalogTestReg	控制引脚 AUX1 和 AUX2

地址	寄 存 器 名	寄存器功能
测试寄存器		
39H	TestDAC1Reg	定义 TestDAC1 的测试值
3AH	TestDAC2Reg	定义 TestDAC2 的测试值
3BH	TestADCReg	显示 ADCI 和 Q 通道的值
3CH~3FH	（Reserved）	用于生产测试

其中 CommandReg 的功能、命令如表 13-6 所示，寄存器结构如下所示：

Bit	7	6	5	4	3	2	1	0
符号	（Reserved）		RcvOff	PowerDown	Command[3:0]			
属性	保留	保留	接收关闭（1 使能）	关机（1 使能）				

表 13-6 CommandReg 的功能、命令

命 令	功 能	编码	描 述
Idle	启动闲置模式	0000	闲置模式，处理器休眠
Mem	存储	0001	存储 25 字节数据到内部 Buffer
GenerateRandomID	生成随机 ID 码	0010	产生一个 10 字节随机 ID 数
CalcCRC	计算 CRC	0011	激活 CRC 协处理器或执行自测试
Transmit	发射	0100	发射 FIFO Buffer 中数据
NoCmdChange		0111	无操作命令，可用于修改命令寄存器位，不影响命令
Receive	接收	1000	激活接收电路
Transceive	收发	1100	从 FIFO Buffer 发送数据到天线后自动激活接收器
		1101	保留
MFAuthent	MF 认证	1110	读卡器执行 MIFARE 标准认证
SoftReset	软件复位	1111	MFRC522 复位

13.3.2 RFID 识别模块

一种采用 MFRC522 芯片的 RFID 识别模块如图 13-15 所示，该模块还集成了 PCB 天线，采用 SPI 接口与主机进行通信，供电电压为 3.3V，可被方便地嵌入产品中。

图 13-15 RFID 识别模块

附　录

附录A　AVR单片机汇编指令简表

指令	操作数	描述	操作	影响标志位	机器周期
算术及逻辑运算指令					
ADD	Rd,Rr	寄存器加	Rd← Rd + Rr	Z,C,N,V,H	1
ADC	Rd,Rr	带进位寄存器加	Rd← Rd + Rr + C	Z,C,N,V,H	1
ADIW	Rdl,K	16 位寄存器加立即数	Rdh:Rdl ← Rdh:Rdl + K	Z,C,N,V,S	2
SUB	Rd,Rr	寄存器减	Rd← Rd − Rr	Z,C,N,V,H	1
SUBI	Rd, K	寄存器减立即数	Rd← Rd − K	Z,C,N,V,H	1
SBC	Rd,Rr	带进位的寄存器减	Rd← Rd − Rr − C	Z,C,N,V,H	1
SBCI	Rd, K	带进位的立即数减	Rd← Rd − K − C	Z,C,N,V,H	1
SBIW	Rdl,K	16 位寄存器减立即数	Rdh:Rdl ← Rdh:Rdl − K	Z,C,N,V,S	2
AND	Rd,Rr	逻辑与	Rd← Rd · Rr	Z,N,V	1
ANDI	Rd, K	寄存器与立即数逻辑与	Rd← Rd · K	Z,N,V	1
OR	Rd,Rr	寄存器逻辑或	Rd← Rd v Rr	Z,N,V	1
ORI	Rd, K	寄存器与立即数逻辑或	Rd← Rd v K	Z,N,V	1
EOR	Rd,Rr	寄存器逻辑异或	Rd← Rd ⊕ Rr	Z,N,V	1
COM	Rd	求补码	Rd← $FF − Rd	Z,C,N,V	1
NEG	Rd	求负数	Rd← $00 − Rd	Z,C,N,V,H	1
SBR	Rd,K	寄存器 Bit(s)位置位	Rd← Rd v K	Z,N,V	1
CBR	Rd,K	寄存器 Bit(s)位清零	Rd← Rd · ($FF − K)	Z,N,V	1
INC	Rd	自增	Rd← Rd + 1	Z,N,V	1
DEC	Rd	自减	Rd← Rd − 1	Z,N,V	1
TST	Rd	测试零或负数	Rd← Rd · Rd	Z,N,V	1
CLR	Rd	寄存器清零	Rd← Rd ⊕ Rd	Z,N,V	1
SER	Rd	寄存器置1	Rd← $FF	−	1
MUL	Rd,Rr	无符号数乘	R1:R0← Rd x Rr	Z,C	2
MULS	Rd,Rr	有符号数乘	R1:R0← Rd x Rr	Z,C	2
MULSU	Rd,Rr	有符号数与无符号数乘	R1:R0← Rd x Rr	Z,C	2
FMUL	Rd,Rr	无符号小数乘	R1:R0← (Rd x Rr) << 1	Z,C	2
FMULS	Rd,Rr	有符号小数乘	R1:R0← (Rd x Rr) << 1	Z,C	2
FMULSU	Rd,Rr	有符号与无符号小数乘	R1:R0← (Rd x Rr) << 1	Z,C	2
分支转移指令					
RJMP	k	相对跳转	PC← PC + k + 1	−	2
IJMP		间接跳转到 (Z)	PC← Z	−	2
JMP	k	直接跳转	PC← k	−	3
RCALL	k	相对子程序调用	PC← PC + k + 1	−	3
ICALL		(Z)间接子程序调用	PC← Z	−	3

指令	操作数	描述	操作	影响标志位	机器周期
分支转移指令					
CALL	k	直接子程序调用	PC← k	–	4
RET		子程序返回	PC← STACK	–	4
RETI		中断返回	PC← STACK	I	4
CPSE	Rd,Rr	比较相等转移	if (Rd =Rr) PC← PC + 2 or 3	–	1 / 2 / 3
CP	Rd,Rr	比较	Rd – Rr	Z, N,V,C,H	1
CPC	Rd,Rr	带进位比较	Rd – Rr – C	Z, N,V,C,H	1
CPI	Rd,K	寄存器与立即数比较	Rd – K	Z, N,V,C,H	1
SBRC	Rr, b	判断位为 0 跳转	if (Rr(b)= 0) PC← PC + 2 or 3	–	1 / 2 / 3
SBRS	Rr, b	判断位为 1 跳转	if (Rr(b)= 1) PC← PC + 2 or 3	–	1 / 2 / 3
SBIC	P, b	I/O 位为 0 跳转	if (P(b)= 0) PC← PC + 2 or 3	–	1 / 2 / 3
SBIS	P, b	I/O 位为 1 跳转	if (P(b)= 1) PC← PC + 2 or 3	–	1 / 2 / 3
BRBS	s, k	SREG(s)位 =1 转移	if (SREG(s) = 1) thenPC←PC+k + 1	–	1 / 2
BRBC	s, k	SREG(s)位 =0 转移	if (SREG(s) = 0) thenPC←PC+k + 1	–	1 / 2
BREQ	k	相等转移	if (Z = 1) then PC← PC + k + 1	–	1 / 2
BRNE	k	不相等转移	if (Z = 0) then PC← PC + k + 1	–	1 / 2
BRCS	k	C 为 1 转移	if (C = 1) then PC← PC + k + 1	–	1 / 2
BRCC	k	C 为 0 转移	if (C = 0) then PC← PC + k + 1	–	1 / 2
BRSH	k	等于大于转移	if (C = 0) then PC← PC + k + 1	–	1 / 2
BRLO	k	小于转移	if (C = 1) then PC← PC + k + 1	–	1 / 2
BRMI	k	负数转移	if (N = 1) then PC← PC + k + 1	–	1 / 2
BRPL	k	正数转移	if (N = 0) then PC← PC + k + 1	–	1 / 2
BRGE	k	有符号数大于等于转移	if (N $\oplus$ V= 0) then PC← PC + k + 1	–	1 / 2
BRLT	k	有符号数小于零转移	if (N $\oplus$ V= 1) then PC← PC + k + 1	–	1 / 2
BRHS	k	半进位位 =1 转移	if (H = 1) then PC← PC + k + 1	–	1 / 2
BRHC	k	半进位位 =0 转移	if (H = 0) then PC← PC + k + 1	–	1 / 2
BRTS	k	T 标志位 =1 转移	if (T = 1) then PC← PC + k + 1	–	1 / 2
BRTC	k	T 标志位 =0 转移	if (T = 0) then PC← PC + k + 1	–	1 / 2

指令	操作数	描述	操作	影响标志位	机器周期
分支转移指令					
BRVS	k	溢出位＝1 转移	if（V＝1） then PC← PC + k + 1	–	1／2
BRVC	k	溢出位＝0 转移	if（V＝0） then PC← PC + k + 1	–	1／2
BRIE	k	中断使能位 I＝1 转移	if（I＝1） then PC← PC + k + 1	–	1／2
BRID	k	中断使能位 I＝0 转移	if（I＝0） then PC← PC + k + 1	–	1／2
数据传输指令					
MOV	Rd,Rr	字节移动	Rd← Rr	–	1
MOVW	Rd,Rr	字移动	Rd+1:Rd← Rr+1:Rr	–	1
LDI	Rd, K	立即数加载	Rd← K	–	1
LD	Rd, X	间接加载	Rd←（X）	–	2
LD	Rd, X+	间接加载,且地址增1	Rd←（X）, X ← X + 1	–	2
LD	Rd, – X	间接加载,且地址减1	X← X – 1, Rd ←（X）	–	2
LD	Rd, Y	间接加载	Rd←（Y）	–	2
LD	Rd, Y+	间接加载,且地址增1	Rd←（Y）, Y ← Y + 1	–	2
LD	Rd, – Y	间接加载,且地址减1	Y← Y – 1, Rd ←（Y）	–	2
LDD	Rd,Y+q	带偏移量的间接地址加载	Rd←（Y + q）	–	2
LD	Rd, Z	间接加载	Rd←（Z）	–	2
LD	Rd, Z+	间接加载,且地址增1	Rd←（Z）, Z ← Z+1	–	2
LD	Rd, –Z	间接加载,且地址减1	Z← Z – 1, Rd ←（Z）	–	2
LDD	Rd,Z+q	带偏移量的间接地址加载	Rd←（Z + q）	–	2
LDS	Rd, k	SRAM 直接加载	Rd←（k）	–	2
ST	X,Rr	间接存储	（X）← Rr	–	2
ST	X+,Rr	间接存储,且地址增1	（X）← Rr, X ← X + 1	–	2
ST	– X,Rr	间接存储,且地址减1	X← X – 1,（X）← Rr	–	2
ST	Y,Rr	间接存储	（Y）← Rr	–	2
ST	Y+,Rr	间接存储,且地址增1	（Y）← Rr, Y ← Y + 1	–	2
ST	– Y,Rr	间接存储,且地址减1	Y← Y – 1,（Y）← Rr	–	2
STD	Y+q,Rr	带偏移量的间接存储	（Y + q）← Rr	–	2
ST	Z,Rr	间接存储	（Z）← Rr	–	2
ST	Z+,Rr	间接存储,且地址增1	（Z）← Rr, Z ← Z + 1	–	2
ST	–Z,Rr	间接存储,且地址减1	Z← Z – 1,（Z）← Rr	–	2
STD	Z+q,Rr	带偏移量的间接存储	（Z + q）← Rr	–	2
STS	k,Rr	SRAM 直接存储	（k）← Rr	–	2
LPM		ROM 加载	R0←（Z）		3
LPM	Rd, Z	ROM 加载	Rd←（Z）	–	3
LPM	Rd, Z+	ROM 加载,源地址增	Rd←（Z）, Z ← Z+1	–	3
SPM		ROM 存储	（Z）← R1:R0	–	–

指令	操作数	描述	操作	影响标志位	机器周期
		数据传输指令			
IN	Rd, P	I/O 口读	Rd← P	–	1
OUT	P,Rr	I/O 口写	P← Rr	–	1
PUSH	Rr	入栈	STACK← Rr	–	2
POP	Rd	出栈	Rd← STACK	–	2
SBI	P,b	I/O 口置位	I/O(P,b) ← 1	–	2
CBI	P,b	I/O 口清零	I/O(P,b) ← 0	–	2
LSL	Rd	逻辑左移	Rd(n+1)← Rd(n), Rd(0)← 0	Z,C,N,V	1
LSR	Rd	逻辑右移	Rd(n)← Rd(n+1), Rd(7)← 0	Z,C,N,V	1
ROL	Rd	带进位位 C 的循环左移	Rd(0)←C,Rd(n+1)← Rd(n), C←Rd(7)	Z,C,N,V	1
ROR	Rd	带进位位 C 的循环左移	Rd(7)←C,Rd(n)← Rd(n+1), C←Rd(0)	Z,C,N,V	1
ASR	Rd	算术右移	Rd(n)← Rd(n+1), n=0..6	Z,C,N,V	1
SWAP	Rd	半字节交换	Rd(3..0)←Rd(7..4), Rd(7..4)←Rd(3..0)	–	1
BSET	s	标志位置 1	SREG(s)← 1	SREG(s)	1
		位操作指令			
BCLR	s	标志位置 0	SREG(s)← 0	SREG(s)	1
BST	Rr, b	Rr(b)位复制到 T	T← Rr(b)	T	1
BLD	Rd, b	T 复制到 Rr(b)位	Rd(b)← T	–	1
SEC		进位位 C 置 1	C← 1	C	1
CLC		进位位 C 置 0	C← 0	C	1
SEN		N 置 1	N← 1	N	1
CLN		N 置 0	N← 0	N	1
SEZ		Z 置 1	Z← 1	Z	1
CLZ		Z 置 0	Z← 0	Z	1
SEI		全局中断使能	I← 1	I	1
CLI		全局中断禁止	I← 0	I	1
SES		S 置 1	S← 1	S	1
CLS		S 置 0	S← 0	S	1
SEV		V 置 1	V← 1	V	1
CLV		V 置 0	V← 0	V	1
SET		T 置 1	T← 1	T	1
CLT		T 置 0	T← 0	T	1
SEH		H 置 1	H← 1	H	1
CLH		H 置 0	H← 0	H	1
		控制指令			
NOP		空操作		–	1
SLEEP		休眠模式	参考相关资料	–	1
WDR		看门狗复位	参考相关资料	–	1
BREAK		中断操作	调试时使用	–	N/A

附录 B AVR 单片机（8bit）选型表

型号	FLASH (KB)	SRAM (KB)	EEPROM (KB)	引脚数	Fosc (MHz)	内置振荡器	比较器	ADC	DAC	DAC (Bits)	定时器 (8bit)	定时器 (16bit)	PWM	UART	SPI	I2C	USB	CRC	CLC/ CCL	触屏	VCC (V)
ATtiny10	1	32B	0	6	12	Yes	0	4	0	0	0	1	2	0	0	0	0	No	0	1	1.8-5.5
ATtiny102	1	32B	0	8	12	Yes	0	5	0	0	0	1	2	1	0	0	0	No	0	0	1.8-5.5
ATtiny13A	1	64B	64B	8	20	Yes	1	4	0	0	1	0	2	0	0	0	0	No	0	0	1.8-5.5
ATtiny202	2	0.1	64B	8	20	20M/32kHz	1	12	0	0	0	2	0	0	1	1	0	Yes	1	9	1.8-5.5
ATtiny212	2	0.1	64B	8	20	20M/32kHz	1	12	1	8	1	2	0	1	1	1	0	Yes	1	9	1.8-5.5
ATtiny402	4	0.2	0.1	8	20	20M/32kHz	1	12	0	0	0	2	0	1	1	1	0	Yes	1	9	1.8-5.5
ATtiny412	4	0.2	0.1	8	20	20M/32kHz	1	12	1	8	1	2	0	1	1	1	0	Yes	1	9	1.8-5.5
ATtiny104	1	32B	0	14	12	Yes	0	8	0	0	0	1	2	1	0	0	0	No	0	0	1.8-5.5
ATtiny1614	16	2	0.2	14	20	20M/32kHz	3	10	3	8	1	3	8	1	1	1	0	Yes	1	6	1.8-5.5
ATtiny20	2	0.1	0	14	12	Yes	1	8	0	0	1	1	3	0	1	1	0	No	0	5	1.8-5.5
ATtiny204	2	0.1	64B	14	20	20M/32kHz	1	12	0	0	0	2	0	1	1	1	0	Yes	1	9	1.8-5.5
ATtiny214	2	0.1	64B	14	20	20M/32kHz	1	12	1	8	1	2	0	1	1	1	0	Yes	1	9	1.8-5.5
ATtiny24A	2	0.1	0.1	14	20	20M/32kHz	1	8	0	0	1	1	4	0	1	1	0	No	0	4	1.8-5.5
ATtiny404	4	0.2	0.1	14	20	20M/32kHz	1	12	0	0	0	2	0	1	1	1	0	Yes	1	9	1.8-5.5
ATtiny414	4	0.2	0.1	14	20	20M/32kHz	1	12	1	8	1	2	0	1	1	1	0	Yes	1	9	1.8-5.5
ATtiny44A	4	0.2	0.2	14	20	20M/32kHz	1	8	0	0	1	1	4	0	1	1	0	No	0	6	1.8-5.5
ATtiny814	8	0.2	0.1	14	20	20M/32kHz	1	12	1	8	1	2	8	1	1	1	0	Yes	1	9	1.8-5.5
ATtiny84A	8	2.5	0.5	14	20	Yes	1	8	0	0	1	1	4	0	1	1	0	No	0	6	1.8-5.5
ATtiny1616	16	2	0.2	20	20	20M/32kHz	3	16	3	8	1	3	8	1	1	1	0	Yes	1	36	1.8-5.5
ATtiny40	4	0.2	0	20	12	Yes	1	12	0	0	1	1	2	0	1	1	0	No	0	12	1.8-5.5
ATtiny406	4	0.2	0.1	20	20	20M/32kHz	1	12	0	0	0	2	0	1	1	1	0	Yes	1	9	1.8-5.5
ATtiny416	4	0.2	0.1	20	20	20M/32kHz	1	12	1	8	1	2	0	1	1	1	0	Yes	1	9	1.8-5.5
ATtiny816	8	0.5	0.5	20	20	20M/32kHz	3	12	1	8	1	2	8	1	1	1	0	Yes	1	9	1.8-5.5
ATtiny861A	8	3.5	0.2	20	20	Yes	1	11	0	0	1	1	6	0	1	1	0	No	0	8	1.8-5.5
ATtiny1607	16	1	0.2	24	20	20M/32kHz	1	12	0	0	0	2	0	1	1	1	0	Yes	1		1.8-5.5
ATtiny1617	16	2	0.2	24	20	20M/32kHz	3	20	3	8	1	3	8	1	1	1	0	Yes	1	49	1.8-5.5
ATtiny3217	32	2	0.2	24	20	20M/32kHz	3	20	3	8	1	3	8	1	1	1	0	Yes	1	14	1.8-5.5
ATtiny417	4	0.2	0.1	24	20	20M/32kHz	1	12	1	8	0	6	8	1	1	1	0	Yes	1	0	1.8-5.5
ATtiny807	8	0.5	0.1	24	20	20M/32kHz	1	12	0	0	0	2	0	1	1	1	0	Yes	1		
ATtiny817	8	1.5	0.1	24	20	20M/32kHz	1	12	1	8	1	2	8	1	1	1	0	Yes	1	9	1.8-5.5
ATmega168PB	16	1	0.5	32	20	Yes	1	8	0	0	2	1	6	1	2	1	0	No	0	16	1.8-5.5
ATmega16U2	16	0.5	0.5	32	16	Yes	1	0	0	0	1	1	4	1	2	0	1	No	0	12	2.7-5.5

型号	FLASH (KB)	SRAM (KB)	EEPROM (KB)	引脚数	Fosc (MHz)	内置振荡器	比较器	ADC	DAC	DAC (Bits)	定时器 (8bit)	定时器 (16bit)	PWM	UART	SPI	I2C	USB	CRC	CLC/CCL	触屏	VCC (V)
ATMEGA3208	32	4	0.2	32	20	20M/32kHz	1	12	0	0	0	4	9	3	1	1	0	Yes	1		1.8~5.5
ATmega328P	32	2	1	32	20	Yes	1	8	0	0	2	1	6	1	2	1	0	No	0	16	1.8~5.5
ATmega328PB	32	2	1	32	20	Yes	1	8	0	0	2	3	10	2	2	2	0	No	0	144	1.8~5.5
ATmega32U2	32	1	1	32	16	Yes	1	0	0	0	1	1	4	1	2	0	1	No	0	12	2.7~5.5
ATMEGA4808	48	6	0.2	32	20	20M/32kHz	1	12	0	0	0	4	9	3	2	1	0	Yes	1		1.8~5.5
ATmega48A	4	0.5	0.2	32	20	Yes	1	8	0	0	2	1	6	1	2	1	0	No	0	12	1.8~5.5
ATmega48PA	4	0.5	0.2	32	20	Yes	1	8	0	0	2	1	6	1	2	1	0	No	0	12	1.8~5.5
ATmega48PB	4	0.5	0.2	32	20	Yes	1	8	0	0	2	0	6	1	2	1	0	No	0	16	1.8~5.5
ATmega88PA	8	1	0.5	32	20	Yes	1	8	0	0	2	1	6	1	2	1	0	No	0	12	1.8~5.5
ATmega8A	8	1	0.5	32	16	Yes	1	8	0	0	2	1	3	1	1	1	0	No	0	12	2.7~5.5
ATtiny48	4	0.2	64B	32	12	Yes	1	8	0	0	1	1	2	0	1	1	0	No	0	12	1.8~5.5
ATtiny88	8	4.5	64B	32	12	Yes	1	8	0	0	1	1	2	0	1	1	0	No	0	12	1.8~5.5
ATmega1284P	128	16	4	44	20	Yes	1	8	0	0	2	2	6	2	3	1	0	No	0	16	1.8~5.5
ATmega164PA	16	1	0.5	44	20	Yes	1	8	0	0	2	1	6	2	3	1	0	No	0	16	1.8~5.5
ATmega16A	16	1	0.5	44	16	Yes	1	8	0	0	2	1	4	1	1	1	0	No	0	16	2.7~5.5
ATmega16U4	16	1	0.5	44	16	Yes	1	12	0	0	2	2	8	1	2	1	1	No	0	14	2.7~5.5
ATmega324PA	32	2	1	44	20	Yes	1	8	0	0	2	1	6	2	3	1	0	No	0	16	1.8~5.5
ATmega324PB	32	2	1	44	20	Yes	1	8	0	0	2	3	10	3	2	2	0	No	0	32	1.8~5.5
ATmega32A	32	2	1	44	16	Yes	1	8	0	0	2	1	4	1	1	1	0	No	0	16	2.7~5.5
ATmega32U4	32	2	1	44	16	Yes	1	12	0	0	2	2	8	2	1	1	1	No	0	14	2.7~5.5
ATmega644PA	64	4	2	44	20	Yes	1	8	0	0	2	1	6	2	3	1	0	No	0	16	1.8~5.5
ATxmega16A4U	16	2	1	44	32	Yes	2	12	0	0	0	5	16	5	7	2	1	No	0	16	1.6~3.6
ATxmega32D4	32	4	1	44	32	Yes	2	12	0	12	0	4	14	2	4	2	0	No	0	16	1.6~3.6
ATMEGA3209	32	4	0.2	48	20	20M/32kHz	1	16	0	0	0	5	8	4	1	1	0	Yes	1	16	1.8~5.5
ATMEGA4809	48	6	0.2	48	20	20M/32kHz	1	16	0	0	0	5	8	4	1	1	0	Yes	1	16	1.8~5.5
ATmega128A	128	4	4	64	16	Yes	1	8	0	0	2	2	6	2	2	1	0	No	0	16	2.7~5.5
ATmega169PA	16	1	0.5	64	16	Yes	1	8	0	0	2	1	4	1	2	1	0	No	0	16	1.8~5.5
ATmega2561	256	8	4	64	16	Yes	1	8	0	0	2	4	8	2	3	1	0	No	0	0	1.8~5.5
ATmega64A	64	4	2	64	16	Yes	1	8	0	0	2	2	7	2	1	1	0	No	0	16	2.7~5.5

说明：1. 该系列单片机有-40℃~85℃、-40℃~105℃、-40℃~125℃等不同工作温度等级；

2. 该系列单片机有4.5~5.5V、2.7~5.5V、1.8~5.5V等不同电压工作等级；

3. 部分型号单片机所有I/O口均可产生中断；

4. 相同型号不同字母后缀芯片，其工作电压、工作温度、工作频率、引脚封装等有所不同。

附录 C AVR 汽车单片机（8bit）选型表

型号	Flash (KB)	SRAM (KB)	EEPROM (KB)	定时器	捕捉器	模拟比较器	温度传感器	PWM 通道	外部中断	时钟 (MHz)	ADC (10bit)	DAC (10bit)	SPI	TWI (I2C)	UART	CAN	LIN	VCC 范围 (V)	引脚
AT90CAN128	128	4	4	4	2			7	8	16	8	–	1	1	2	1		2.7−5.5	53/64
AT90CAN64	64	4	2	4	2			7	8	16	8	–	1	1	2	1		2.7−5.5	53/64
ATMEGA164P	16	1	0.5	3	1	1		8	2	20	8		1	1	2			2.7−5.5	40/44
ATMEGA168PA	16	1	0.5	3	1	1		6	2	16	8		1	1	1			2.7−5.5	23/32
ATMEGA169P	16	1	0.5	3	1	1		4	2	8	8		1	1	1			2.7−5.5	53/64
ATmega16M1	16	1	0.5	2	1	4	1	10	27	16	11	1	1	0	1	1	1	2.7−5.5	27/32
ATMEGA324P	32	2	1	3	1	1		6	2	10	8		3	1	2			2.7−5.5	32/44
ATMEGA324PB	32	2	1	5	1	1		10	34	20	8		2	2	3			4.5−5.5	39/44
ATMEGA328P	32	2	1	3	1	1		6		20	8		2	1	1			1.8−5.5	23/32
ATmega32M1	32	2	1	2	1	4	1	10	27	16	11	1	1	0	1	1	1	2.7−5.5	27/32
ATMEGA48PA	8	0.5	0.2	3	1	1		6	2	16	8		1	1	1			2.7−5.5	23/32
ATMEGA644P	64	4	2	3	1	1		8	2	20	8		1	1	2			2.7−5.5	44/40
ATMEGA64C1	64	4	2	3	1	1	1	4	27	8	11	1	1	1		1	1	2.7−5.5	27/32
ATmega64M1	64	4	2	2	1	4		10	27	16	11	1	1	0	1	1	1	2.7−5.5	27/32
ATMEGA88PA	8	1	0.5	3	1	1		6	2	16	8		1	1	1			2.7−5.5	23/32
ATtiny167	16	1	0.5	2	1	1		3		16	11		1	1	1		1	1.8−5.5	16/20
ATtiny25	2	0.1	0.1	2				5		10	4		1	1				2.7−5.5	6/8
ATtiny261	2	0.1	0.1	2		1		3		16	11		1	1	1			2.7−5.5	16/20
ATtiny44	4	0.2	0.2	2	1	1		4		20	8		1	1				1.8−5.5	12/14
ATtiny45	4	0.2	0.2	2				5		20	4		1	1				1.8−5.5	6/8
ATtiny84	8	0.2	0.2	2		1		4		20	4		1	1				1.8−5.5	12/14
ATtiny85	8	0.5	0.5	2				5		20			1	1				1.8−5.5	6/8
ATtiny861	8	0.5	0.5	2		1				8	11		1	1	1			2.7−5.5	16/20
ATtiny88	8	0.5	64B	2	1	1		4	24−28	12	8		1	1				1.8−5.5	24/28 28/32

说明：1. 该系列单片机有−40℃−85℃、−40℃−105℃、−40℃−125℃等不同工作温度等级；
2. 该系列单片机有 4.5−5.5V、2.7−5.5V、1.8−5.5V 等不同电压工作等级；
3. 部分型号单片机所有 I/O 口均可产生中断；
4. 相同型号不同字母后缀芯片，其工作电压、工作温度、工作频率、引脚封装等有所不同。

附录 D 常用 AVR 单片机

1. ATmega8 单片机

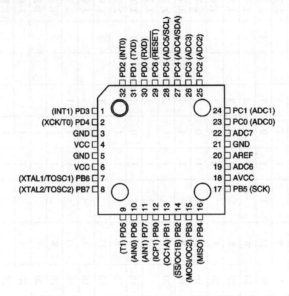

2. ATmega48/ATmega88/ATmega168 单片机

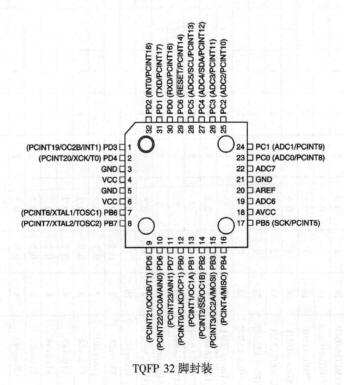

TQFP 32 脚封装

3. ATmega16 单片机

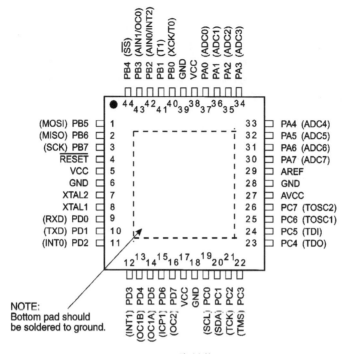

TQFP 44 脚封装

4. AT90CAN32/AT90CAN64/AT90CAN128 单片机

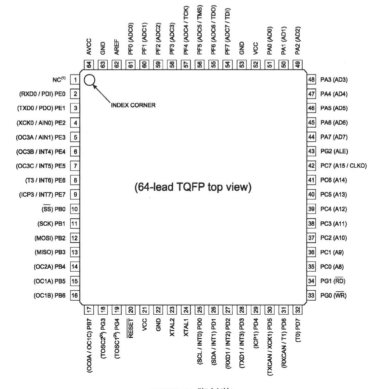

TQFP 64 脚封装

5. AT90PWM216/AT90PWM316 单片机

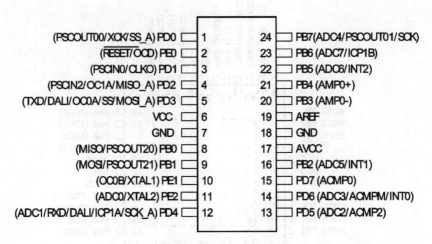

AT90PWM216 SO 24 脚封装

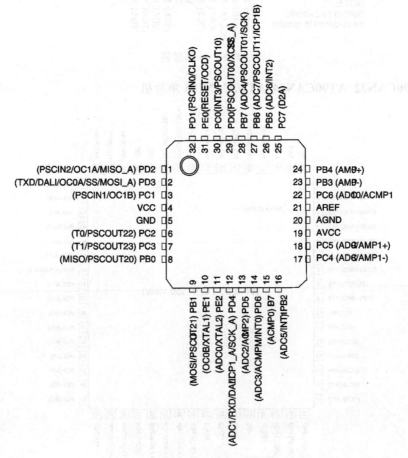

AT90PWM316 QFN 32 脚封装

6. AT90USB646/AT90USB647/AT90USB1286/AT90USB1287 单片机

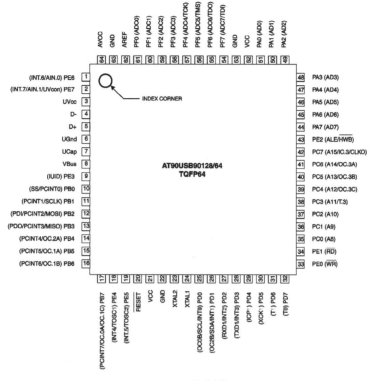

TQFP 64 脚封装

7. ATmega128 单片机

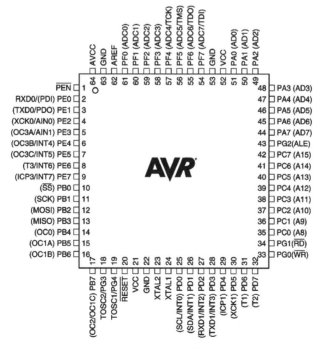

TQFP 64 脚封装

8. ATmega640/1280/1281/2560/2561 单片机

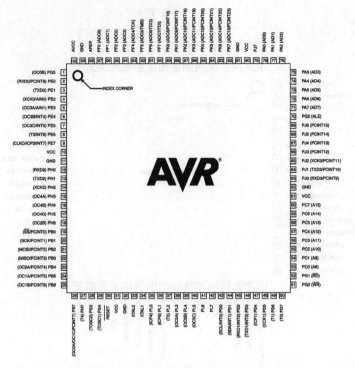

TQFP 100 脚封装

9. ATmega16U4/ATmega32U4 单片机

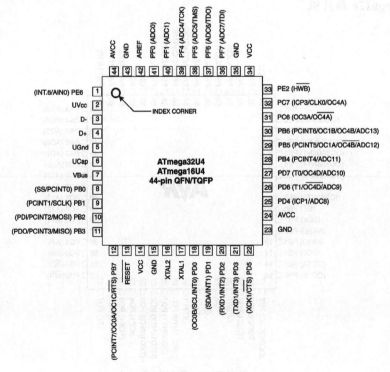

QFN/TQFP 44 脚封装

10. ATmega64 单片机

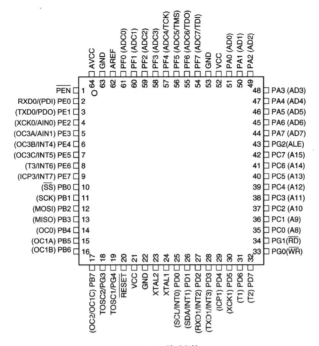

TQFP 64 脚封装

11. ATmega16M1/ATmega32M1/ATmega64M 单片机

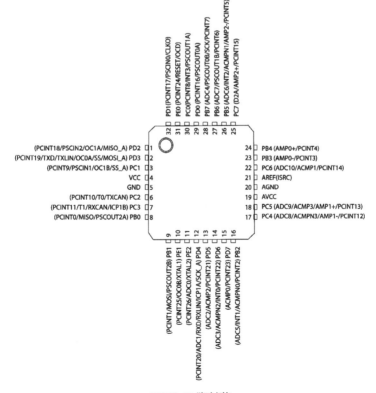

TQFP 32 脚封装

12. ATmega32C1/ATmega64C1 单片机

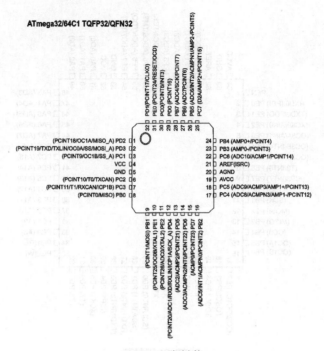

TQFP 32 脚封装

13. ATmega164P/V、ATmega324P/V、ATmega644P/V 单片机

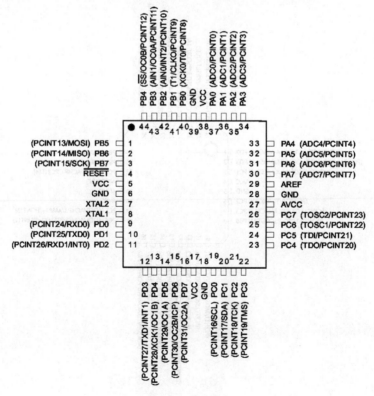

TQFP 44 脚封装

14. ATmega324PB 单片机

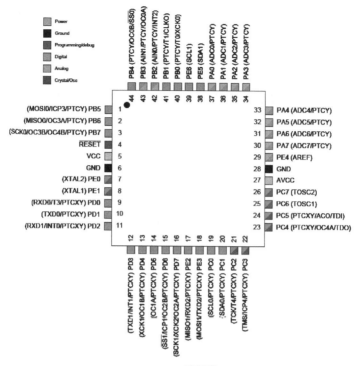

TQFP 44 脚封装

15. ATtiny87/ATtiny167 单片机

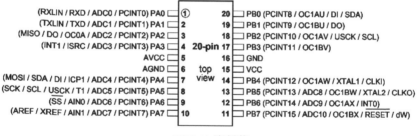

SOIC 20 脚封装

16. ATtiny261/461/861/ATtiny261V/461V/861V 单片机

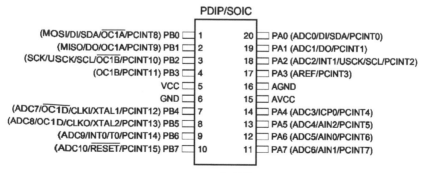

SOIC 20 脚封装

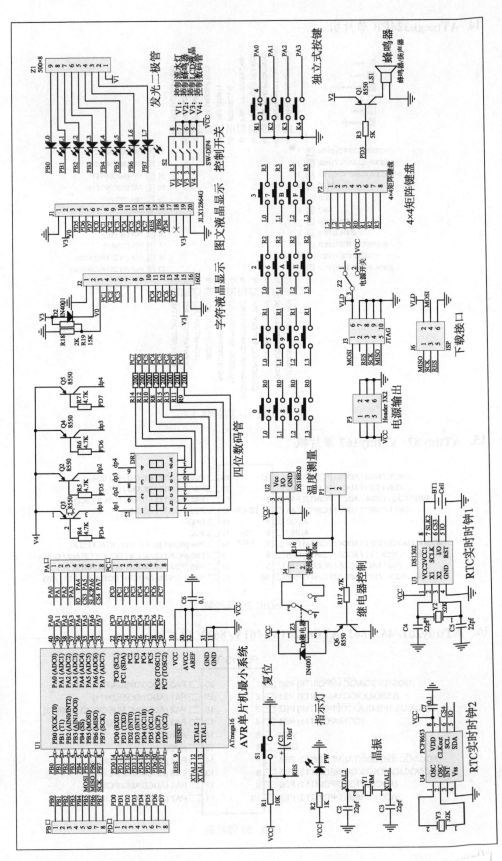

附录E 学习板原理图

参 考 文 献

［1］ ATmega16/L' datasheet. AtmelCorporation，2010.

［2］ ATmega48' datasheet. AtmelCorporation，2010.

［3］ ATmega8' datasheet. AtmelCorporation，2010.

［4］ 马斌等．单片机原理及应用——C 语言程序设计与实现，北京：人民邮电出版社，2009.

［5］ 吴宁．80X86/Pentium 微型计算机原理及应用，北京：电子工业出版社，2008.

［6］ 李全利．单片机原理及应用技术，北京：高等教育出版社，2006.

［7］ 倪云峰等．单片机原理与应用，西安：西安电子科技大学出版社北京，2009.

［8］ 田亚娟等．单片机原理及应用，大连：大连理工大学出版社，2008.

［9］ 闫石．数字电子技术基础（第五版），北京：高等教育出版社，2006.

［10］ SED1565' datasheet. http：//www. gaw. ru/pdf/lcd/Chips/Epson/sed1565. pdf，2012，4.

［11］ PCF8563Real-timeclock/calendarProductdatasheet，NXPSemiconductors，Rev. 9，16June2011.

［12］ I2CBUSAPPLICATIONNOTE，PhilipsSemiconductorsMarch24，2003.

［13］ 8-bitAVRMicrocontrollersApplicationNote，AVR315：UsingtheTWImoduleasI2Cmaster，AtmelCorporation，2012，4.

［14］ PCD854448×84pixelsmatrixLCDcontroller/driver，PhilipsSemiconductors. 1999Apr12.

参考文献